动物疫病
空间分析应用

孙向东　邱　娟　王幼明　主编

中国农业出版社
北　京

编写人员

主编 孙向东　邱　娟　王幼明

参编 （按姓氏笔画排序）

于丽萍　王海燕　韦欣捷　刘　平　刘　莹　刘丽蓉

刘雨萌　刘爱玲　刘瀚泽　杨宏琳　沈朝建　邵奇慧

罗晰跃　赵　雯　贾智宁　徐全刚　高　璐　高晟斌

郭福生　黄　端　韩逸飞

主审 李仁东　康京丽　周晓燕　刘文博　范仲鑫　王茜月

Foreword 前言

近年来，越来越多的兽医认识到空间分析技术在阐明动物疫病的地理分布规律，以及疾病和地理环境关系中的重要性，尝试使用地图形象，直观地反映和揭示动物疾病状况的地理现象及它们之间的空间结构和联系。然而，目前在动物疫病防控领域，空间分析技术和方法的应用仍呈碎片化。有不少兽医，尤其是从事流行病学调查工作的兽医技术人员，在面对具体问题时常常"有心无力"，迫切需要一本放在案头、能随时查阅的工具书。

为进一步提升兽医人员系统应用空间分析技术和方法的能力、提高对动物卫生地理风险因素的识别和防范水平，中国动物卫生与流行病学中心牵头，以近年来的应用案例为基础，编写了本书。期望能帮助兽医人员解决在应用空间分析技术和方法时常见的 3 个问题：空间分析的技术思路、关键技术方法和常用软件使用。

本书共分 4 篇 21 章。第一篇、第二篇讲解了空间数据及空间分析基础方法与软件操作；第三篇讲解了动物疫病时空分布特征描述与分析方法；第四篇讲述了动物疫病时空分布高危因子探测及分布风险预测。为了使本书更易理解和应用，各章节按照问题的提出、原理介绍及案例操作过程展开讲解。同时，编者简化了理论和模型等的描述，而用大量的软件操作截图，讲述了空间分析方法的实现过程，方便读者重现分析过程。

本书适于对地理信息系统零基础的读者阅读，可作为兽医，尤其是从事流行病学调查工作的兽医技术人员快速上手的工具书，也可作为感兴趣的相关领域人员学习和应用空间分析技术的参考书。

编 者

2021 年 8 月

Contents 目 录

第二篇 空间数据分析基础操作

第三篇　动物疫病时空分布特征描述与分析

第四篇　动物疫病时空分布高危因子探测及分布风险预测

第一篇
空间数据基本概念

Chapter 1 | 第一章

绪　　论

【例 1-1】

为了解 H7N9 流感患者间病例空间分布规律，确定重点监测区，从国家卫生健康委员会（以下简称"卫健委"）及各省（自治区、直辖市）卫健委官方网站获取发病地区、发病时间、病例数等数据，对病例分布特征进行描述性分析。结果描述如下：2 月 19 日至 5 月 3 日出现 130 例确诊病例，发病高峰出现在 3 月末至 4 月中旬；病例分布于中国 10 个省份，其中，浙江、上海、江苏 3 个省份报告病例占病例总数的 81.5%。据此认为，我国东南沿海是 H7N9 流感患者间病例需要重点监测的地区。

【问题 1-1】

（1）该资料属于何种类型数据？

（2）上述结论的依据是否充分？

（3）如何使空间分布特征描述更直观，重点监测地区的结论更可靠？

【分析 1-1】

（1）该资料有位置信息和时间信息，是典型的时空分布数据。

（2）上述分析仅依据搜集到的表格式数据做了简要描述性分析，呈现方式不够直观、结论依据不充分。

（3）空间分析属于地理空间现象的定量分析方法，可以直观地运用空间统计方法揭示疫病空间分布规律，并可以对影响动物疫病空间分布的风险因素实施评估。例 1-1 中，一是可运用"方向分析"（第十二章）揭示 H7N9 流感的传播方向；二是可运用"时空扫描统计"（第十一章）揭示暴发热点；三是可运用"标准差椭圆"（第十三章）揭示不同时间段病例暴发的中心位置及范围。通过空间分析，可解析导致以上空间分布异质性的风险因素，基于探测到的风险因素，可对全区域疫情的发生和传播进行风险评估（第四篇），并进行可视化展示，为病因探索提供依据。

第一节　动物疫病空间分析与学习要求

一、动物疫病空间分析

本书所提的动物疫病为《中华人民共和国动物防疫法》及《一、二、三类动物疫病病种名录》规定的一、二、三类动物疫病，如非洲猪瘟（一类）、低致病性禽流感（二类）、肝片吸虫病（三类）等。

地理信息系统（geographic information system，GIS）是信息集合与分析的重要工具，用于存储、管理和显示地理空间数据的计算机系统，常应用在动物疫病控制、数字

空间数据基本概念　第一篇

化监控、风险评估及预警体系中，具体包括动物疫病地理分析、地域扩散分布、发展趋势以及应急处理、监控规划等方面。

本书阐述 GIS 应用于动物疫病空间分析相关技术，包括空间分析的基本方法、基础操作以及案例解析等。各章节按照问题的提出、原理介绍及案例操作过程展开讲解。

二、学习要求

空间分析的学习要求可概括为以下三点：

（1）是什么？即需要掌握空间分析方法的基本思想、原理和有关概念。

（2）能用来做什么？即需要掌握空间分析方法的用途和适用条件。

（3）如何实现？即需要掌握空间分析方法的操作流程。

对于大多数动物疫病防控工作者而言，基于 GIS 的动物疫病空间分析是一个较为陌生的领域。本书第一、二篇详细介绍了 GIS 基础原理和基本操作，用于数据整理和预处理，帮助零基础的读者了解和学习 GIS 原理和操作技巧；第三、四篇以案例分析形式阐述相对较为复杂的空间分析方法，帮助读者实现对 GIS 方法的深入理解和应用。

第二节　空间分析常用术语

空间分析（spatial analysis）是对于地理空间现象的定量研究，通过对**空间数据**（spatial data）的各类操作，使之表达成不同的形式，并获取有用信息。空间分析中的常用专业术语有**空间数据**、**空间关系**（spatial relation）及**空间分布**（spatial distribution）等。

一、空间数据

GIS 以**矢量**（vector）和**栅格**（raster）两种形式表达地理空间数据。矢量数据通过使用**点**（point）、**线**（line and arc）与**多边形**（polygon）表示具有清晰空间位置和边界的空间要素。如某次动物疫情的疫点位置可通过点数据来表达，河流和路网等可通过线来表达，不同土地利用分类数据可通过多边形来表达。栅格数据使用**格网**（grid）和格网中的**像元**（pixel）表达空间要素。相比于矢量数据，栅格数据更适合表达连续要素，如高程模型、地面气温数据、卫星影像等。本书主要以 ArcGIS 软件为演示平台，将分析数据应用于 ArcGIS 软件，来说明各种操作和演示分析方法。

在 ArcGIS 中，**地理数据库**（geodatabase）是一种采用标准关系数据库技术来表现地理信息的数据模型，其存储数据类型包括栅格数据和矢量数据等。其中，矢量数据的基本数据类型为**要素**（feature）。要素是一个地理空间数据中具有**属性**（property）的基本单位。如某一个行政区的面斑块数据，其属性包括该行政区名、行政区面积、所属行政市名、行政区人民政府全称等多种信息。**要素类**（feature class）指具有相同几何特征的要素，如点、线、面等；**要素数据集**（feature dataset）是存储一系列具有相同坐标系和区域范围的要素类集合。在运用 ArcGIS 实施空间分析的过程中，往往需要打开多个**图层**（layer）计算和观察。其中，每一个图层都是一系列空间数据的集合，如卫星影像表示一大片连续像元的集合表达，行政市的矢量地图是各行政区面状矢量的集合表达。

二、空间位置

空间位置（spatial location）借助空间上的参照物，如**空间坐标系**（spatial coordinate system），来传递和描述**空间实体或对象**的位置信息。如武汉市的地理位置，在地图上可以用 114.31°E、30.52°N 表示。

三、空间关系

在 GIS 中，**空间关系**通常指**拓扑关系**（topological relation）。**拓扑关系**是指各空间数据**实体**（entity）或**对象**（object）间的相互关系，主要包括邻接性、封闭性和连通性。其中，邻接性表示实体是否互相接触，封闭性表示实体是否嵌套，连通性表示弧段（arc）是否能互相连接形成网络。如北京市的行政区和天津市的行政区这两个空间数据实体在拓扑关系中存在邻接性。

第三节　动物疫病空间分析的基本步骤

空间分析包括以下 9 个步骤：

（1）明确目标。

（2）制订方案。

（3）数据采集（第六章、第十七章和附录）。

（4）数据预处理（第二章、第三章、第四章、第五章、第九章、第十章、第十一章、第十二章、第十三章）。

（5）选择空间分析方法（第三篇、第四篇）。

（6）执行空间分析并获取结果（第三篇、第四篇）。

（7）优化及调整空间分析方法（第三篇、第四篇）。

（8）评价和解释（第三篇、第四篇）。

（9）输出及可视化（第七章、第八章）。

本书关注的是空间分析技术在动物疫病防治研究领域应用，其步骤也是如此。本节结合例 1-1 为读者介绍各步骤的具体内容。

一、明确目标及制订方案

明确分析目标，是指要明确哪些问题需要通过空间分析来解决，期望获得什么样的结果。明确分析目标在空间分析中的作用至关重要，目标要清晰且能够实现，即所谓的有限目标。

制订方案过程中，需要列出要达到分析目标所应用的方法和需要的数据，即需要怎样的数据集才能满足空间分析的需要，进而实现分析目的。目标、方法和数据三者密不可分，明确这三个要点，是实现空间分析目标的关键。

例 1-1 分析的目标是，揭示 H7N9 流感患者间病例的空间分布规律和风险地区，需要的数据集包括病例分布数据（包含发病地区、发病时间、病例数等字段）、影响H7N9流感分布的相关环境因子等数据。文献检索和调研表明，可能影响H7N9流感暴发的因素有气象因子（温度和降水等）、土地利用、鸟类迁徙、家禽调运、禽产品消费和人口密度等。

二、数据采集

数据采集，包括数据获取和筛选。高质量数据可以减少分析时间及分析误差，提高分析效率，获得可靠分析结果。

例1-1中，H7N9流感疫点信息从国家卫健委及各省（自治区、直辖市）卫健委网站上获取，国家省级、市级、行政区界等从自然资源部国家基础地理信息中心下载，降水量、地表气温数据等从气象数据网站上获取，鸟类迁移图通过文件检索并矢量化得到，家禽消费数据从联合国粮食及农业组织（FAO）网站上下载，土地利用数据等从资源环境数据云平台下载。收集完数据之后，需要对所有数据进行时间重叠度、可靠性及可用性上的筛选。

本书附录列举了地理基础数据获取的各类官方或公益网站；第六章阐明如何在文本或表格疫病数据上加上空间坐标，并如何构建空间或时空数据库；第十七章阐述如何获取影响动物疫病分布相关的地理因素，及提取成符合统计分析的单元格式。对以上章节内容的充分掌握是数据采集必须掌握的环节。

三、数据预处理

获取数据后，需要对数据进行相应的预处理，包括数据编辑、几何配准、统一坐标系统、统一分辨率等。

例1-1中，下载的人口密度数据以"万人/km²"为单位，分析需要用"人/km²"作为单位，为了适应分析的需要，就要对人口密度单位进行适当的转换，转换的方法就是将属性表中该列数据乘以"10 000"。下载的空间数据中，有些数据可能只有地理坐标系缺少投影，为了便于多图层叠加分析及统计面积等，需要对其添加投影信息。

本书第二章介绍了常用的空间分析工具，以及本书案例操作主要选用的软件，第三章阐述用什么数据格式存储空间数据，第四章阐述如何创建空间数据库，数据如何编辑及转换，第五章阐述地理坐标系统问题，第九、十、十一、十二和十三章阐述空间数据查询、叠加等基础操作。以上章节是数据预处理过程中不可回避的环节。

四、选择空间分析方法

研究目的和数据类型，决定了采用何种空间分析方法。例1-1中，为了揭示H7N9流感患者间病例分布规律，根据疫点分布制图发现，病原的传播方向可能存在可循的轨迹。使用方向分析及标准差椭圆这两种空间分析方法，可分析并验证是否存在传播方向、不同时段疫点位置及疫区范围是否存在变化（第十六章）；为了探测风险因素及制图，可以通过逻辑回归方法建立感染风险与环境因子之间的关系。获取模型结果后，通过栅格计算器进行空间叠加运算，将运算结果制图，并进行后续精度验证（第二十一章）。

五、执行空间分析并获取结果

实施空间分析前，需要对数据格式重新编辑或组织。例 1-1 中，实施方向分析过程中，需要在设计数据库时有一个记录疫点编号的字段和记录疫情发生时间的字段。分析过程中，掌握各种参数的意义非常重要，并根据研究目的设置参数。如例 1-1 中执行"标准差椭圆"，需要设置椭圆大小，在二维坐标系中（x 和 y），一个标准差（1 _ STANDARD _ DEVIATION）椭圆大约覆盖 63％的要素；两个标准差（2 _ STANDARD _ DEVIATION）大约覆盖 98％的要素；三个标准差（3 _ STANDARD _ DEVIATION）大约覆盖 99.9％的要素。

空间分析与其他数据分析方法相比，优势在于结果在地图窗口直观可见，便于操作者直观判读结果。

六、优化及调整空间分析方法

如果空间分析结果与专家经验存在明显偏差，需要进一步分析参数合理性，判断是空间分析结果错误还是专家经验与实际情况不符。如果是空间分析结果错误，则需要修改参数、设置或者添加新参数，使得结果更可靠；如果根据经验判断，结果存在明显错误，则需要对数据的准确性和完整性进行检验。以上均以操作者充分了解数据空间特征为前提。

例 1-1 中，根据模型结果进行栅格运算，以获得全区域 H7N9 流感人感染风险分布，执行过程中出错，查找原因，发现是执行栅格运算的栅格各图层分辨率不一致，解决办法是利用 ArcGIS "重采样"这一工具对所有图层重新定义栅格分辨率，之后再重新进行栅格运算（第二十一章）。

七、评价和解释

评价最终结果的准确性并解释结果的意义。例 1-1 中，可以用后续病例数据验证风险评估的可靠性（第二十一章）。

本书第三篇和第四篇详细介绍了几种常用的空间分析方法，先简要讲解原理，重点以案例演示操作过程和参数设置，最后解释结果。

八、输出及可视化

空间分析的结果通常会以专题地图或报表的形式输出。专题地图表达数据更清晰直观、简单易懂；而报表更细致地呈现有关问题的表格数据和计算结果。

例 1-1 的风险评估结果更适合通过专题地图的形式来表现。由于其预测的是全区域的风险值，专题地图可以通过不同的图例（如颜色、纹理等）向读者更直观地展示哪些地方风险较高、哪些地方风险可忽略。

本书"第七章地图制图"和"第八章时态数据可视化"，对空间数据和时空数据可视化的方法进行了详细介绍。

第四节 动物疫病空间分析方法概述

一、空间探查分析方法

可以依据图 1-4-1 来选择空间探查分析方法。

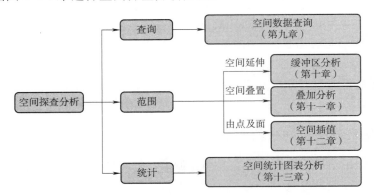

图 1-4-1 空间探查分析方法选择路径

空间探查分析方法，包括空间数据查询、缓冲区分析、叠加分析、空间插值和统计图表分析等。

（1）当需要从地理信息空间数据库中寻找数据时，可以运用空间数据查询。如在全国病例分布数据中查询某一城市所有病例的分布。

（2）当需要了解空间影响范围时，可以采用缓冲区分析。如确定某次疫情的受威胁区时，可以建立疫区缓冲区分析受影响的养殖场。

（3）当需要将多种空间数据叠加分析时，可以使用叠加分析。如依据口蹄疫疫点的空间分布数据、传播距离及各种自然阻挡物（山、河流等）分布数据，判断口蹄疫的可能传播范围。

（4）当需要根据点状数据估算全区域预测值时，可以使用空间插值方法。如果疫情在空间上呈连续分布，可根据区域内有限个已知疫点数据估算全区域任意位置的疫情强度。

（5）当需要进行数据统计时，可以使用空间统计图表。如根据某省各地上报的布鲁氏菌病免疫合格率计算平均免疫合格率。

二、时空特征分析方法

常用的时空特征分析方法，包括空间自相关、时空扫描统计、方向分析、标准差椭圆分析及调运数据可视化等。空间或时空分布特征（或规律）的分析方法，可依据图 1-4-2 选择。

（1）判断疫病数据空间分布上的相关性，可采用空间自相关法（第十四章）。

（2）评价疫病的聚集性，可采用时空扫描统计法（第十五章）。

（3）研究疫病分布方向及趋势性，可采用方向分析或标准差椭圆分析（第十六章）。

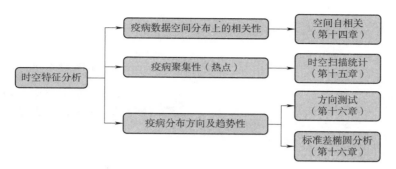

图 1-4-2　空间特征分析方法选择路径

三、时空因子探测及风险预测方法

可根据图 1-4-3 中介绍的流程实施动物疫病的时空因子探测及风险预测。其主要包括三个步骤：影响因素的提取、影响程度分析及模型构建和风险预测。

（1）影响因素提取包括对自然因素和社会因素的提取。其中，自然因素一般包括土地利用情况、地形地貌、气象数据、地表温度等（第十七章）；社会因素一般包括 GDP、人口及密度、文化程度、职业、消费情况等（第十七章）。

（2）各因素影响程度分析及预测模型构建的方法，主要包括一般线性回归（第十八章）、地理加权回归（第十九章）和地理探测器（第二十章）等。

（3）动物疫病传播风险空间分布预测的一般过程及案例操作参考第二十一章。

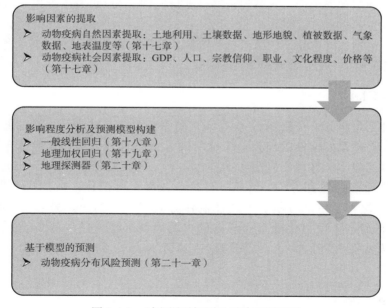

图 1-4-3　时空因子探测及风险预测流程

（邱　娟　韩逸飞　徐全刚）

空间数据分析工具

重点介绍本书用到的空间分析软件。

第一节　空间分析软件介绍

空间分析是 GIS 的核心功能，以下列举当前常用的几款 GIS 软件。

一、MapGIS

MapGIS 是由武汉中地数码科技有限公司开发的工具型 GIS 软件。MapGIS 桌面产品 MapGIS Desktop 是一款插件式 GIS 应用与开发平台，分基础版、标准版、高级版、定制版 4 个版本。MapGIS 具有二维、三维一体化的数据生产、管理、编辑、制图和分析功能。各类数据和资源均可共享到云端，支持插件式和 Objects 开发，能够快速定制各应用系统。可通过官方云交易中心（网址：http://www.smaryun.com/index.php）试用或购买。定制型的产品已应用于自然资源、地质、智慧城市、公安等各行各业，如 MapGIS 第三次国土调查数据库建库系统等。

二、GeoGlobe

吉奥地理信息服务平台软件 GeoGlobe，是武汉大学吉奥信息技术有限公司开发的平台，是吉奥之星系列软件的核心。GeoGlobe 主要功能包括矢量、影像、数字高程模型等空间数据的建库、管理、应用和维护。其中，二维桌面工具 GeoGlobe Desktop 提供专业化的地理信息数据处理、转换、建库、更新、可视化、查询、制图能力，同时，支持拓扑检查、空间分析、专题图制作等高级 GIS 功能。另外，还有应对大数据时代下政府和企业信息化变革而规划的吉奥地理智能服务平台 GeoSmarter，以及针对政府机构、企事业单位、智慧城市运营商等定制的吉奥 GIS 云服务平台（GeoStack）。

三、SuperMap

SuperMap 是由超图集团开发的全组件开放式 GIS 软件平台，其业务核心是面向应用开发者的基础性软件。桌面版产品 SuperMap iDesktop 是插件式桌面 GIS 软件，具备二维、三维一体化的数据处理、制图、分析、二维、三维标绘等功能，支持海图，支持在线地图服务的无缝访问及云端资源的协同共享。可用于空间数据的生产、加工、分析和行业应用系统快速定制开发。可通过官方技术资源中心（http：//support. supermap. com. cn/DownloadCenter/ProductPlatform. aspx）申请试用或购买。

四、ArcGIS Desktop

ArcGIS Desktop 是美国环境系统研究所（ESRI）开发的，是目前全球应用最广泛、功能最全面的空间分析软件。ArcGIS Desktop 是 ArcGIS 平台的基础部分，可供 GIS 专业人员创建、分析、管理和共享地理信息。可用于创建地图、执行空间分析和管理数据。ArcGIS Desktop 可通过官 https：//www. esri. com/zh-cn/arcgis/products/arcgis-desktop/overview购买。另外，ESRI 开发众多 APP 产品及提供可用于二次开发的工具（Developer Tools）等。如新型冠状病毒肺炎疫情暴发期间备受关注的全球 COVID-19 疫情地图（https：//www. arcgis. com/apps/opsdashboard/index. html♯/bda7594740fd40299423467b48e9ecf6）即基于 ArcGIS Dashboard 开发的可视化、可交互平台。

此外，ESRI 公司自 2015 年发布了新产品 ArcGIS Pro，从 ArcGIS 平台架构上来看，ArcGIS Pro 属于应用层，是为新一代 Web GIS 平台全新打造的一款高效、具有强大生产力的桌面应用程序。ArcGIS Pro 除具备传统桌面软件 ArcMap 的数据管理、制图、空间分析等功能以外，还具有其独有的特色功能，如二三维融合、大数据、矢量切片制作及发布、任务工作流、时空立方体等。

本书的空间分析均采用 ArcGIS 进行操作示范。

第二节　ArcGIS 模块和界面

一、启动 ArcGIS Desktop

ArcGIS Desktop 安装好后，开始菜单栏会出现 ArcGIS 程序，其中，ArcCatalog 帮助用户组织和管理数据集、模型、元数据以及服务等 GIS 信息。ArcGlobe 和 ArcScene 是用于三维场景展示的程序。ArcMap 是最主要的应用程序，具有制图、地图分析和编辑等功能。

启动 ArcMap，界面（图 2-2-1）最上部是菜单栏，菜单栏以下是工具条，左边是内容（图层）列表以及显示区（地图视图），如单击标准工具条的目录，最右边会出现目录窗口。

右击菜单栏或工具条空白处，可自行勾选需要使用的工具条。图 2-2-1 工具条自上而下、从左到右依次是**标准工具**、**布局**、**工具**和**编辑器**，可自行拖动调整工具条位置。

在内容（图层）列表里，可以进行数据图层管理。矢量要素类或者栅格数据加载到 ArcMap 里后，就成为内容列表中的一个图层。图层是对数据的引用，记录数据存放路径以及数据的显示特性等信息，帮助用户组织和控制数据框中 GIS 数据图层的显示属性。内容列表窗口提供 4 种查看图层的方式，自左向右依次为**按绘图顺序列出**（制图时常用）、**按源列出**（便于查看数据存放路径）、**按可见性列出**和**按选择列出**。

ArcMap 提供**数据视图**和**布局视图**两种类型的地图视图形式，可通过地图视图窗口

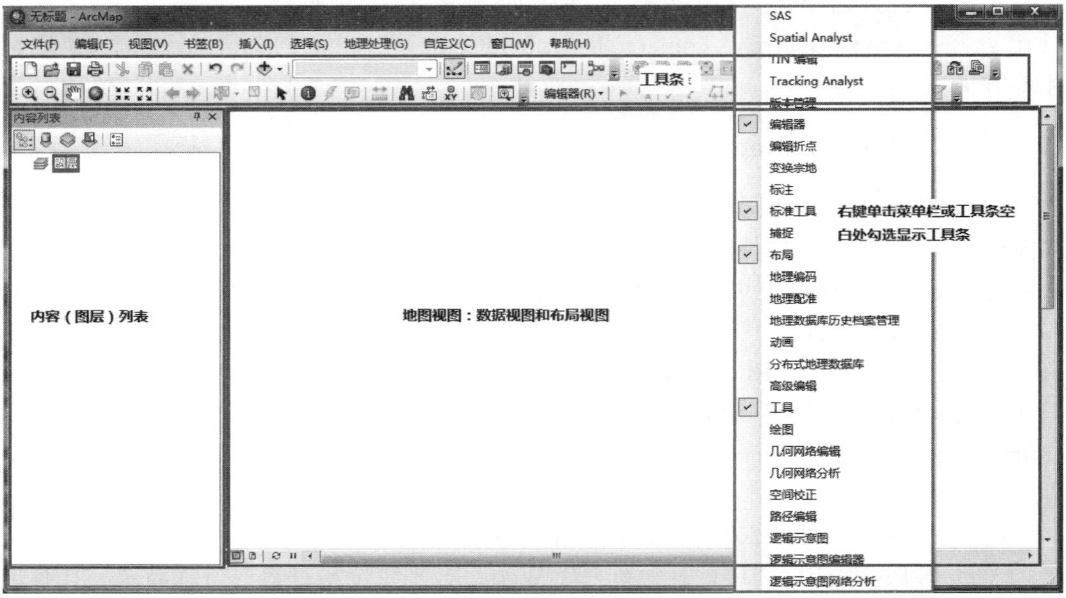

图 2-2-1　ArcMap 界面（视窗）

左下角按键图标进行切换。在数据视图中，用户可以对地理图层进行符号化显示、分析，以及编辑 GIS 数据集。数据视图是数据集在选定区域内的显示窗口。地图布局窗口主要用于地图制图，包括数据视图和比例尺、图例、指北针和参照地图等地图元素，以及这些元素属性的设置。

工具箱（ArcToolbox）集成几乎所有的空间数据处理及分析工具，熟悉工具箱以及掌握如何查找工具箱工具，能够更高效地处理数据。可通过单击标准工具栏 ArcToolbox 图标，显示工具箱（图 2-2-2）。

图 2-2-2　工具箱（ArcToolbox）

二、探索工具箱

工具众多，如何查找所需要的工具在工具箱中的位置?

利用 ArcGIS Desktop 自带的帮助文件或在线帮助社区，可以查找工具箱。点击菜单栏**帮助→ArcGIS Desktop 帮助（H）**或 **ArcGIS Desktop Web 帮助（W）**，也可直接在网络上搜索 ArcMap+关键词查找。图 2-2-3 演示利用帮助文件查找**剪切**工具位置，搜索栏输入关键字“剪切”，点击**列出主题**，双击主题栏中符合需求的主题或选中主题后单击**显示**，右边窗口将显示该条主题内容，切换至**目录**可查看该工具在工具箱中的位置。

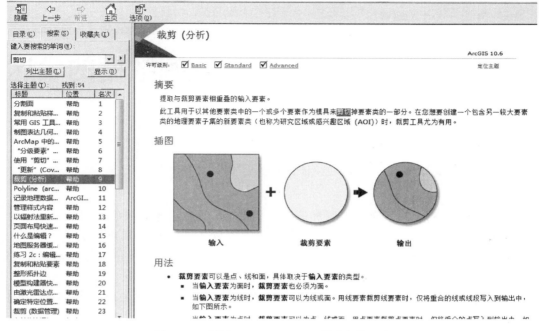

图 2-2-3　利用 ArcGIS Desktop 帮助查找工具

注释栏 2-1　工具箱的扩展模块

如发现工具不可用，在菜单栏自定义→扩展模块中勾选相应的扩展模块（图 2-2-4）。

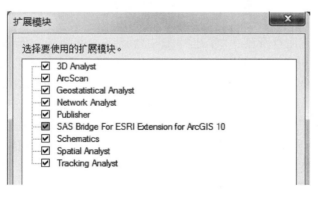

图 2-2-4　勾选需使用的扩展模块

（邱　娟　徐全刚）

空间数据的表达

空间数据如何用计算机表达？
空间数据格式有哪些？ 不同数据格式之间的区别？

　　空间分析是对地理对象的位置和形态特征进行分析的技术，了解空间数据（或称地理数据）结构，是空间分析的基础。涉及位置分布的数据，都可称为空间数据。在动物疫病防控领域，如非洲猪瘟疫点、疫区和受威胁区等包含位置信息的数据都是空间数据。

　　表达空间数据，须将地理对象抽象为空间实体，如城市可以抽象成点或者面，道路抽象成线或面，湖泊抽象成面等。按照空间实体的特点，将其分为点实体、线实体和面实体。空间实体包含空间特征和非空间特征，其中，空间特征指空间维数（0维——点、1维——线、2维——面和3维——体）以及空间实体之间的空间关系（如疫点与疫点之间的距离）等，用图形数据表示；非空间特征主要指属性特征，如非洲猪瘟疫点中动物的发病数，用属性数据记录。

　　空间数据，有栅格数据模型和矢量数据模型两种基本的表达方式。

第一节　矢量数据模型

　　矢量数据模型使用点及其 x、y 坐标来构建点（如养殖场、屠宰场等）、线（如调运路线等）、面（如市级或县级发病数等）等空间要素，是表述图形最常用的数据结构。图 3-1-1 是全球非洲猪瘟暴发的点数据［数据来自 FAO 的 Global Animal Disease Information System（EMPRES-i，http：//empres-i. fao. org/eipws3g/♯h＝0），截至 2020-06-12］，为矢量点数据。一个空间点对象，对应 Table 中的一条记录。

　　图 3-1-1 中点为图形数据（图层"African _ swine _ fever20200612"），显示暴发点的空间位置（经纬度）。在图 3-1-1 中，表（Table）里面记录了暴发点的属性，其中，FID（标识码）是关联图形数据与属性数据的唯一标识符，Shape（实体类型）记录该矢量数据类型为点数据（Point），Longitude 和 Latitude 为经纬度，除以上必要字段还有暴发的国家、暴发时间和发病数等与疫情相关的特征属性。

　　可叠加底图"Country"，数据来自 FAO，为面状数据，由点构成（通过工具箱 **ArcToolbox→数据管理工具→要素→要素折点转点**，可将面状图层转换成点图层，便于查看原面状图层结点分布）。Table 中记录标识码 FID、Shape（此例为 polygon）、面

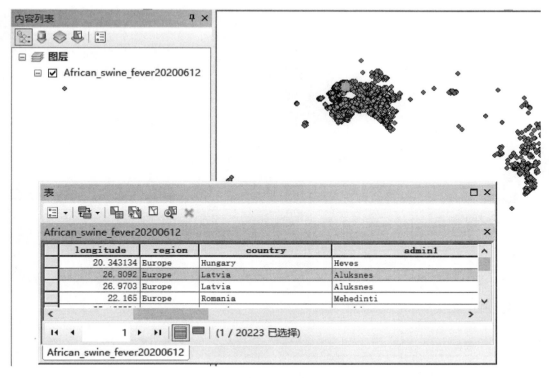

图 3-1-1　矢量点数据-非洲猪瘟疫点数据

积（area）和周长（perimeter）等基础信息，以及国家名称等特征属性信息。该图层地理坐标系统（Geographic Coordinate System）为 GCS_WGS_1984，度量单位是度（可通过图层"Country"右键属性，打开**图层属性→Source** 查看）。坐标系统参见"第五章地图投影与空间参考系统"。

第二节　栅格数据模型

栅格数据模型是使用格网（或称像元）和格网像元表示要素的空间差异，格网的空间位置由行号、列号定义，是表述图像（如遥感影像）的最常用数据结构。图 3-2-1 是栅格数据——全球 2010 年猪密度分布（Global pigs distribution in 2010）（5_Pg_2010_Da.tif，数据来源：FAO 的 Global distribution-Pigs：http：//www.fao.org/livestock-systems/global-distributions/pigs/en/，为 TIFF 数据格式）。

通过工具条 Identify ，点击栅格任意位置像元，可查看该像元属性信息（Pixel value），此处像素值代表一个网格，约 100km² 内猪的头数。放大该图层（图 3-2-2），可清晰地看到格网，通过右键单击图层"5_Pg_2010_Da.tif"**→属性**（properties），打开**图层属性表**（layer properties）**→Source**，查看栅格分辨率，即格网大小。此处，Cell Size（x，y）为（0.083333333、0.083333333），单位是十进制度数（°，经纬度的度量系统）。

图 3-2-1　栅格数据——全球 2010 年猪密度分布数据（Global pigs distribution in 2010）

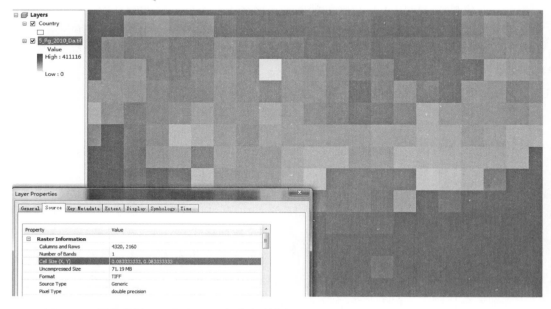

图 3-2-2　栅格数据——全球 2010 年猪密度数据（Global pigs distribution in 2010）放大图

矢量模型和栅格模型有各自的优缺点：矢量模型是用短线段描述实体，物体越复杂，描述越困难，数据量也随之增大，如线状要素越弯曲，抽象点必须越密，矢量模型能描述空间物体间的关系；栅格模型是运用小栅格描述地理空间，栅格的大小，即数据的分辨率对空间物体的细致程度有影响，但不增加描述上的困难。矢量数据和栅格数据可以相互转化。

第三节　ArcGIS 数据格式

一、矢量数据格式

Coverage、Shapefile 和 Geodatabase 是 ArcGIS 的三类矢量数据格式。

Coverage 是 ArcGIS 早期的地理数据格式，是 ArcInfo workstation 的原生数据格式。所有信息都以文件夹的形式存储，空间信息以二进制文件形式存储在独立文件夹中，属性信息和拓扑数据则以 INFO 表的形式存储。Coverage 将空间信息与属性信息结合起来，并存储要素间的拓扑关系。从 ArcGIS8.3 版本开始，ESRI 屏蔽了对 coverage 的编辑功能。如果需要使用 coverage 格式的数据，可以安装 ArcInfo workstation，或者将 coverage 数据转换为 Shapefile 或第三代数据模型 Geodatabase。

Shapefile（简称 shp）是用文件方式存储 GIS 数据，采用地理关系数据模型，即空间数据与属性数据分别存储在独立的文件中。至少由 .shp（空间数据文件）、.dbf（属性信息表，可用 excel 打开）和 .shx（空间索引文件，存储前两者的关系）3 个基本文件组成。另外，还有 .prj（存储坐标系统信息）、.sbn、.sbx（存储空间索引，加速空间数据读取）和 .shp.xml（元数据）等数据格式。所有文件存储在同一路径下。Shapefile 是 GIS 中比较通用的一种数据格式。

Geodatabase 是 ArcInfo 发展到 ArcGIS 时候推出的一种基于 RDBMS（空间地理数据管理系统）存储的数据格式，是保存各种数据集的容器，里面包括要素类、要素数据集、表、关系类等数据。Geodatabase 主要包括三类数据库：①Personal Geodatabase（个人地理数据库）用来存储小数据量数据，所有的数据集都存储于 Microsoft Access 的数据文件（.mdb）内，受 Microsoft Access 自身容量的限制，personal geodatabase 的容量上限为 2GB；②File Geodatabase（文件地理数据库）在文件系统中，以文件夹形式存储（.gdb），每个数据集都以文件形式保存，该文件大小最多可扩展至 1TB，是较常用的第三代数据格式；③ArcSDE Geodatabse 是大型多用户地理数据库，ArcSDE 技术可用于管理共享式多用户地理数据库，并支持多种基于版本的关键性 GIS 工作流（包括多用户同步编辑、分布式地理数据库以及历史存档），且在大小和用户数量方面没有限制。

实际应用中，往往需要对不同类型数据进行综合分析，需要将数据格式统一。ArcGIS 提供了 Shapefile、Coverage 和 Geodatabase 三类数据格式转换工具，转换方法详见第四章第六节。

二、栅格数据格式

ArcGIS 支持当前几乎所有的栅格格式文件、卫星传感器文件和航空摄像机文件，详见 ArcGIS Desktop 官方社区（https：//desktop. arcgis. com/zh-cn/arcmap/10. 7/manage-data/raster-and-images/list-of-supported-raster-and-image-formats. htm）。

（邱　娟　高　璐）

Chapter 4 | 第四章

ArcMap 基础操作

如何在 ArcMap 中打开已有空间数据？

如何创建新的空间数据？

第一节　创建和打开地图文件

一、创建新地图

操作提示 4-1-1：创建新地图文档

　　第一步，启动 ArcMap。ArcMap 视窗打开的同时会出现 ArcMap 启动窗口（图 4-1-1），选择打开现有地图或使用模板创建新地图，**新建地图→模板**。模板提供多种布局样式供用户选择。如果不想采用模板，可选择**新建地图→我的模板→空白地图**，会打开空白地图（无模板地图）。后期用户仍可根据制图区域、内容等，通过单击标准工具条中的 ⊞ 更改布局，重新选择模板（图 4-1-2）。

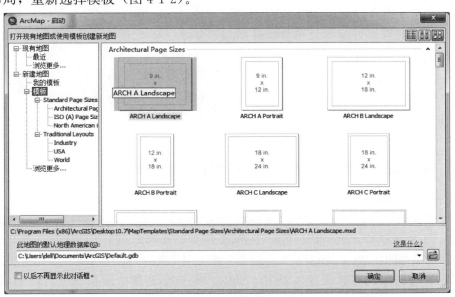

图 4-1-1　ArcMap 启动提示对话框

空间数据基本概念　第一篇

019

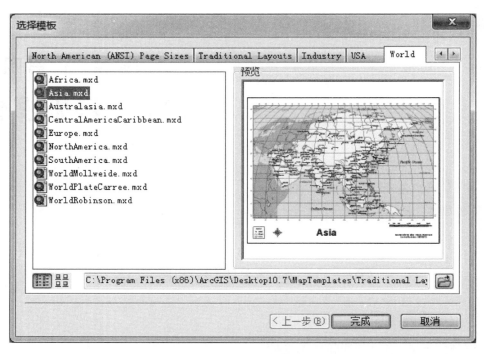

图 4-1-2　更改布局-选择地图模板

第二步，保存地图文件（或称为地图文档）。完成新地图的创建，并制作好地图后，点击文件下拉**菜单→保存**，或点击标准工具条中的**保存**按钮，自定义地图文档名称，将地图保存为.mxd 格式，以备以后调用或修改。

注释栏 4-1　地图文档（.mxd）不存储真实数据

　　.mxd 文件是工作空间，包含图层的引用信息，如载入的图层名称/路径、图层的显示属性（线条颜色、符号等）、当前的视窗位置等。每个.mxd 都有默认的模板指定菜单、界面、出图样式等，并不存储真实的数据，内容列表-图层是对物理数据如 Shapefile、Coverage 或 Geodatabase 的引用，只有编辑的时候才能改变物理数据。

二、关于保存地图文件的绝对路径和相对路径问题

　　绝对路径（或称为完整路径）指文件的真正存在的路径，是从硬盘的根目录（盘符）开始，逐级目录指向文件，如文件"**省级行政区.shp**"存储的绝对路径："D:**基础地理信息数据**\\中国省级行政区划 Province \\Province **省级行政区.shp**"。ArcMap 地图文档记录和保存的不是原始数据层所对应的原数据，而是各数据层对应源数据的路径信息，其默认保存源数据图层的方式是绝对路径。此时，如果存储盘中原数据文件的路径改变，ArcMap 会提示用户重新指定数据文件新路径，若不指定新路径，ArcMap 将忽略读取该数据层，内容视图窗口图层名称前会出现红色符号，地图视图窗口也不显示该数据层地

图。这对于 ArcMap 地图文档的编辑、管理、分发、交换等操作造成不便。为解决源数据文件在拷贝过程中地图文档按照原绝对存储路径找不到源数据的问题，ArcMap 提供了一种保存相对路径存储地图文档的方式——相对路径。相对路径指以当前目录为基准，逐级目录指向被引用的资源文件，当前目录则是保存的地图文档（.mxd）所在的位置。如加载有上述文件"**省级行政区.shp**"的地图文档（.mxd）所在的位置为"**D:\基础地理信息数据\中国省级行政区划Province\Province**"，则文件"**省级行政区.shp**"的相对路径表示为"**.\Province\省级行政区.shp**"。以下操作介绍存储数据层的相对路径方法。

操作提示 4-1-2：更改绝对路径至相对路径

点击菜单栏**文件**下拉**地图文档属性**命令，打开**地图文档属性**对话框（图 4-1-3），勾选"**存储数据源的相对路径名（R）**"，点击**确定**即可。之后保存的 .mxd 文件里的数据层均是相对路径。

注释栏 4-2　数据拷贝、分发后地图文档能够读取数据层文件的前提

保存相对路径后，拷贝过程中，地图文档可以读取数据层文件的两个前提是：①地图文档 .mxd 文件及该地图文档中加载的数据层须保存在同一路径下，如将 .mxd 及相应数据层都放在"D：\数据\"文件夹下；②拷贝过程中不改变原地图文档及数据层的相对位置，如用户将"D：\数据\"文件夹下的所有相关文件一次性拷贝（保证各文件相对位置）到另外一台电脑上的"E：\gis\"文件夹下。

第四章的相对路径 .mxd、数据层"country"和"**武汉市蔡甸区界**"均存放在".**第四章**\"文件夹下，且保存的相对路径可由读者自行打开查看。

三、打开已存在地图

ArcMap 用户有以下几种方式打开已建立好的地图：

（1）进入 ArcMap 时打开　启动 ArcMap，AcrMap 启动对话框选择**现有地图→最近**，在右边对话框出现最近打开过的地图文档，单击**打开**，或**浏览更多**找到需要打开文件的路径，单击**打开**。

（2）地图文件打开　找到地图文档存放路径，双击 .mxd 文件即可。

（3）在 AreMap 中打开　在 ArcMap 视窗（第二章，图 2-2-1）中，点击**文件**下拉菜单，选择**打开**命令，出现**打开**对话框，选取 .mxd

图 4-1-3　地图文档属性对话框

格式的地图文件，点击打开按钮。

第二节　创建地理数据

ArcMap 提供三种新建本地地理数据类型：文件地理数据库、个人地理数据库及 Shapefile（S）。以下操作常用的新建文件地理数据库，Shapefile（S）和个人地理数据库的创建方式同文件地理数据库类似。

操作提示 4-2-1：新建文件地理数据库 （.gdb）

ArcMap **目录**窗口选中地理数据库拟存放的文件夹，单击右键打开下拉菜单（图 4-2-1），**单击新建→文件地理数据库（O）**，此处文件夹下出现"**新建文件地理数据库.gdb**"；左键单击该数据库停顿后再次左键单击，使其处于可编辑状态便可修改文件名。此时，新建任务并没有完成，.gdb 只是一个容器，装什么类型的数据，还需要下一步新建要素数据集或直接新建要素类。

图 4-2-1　新建地理数据

如果有相同主题的多个要素类，如 H7N9 禽流感空间分析时，有多个时段的 H7N9 流感病毒感染人群病例分布点数据等，可先新建要素数据集，且确保要素数据集下的所有要素类有相同的坐标系统，方便后续空间分析。

操作提示 4-2-2：新建要素数据集

右键单击"**新建文件地理数据库.gdb**"，打开下拉菜单（图 4-2-2），单击**新建→要素数据集**，打开**新建要素数据集**对话框，第一步定义数据集名称，范例为"**主题**"；下一步，定义数据集坐标系，有两种方式：一种是对话框中提供的**收藏夹**（收录用户常用的坐标系统）、**地理坐标系**和**投影坐标系**（参考第五章）、**图层**（当前 ArcMap 中打开的数据层的坐标系统）文件下的坐标系供用户快捷选择（图 4-2-3），另一种是点击对话框中的添加坐标系（图 4-2-3），打开下拉选项，点击**导入**，打开**浏览数据集或坐标系**窗口，选择本地地理数据，点击**添加**，定义的则是此选中的本地地理数据的坐标系；下一步，定义垂直坐标系，一般二维地理空间数据跳过此步骤，**下一步→完成**。

要素数据集可看作是一个比文件数据库更小的容器，此时还没有数据层，下一步需新建要素类。

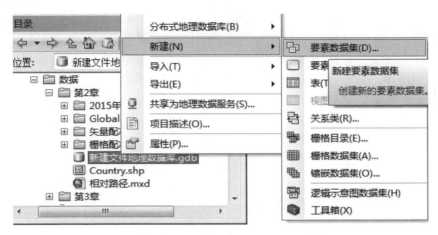

图 4-2-2　新建要素数据集

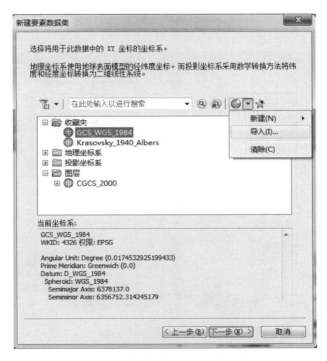

图 4-2-3　新建要素数据集-定义数据集坐标系

可在 .gdb 数据文件下直接新建独立的要素类，或在要素数据集下新建要素类。以下演示后者：右键单击要素数据集，此处为上一步新建的命名为"**主题**"的要素数据集，打开下拉选项，点击**要素类**（图 4-2-4），打开**新建要素类**对话框，输入**要素名**；选择**要素类型**，有点、线、面、多点、多面体、标记等 8 种要素类型，前 3 种应用较多，点击**下一步**；配置**关键字**，选**默认**，点击**下一步**；定义要素类属性表**字段名**及**数据类型**（图 4-2-5），"OBJECTID"和"SHAPE"为预定义的必要字段，以下列表中可添加字段名，此处为"**点名称**"，**数据类型**可下拉选择短整型、长整型、文本、日期等，此步骤也可先跳过，新建完成后可在属性表中添加；点击**完成**，此时，ArcMap 中自动加载该新建的要素类。

完成新建要素类（数据层），下一步可添加地图要素，见本章第五节。

图 4-2-4　新建要素类

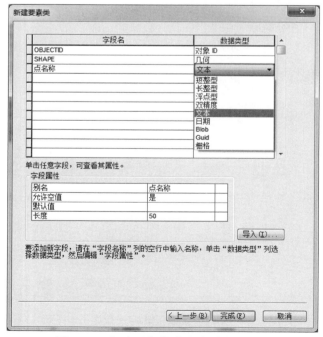

图 4-2-5　新建要素类-定义字段名及类型

第三节　加载数据层

运用本章第一节介绍的方法，可创建一幅空白地图，图中没有任何地图数据层（Data Layer，或叫图层）。只有进一步将表示地理要素的数据层加载后，才能得到真正的地图。ArcMap 支持加载数据的格式参考第三章，此外，还支持多种数据转换成 ArcGIS 可识别数据格式（详细参见本章第五节）。可直接在 ArcMap 中加载数据层，或借助 ArcCatalog 加载数据层。

操作提示 4-3-1：直接在新地图上加载数据层

创建或打开新地图后，可以直接调用 ArcMap 视窗主菜单命令或标准工具图标，向新地图加载数据层。加载数据层的格式，必须是 ArcMap 支持的数据格式。

第一步，在 ArcMap 视窗（第二章，图 2-2-1）中单击添加**数据按钮** ➕ ▾或单击菜单栏**文件**，下拉命令**添加数据→添加数据**，打开**添加数据**对话框（图 4-3-1）。

图 4-3-1　添加数据对话框

第二步，在**添加数据**对话框中，**查找范围**栏中选定数据存放路径，此时数据文件显示框会显示 ArcMap 支持的所有矢量和栅格数据格式的文件，选定加载的数据，如"**第四章\Country. shp**"，**名称**栏出现"Country. shp"，点击**添加**按钮，将"Country. shp"加载到新地图中。此时内容列表出现图层"Country"，并以数据视图方式显示在地图视图窗口中。依次可单选或多选加载其他数据。

操作提示 4-3-2：借助 ArcCatalog 加载数据层

　　ArcCatalog 是 ArcGIS 的资源管理器，ArcGIS 涉及的数据文件都可以通过 ArcCatalog 浏览和管理。利用 ArcCatalog 加载数据，可以方便用户更好地查找所需数据层。具体操作如下：

　　第一步，启动 ArcCatalog。有两种方式可以启动 ArcCatalog。一种方式是通过点击开始菜单 ArcGIS/ArcCatalog 10.X（10.X 为版本号）启动，或点击桌面上的 ArcCatalog 快捷图标（如果已经创建）打开，ArcCatalog 是以单独视窗的形式打开（图 4-3-2）。启动 ArcCatalog 后，视窗左侧是**目录树**，右侧是选中的文件夹或文件内容、预览、描述和 SAS Metadata 显示栏；另一种方式是在 ArcMap 视窗（第二章，图 2-2-1）的标准工具条中直接单击**目录**图标，此种方式默认是在 ArcMap 视窗右侧，以嵌入窗口的形式打开 ArcCatalog，形式类似于单独视窗图方式（图 4-3-2）的目录树，此种方式在制图的同时，方便查看文件存放位置及修改文件名等操作。

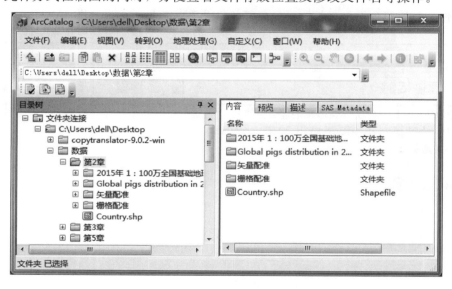

图 4-3-2　ArcCatalog 视窗

　　第二步，拖放操作加载数据层。在 ArcCatalog 视窗**目录树**或 ArcMap 视窗**目录**栏选中需加载的数据文件，按住鼠标左键，拖动点中的文件至 ArcMap 视窗的内容列表栏空白处后释放，即完成数据加载。如果是在 ArcCatalog 独立视窗中拖放，须调整 ArcCatalog 和 ArcMap 视窗，使两者同时出现在屏幕上。

注释栏 4-3　调整 ArcMap 视窗中各个工具栏排列及位置

　　可根据显示器大小和自己的工作习惯，通过左键按住各工具栏（如目录栏、内容列表栏等）顶部拖动至满意位置释放来调整排列位置，右键双击后恢复至原默认嵌入位置。

第四节　修改数据层名称

数据层加载到 ArcMap 视窗后,在内容列表中出现数据层的名称,默认情况下为数据文件的名称,如"Country. shp"加载后的图层名为"Country"。此时是以单一符号显示数据层,如需显示数据层的某一地理要素,以不同颜色显示图层"Country"的"CNTRY _ NAME"字段,首先需设置图层属性。

操作提示 4-4-1:设置图层属性

数据:**第四章\第四节\Country. shp**。

右键单击图层"Country",选择快捷菜单的**属性**项,打开该图层的**图层属性**窗口(图 4-4-1),点击**符号系统**栏,因"CNTRY _ NAME"为类别字段,选择**类别→唯一值;值字段**下拉出现"Country"数据层属性表中的所有字段,选"CNTRY _ NAME";**色带**下拉自选显示的颜色,点击**确定**,此时**内容列表**图层"Country"下出现地理要素的描述,且地图视图窗口按设置的图例显示地图(图 4-4-2)。

图 4-4-1　图层属性对话框

图 4-4-2　修改地理要素
描述命名

数据层名称和**地理要素**描述除了对用户有提示作用外,还定义了输出地图的图例。实际应用中,很多时候需要修改**数据层**名称、**地理要素**描述或**地图数据组**名称。

操作提示 4-4-2:修改地理要素描述命名

在内容列表窗口单击需要修改的地理要素描述,使其成为当前可编辑层。再次单击该地理要素,此时处于可编辑状态(图 4-4-2),输入该地理要素描述的新名称,按回车键即修改完成。

同样的方式可以修改**数据层**名称或**地图数据组**名称。此两者还可以通过左键双击数据层名或地图数据组名（或右键单击打开下拉选项选择**属性**），打开**图层属性**（图 4-4-1）或**数据框属性**对话框（图 4-4-3），点击**常规栏，图层属性**对话框的**图层名称（L）**处可修改数据层名称，**数据框属性**对话框的**名称（N）**处可修改地图数据组名称。

图 4-4-3　数据框属性对话框

第五节　数据编辑

ArcMap 提供了对矢量数据的编辑功能，包括选择、复制、删除、创建编辑要素和编辑属性等。

一、编辑工具及编辑流程介绍

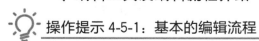 操作提示 4-5-1：基本的编辑流程

数据："**第四章\第五节\2015 年 1：100 万全国基础地理信息数据/H51.gdb**"下的 AGNP（点）、BOUA（面）和 LRDL（线）以及"**第四章\第五节\栅格配准\武汉市蔡甸区界.shp**"。

第一步，打开地图文档，加载需要编辑的数据。操作参照本章第一节和第三节。

第二步，打开编辑工具。如果工具栏没有显示编辑工具条（图4-5-1），点击标准工具条中的**编辑器工具条** ，或者通过右键单击工具条或菜单栏空白处，打开自定义工具条勾选**编辑器**（第二章，图2-2-1），打开编辑工具条。

图 4-5-1　编辑工具条（编辑器）

第三步，开始编辑。在编辑工具条上单击**编辑器**，打开下拉命令，点击**开始编辑**。如果 ArcMap 中加载的数据属于不同的工作空间（指地理数据库 .mdb、.gdb 或存放各 shapefile 的文件夹），会出现**开始编辑**对话框，选择要编辑的图层或工作空间，如图4-5-2，选择数据层后点击**确定**。此时**编辑器**激活。

点击**编辑器**工具条**创建要素**按钮，ArcMap 右侧出现**创建要素窗口**（图4-5-3）。上栏显示的是要编辑图层所在工作空间或地理数据库的所有加载进该 ArcMap 中的数据层；下栏中显示的是，上栏中选择数据层类型（点、线或面）对应的**构造工具**。

图 4-5-2　选择要编辑的数据图层　　　　　图 4-5-3　创建要素窗口

第四步，执行数据编辑。利用**编辑器**工具条中的快捷按钮或**创建要素**窗口的**构造工具**对数据要素进行编辑：添加要素、移动、裁剪、添加结点、删除结点等。编辑任务工具见图4-5-1。

第五步，保存或撤销数据编辑。单击**编辑器**打开下拉命令，点击**保存编辑内容**保存当前编辑，或点击标准工具条的**撤销（U）创建** ，撤销当前编辑。

第六步，结束编辑。单击**编辑器**打开下拉命令，点击**停止编辑**，即结束当前编辑。如当前有新的未保存的编辑，会提示是否保存。

二、选择编辑要素

对图形要素或属性表编辑之前必须先选择要素。ArcMap 提供了点击选择、按属性选择和按位置选择等方式。

操作提示 4-5-2：鼠标点击选择要素

点击编辑工具条中的**编辑工具** ► 后，在图形窗口移动光标至需要选择的要素上，单击左键，即可选取该要素。

注释栏 4-4 推荐使用选择要素按钮选择要素

此选择工具还有移动图形要素的功能，左键点击要素后移动鼠标，释放左键即完成移动操作。但不想执行移动的时候此选择工具容易造成误操作，推荐使用工具条中的**选择要素按钮**选择要素。

按住 Shift 键可选择多个要素；点击选择要素下拉选项（图 4-5-4），提供多种选择方式，如选**按矩形选择**，左键在视图窗口画一个矩形框，矩形框内的所有要素则被选中。要从已选择的要素中移除一个或多个要素，按住 Shift 键并单击要移除的要素即可。

图 4-5-4 选择要素下拉选项

注释栏 4-5 设置选择图层

当选择编辑对象时视图窗口有多个数据图层叠加显示，默认会选择所有显示数据层的图形要素，这样会干扰数据编辑。预选确定数据层的可选择性，可以避免选择不需要编辑的图形要素。

操作提示：设置选择图层

第一步，将设置可选图层添加至菜单栏选择菜单中。点击**菜单栏自定义（C）→自定义模式**，打开自定义窗口（图 4-5-5），**自定义窗口**中在命令选项卡下找到**类别**，选定**选择项**，**命令**中找到并选定**设置可选图层**，将其拖至菜单栏选择菜单中。

第二步，设置可选图层。点击菜单栏**选择→设置可选图层**，打开**设置可选图层窗口**（图 4-5-6），勾选选择要素的数据层即可。

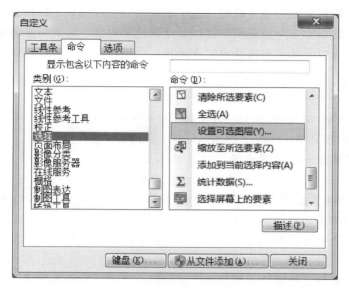

图 4-5-5　自定义窗口

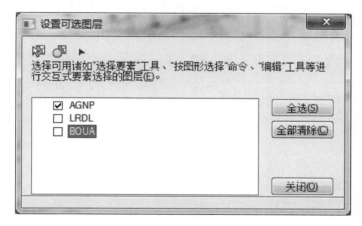

图 4-5-6　设置可选图层窗口

操作提示 4-5-3：按属性选择要素

数据："**第四章\第五节\2015 年1：100 万全国基础地理信息数据\H51. gdb**"下的"**BOUA**"（面）。

点击菜单栏**选择→按属性选择**，打开**按属性选择**窗口（图 4-5-7），在**图层**框中选择要选择要素所属的数据层，如面矢量"**BOUA**"（图幅 H51 的县区界）；自上而下第二个方框中显示的是数据"**BOUA**"属性表中的字段名；中间框显示所选字段的属性值（选定字段名后点击**获得唯一值**）；最下框中配合使用符号按钮、字段名（双击）和属性值（或手动输入，但要注意标点符号等格式）输入选择条件命令，如"SHAPE _ Area＞0. 2 OR NAME＝'滨湖区'"，即表示要选择面积大于 0. 2（单位：度）或者区县名称为"滨湖区"的图形要素，点击**确定**，选中要素便以亮绿色显示在视图窗口。

按属性选择窗口**方法**下拉选项，提供**创建新选择内容、添加到当前选择内容、从当前选择内容中移除**以及**从当前选择内容中选择**，供用户根据实际需求使用。

💡 操作提示 4-5-4：按位置选择要素

数据："*第四章\第五节\2015 年1：100 万全国基础地理信息数据\H51.gdb*"下的"**AGNP**"（*点*）和"**BOUA**"（*面*）。

点击菜单栏**选择→按位置选择**，打开按位置选择窗口（图 4-5-8），**目标图层**勾选"**AGNP**"（图幅 H51 的县、乡、村位置点）；**源图层**选择"**BOUA**"且勾选**使用所选要素**（在按属性选择要素操作完成后），**目标图层要素的空间选择方法（P）**选择**与源图层要素相交**，点击**确定**，或先点击**应用**查看是否为满足要求的要素，被选中后再点击**确定**，此操作即是选中落在县区面积大于 0.2（单位：度）或者区县名称为"滨湖区"的行政区界内的所有县、乡、村位置点。

按位置选择窗口**选择方法**下拉选项，提供**从以下图层中选择要素、添加到当前在以下图层中选择的要素、移除当前在以下图层中选择的要素、从当前在以下图层中选择的要素中选择**等多种方式，供用户根据实际需求使用；**目标图层要素的空间选择方法（P）** 中，也提供了多种空间位置关系，供用户根据实际需求使用。

图 4-5-7　按属性选择窗口

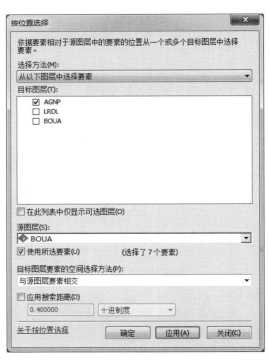

图 4-5-8　按位置选择窗口

三、复制编辑要素

在 ArcMap 中，可在同一数据层内复制要素（连带属性），也可在不同数据层之间复制要素。不同数据层之间复制要素必须保证各数据层的类型（点、线或面）是一致的（不要求坐标系统相同），且粘贴的目标数据层处于编辑状态。

💡 **操作提示 4-5-5：复制要素至另一数据层**

操作将"2015年1：100万全国基础地理信息数据\"下的图幅 H50 的县区矢量"BOUA"（为区别，数据层名称改为"H50_BOUA"）（参见本章第三节修改数据层名称）全部复制到图幅 H51 的县区矢量"BOUA"（数据层名称改为"H51_BOUA"）数据中（图 4-5-9）。

数据："第四章\第五节\2015年1：100万全国基础地理信息数据\H50.gdb"下的"H50_BOUA"（面）和"第四章\第五节\2015年1：100万全国基础地理信息数据\H51.gdb"下的"H51_BOUA"（面）。

选中图层"H51_BOUA"中的所有要素（图 4-5-9），点击标准工具条中的**复制**按钮 📄，然后点击标准工具条中的**粘贴**按钮 📋，出现**粘贴**对话框（图 4-5-10），选择**目标**图层，**确定**，此时复制完成（图 4-5-11），保存编辑内容即可。

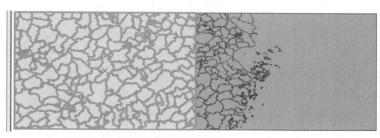

图 4-5-9　选中复制要素示意图

图 4-5-10　选择粘贴目标图层

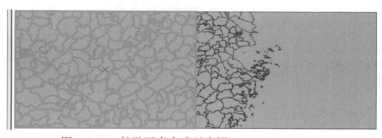

图 4-5-11　粘贴要素完成示意图

> **注释栏 4-6** 　建议使用工具箱叠加分析工具
>
> 　　数据量较大时不建议使用复制粘贴，可能会导致 ArcMap 崩溃，建议使用工具箱-分析工具-叠加分析中的工具。

四、删除编辑要素

在 ArcMap 中，选中要素后可以通过左键单击标准工具条中的**删除**按钮 ✕ 或键盘上点击删除键（Delete），即可删除选中的要素。

五、添加地图要素

实际应用中，除了应用已有或转换格式而来的地理数据，还需要制作专题数据，这就需要添加地图要素，往往添加地图要素需要有本底参考数据，如遥感影像、XXX 示意图等。

根据实际情况，可以在已有数据层中添加新要素，包括点要素、线要素及面要素等，也可以在新的数据层中生成新要素。

💡 **操作提示 4-5-6：添加地图要素**

以第五章第二节校正好的"**蔡甸区2010钉螺分布示意图.tif**"为参考，以本章第二节新建的点要素类"**要素类A**"为专题地图数据层，制作"**有螺环境分布点**"专题地图。

数据：**第四章\第五节\蔡甸区2010钉螺分布示意图.tif**；**第四章\第五节\新建文件地理数据库.gdb\主题\要素类 A**。

启动**开始编辑"要素A"**图层，打开**创建要素**窗口，在**创建要素**窗口单击"**要素A**"，构造工具中单击**点**工具（图 4-5-12），或者编辑器工具条中的**点** ⊞，鼠标移至视图窗口，参考"**蔡甸区2010钉螺分布示意图.tif**"中的有螺环境，左键单击相应位置，即完成一个有螺环境分布点的添加。

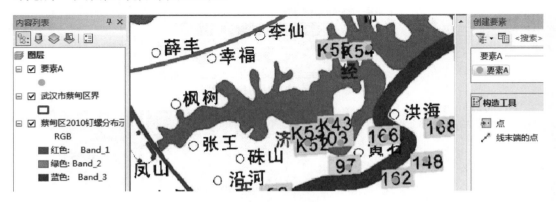

图 4-5-12　添加点要素

同样可新建线要素类，制作"**有螺环境线状分布**"专题地图，或新建面要素类，制作"**有螺环境周边水体分布**"专题地图等。读者可自行结合**编辑器**工具条中的线、面要素编辑工具或**创建要素**窗口的**构造工具**（图4-5-13）练习制作。

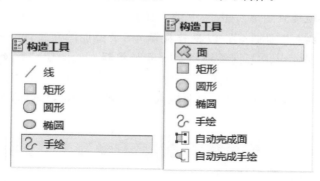

图4-5-13　线要素（左）、面要素（右）的构造工具

六、属性数据编辑

利用属性表对话框，不仅可以浏览所选中要素的属性信息，还可以对属性数据进行编辑，如添加、修改、计算等。

操作提示4-5-7：添加字段

数据：**第四章\第五节\新建文件地理数据库.gdb\主题\要素类A**。

以"**新建文件地理数据库.gdb**"下的"**要素类A**"为例，加载到ArcMap地图文档中；**图层**列表中右键单击"**要素类A**"图层，下拉工具条选择**打开属性表**即打开"**要素类A**"的属性表；点击属性表选项，下拉条单击**添加字段**（图4-5-14），打开**添加字段**窗口（图4-5-15），输入字段**名称**，此处为"**有无阳性螺**"，选择字段**类型**，此处为"**短整型**"，点击**确定**，属性表中出现字段名为"**有无阳性螺**"的一列，但均为空值，可通过修改、计算属性值等操作编辑属性表。注意，添加字段时，图层必须处于非编辑状态。

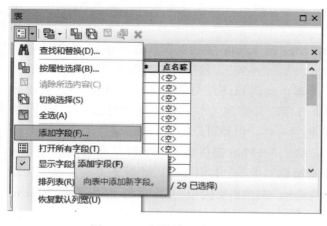

图4-5-14　属性表-添加字段

图4-5-15　属性表-添加字段窗口

数据：**第四章\第五节\新建文件地理数据库.gdb\主题\要素类A**。

以"**新建文件地理数据库.gdb**"下的"**要素类A**"为例，加载到 ArcMap 地图文档中；打开"**要素类A**"属性表；以**操作提示 4-5-7** 添加的新字段"**有无阳性螺**"，为待修改属性值的字段。点击工具条**编辑器→开始编辑**，使图层"**要素类A**"处于编辑状态（具体操作参考本节"**一、编辑工具及编辑流程介绍**"）。此时可编辑属性表，类似于 Excel 表一样单元格中输入属性值，此处输入"0"（图 4-5-16），编辑完成后点击**编辑器→保存编辑**。

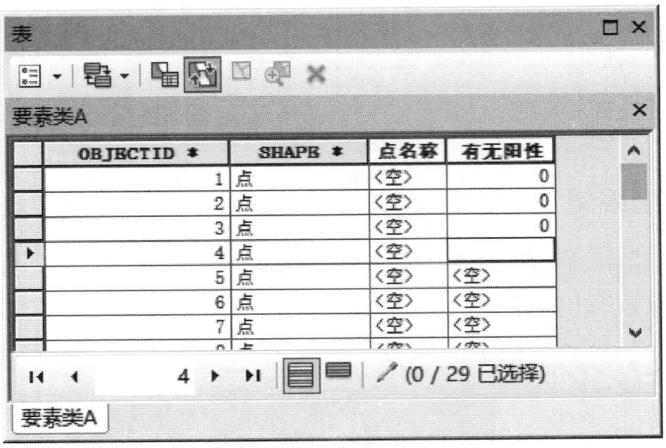

	OBJECTID *	SHAPE *	点名称	有无阳性
	1	点	<空>	0
	2	点	<空>	0
	3	点	<空>	0
▶	4	点	<空>	
	5	点	<空>	<空>
	6	点	<空>	<空>
	7	点	<空>	<空>

图 4-5-16 属性表-输入或更改属性值

💡 操作提示 4-5-9：计算属性值

ArcMap 属性表提供属性表字段计算器的功能，类似于 Excel 的函数运算，方便用户执行简单的函数运算，以备后续空间分析或制图。以"**非洲猪瘟**"下"African_swine_fever20200612.shp"为例，从非洲猪瘟报告日期（年月日，如 2020-06-11）中获取年份（如 2020）。

数据：**第四章\第五节\非洲猪瘟\African_swine_fever20200612.shp**。

首先，属性表中添加一个短整型的字段"**年份**"，鼠标移至属性表"**年份**"字段上，单击右键出现下拉条，点击**字段计算器**，此时该图层处于非编辑状态，因此会出现图 4-5-17 的警告，说明非编辑状态执行字段计算速度快，但结果无法撤回；换言之，如果在编辑状态执行字段计算速度会稍慢一些，但是可以撤回，点击**是**。

出现**字段计算器**对话框（图 4-5-18），ArcMap 提供数字、字符串和日期的计算函数，此处**类型**点选**字符串（T）**并双击**功能**栏中的"Left（）"，此时下方输入框中出现"Left（）"，鼠标移至括号中间并左边点击，出现闪烁光标后移至**字段**栏并双击"reportingD"，此时输入栏出现"Left（[reportingD],）"，在逗号后输入数字"4"，点击**确定**，即是取"reportingD"字段的前 4 位字符，即获得年份。

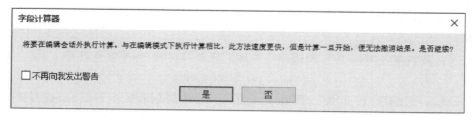

图 4-5-17　字段计算器-警告

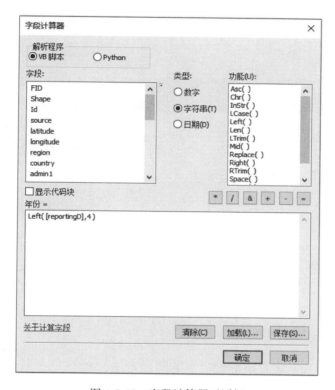

图 4-5-18　字段计算器对话框

七、计算周长、面积、坐标

地理信息数据区别于其他类型数据最大的优势在于有坐标信息，因而可以计算长度、面积或坐标。

注释栏 4-7　计算周长、面积等注意事项

（1）如果数据是地理坐标系统，需要先转换到投影坐标系统后（参见第五章），再计算面积或周长。

（2）SHAPE_Length 和 SHAPE_Area 为 ArcGIS 矢量数据的基础字段，自动生成，不可编辑。

以下以"2015年1：100万全国基础地理信息数据\J50.gdb"下的"BOUA"为例计算面积。

数据：**第四章\第五节\2015年1：100万全国基础地理信息数据\J50.gdb\ BOUA**。

ArcMap中加载"BOUA"（图幅J50的县级行政区划面矢量数据），查看该数据**图层属性→源**，可见"BOUA"只有地理坐标系统，没有投影坐标系统，所以属性表中记录要素周长和面积的字段"SHAPE_Length"和"SHAPE_Area"显示的单位是度（Degree，图4-5-19），不够直观。需定义投影坐标系，详细理论参见第五章。以下为操作最简便的方法。

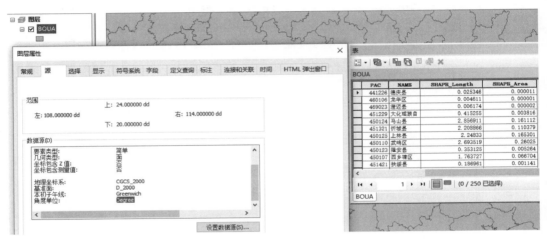

图4-5-19　查看图层坐标信息、属性表周长及面积字段

💡 **操作提示4-5-10：定义投影坐标系的简便方法**

数据：**第四章\第五节\2015年1：100万全国基础地理信息数据\J50.gdb\BOUA；第四章\第五节\山东猪瘟\山东县区界\山东县区界.shp**。

第一步，在加载有"BOUA"数据的ArcMap中加载一个有投影坐标系统的数据。本例为"**山东猪瘟\山东县区界\山东县区界.shp**"，坐标系统为Krasovsky_1940_Albers，此时可看到虽然"BOUA"与"山东县区界"坐标系统不一致，但是因为ArcMap的**即时投影**功能，两者仍可以在空间上匹配。

第二步，修改地图文档的**通用坐标系统**。右键单击图层列表的**图层→属性**，打开**图层属性**对话框，点击**坐标系→图层→Krasovsky_1940_Albers→确定**（图4-5-20），即把此地图文档的通用坐标系统改为"Krasovsky_1940_Albers"了。

第三步，将"BOUA"导出，即另存为与地图文档通用坐标系统一致的文件。右键单击图层列表的"BOUA"→**数据→导出数据**，打开**导出数据**对话框，**使用与以下选项相同的坐标系**点选**数据框**，选择输出要素类路径并命名，点击**确定**，此时另存文件自动加载到 ArcMap 中，查看**属性表**，可见字段“SHAPE _ Length”和“SHAPE _ Area”记录变为单位为坐标系“Krasovsky _ 1940 _ Albers”的线性单位“m”或“m^2”了（图 4-5-21）。

图 4-5-20　修改地图文档

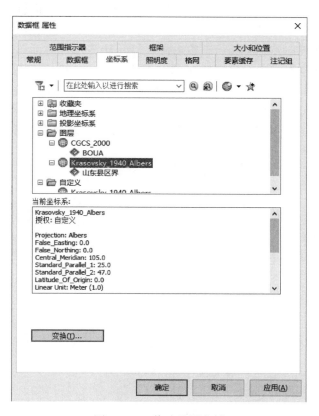

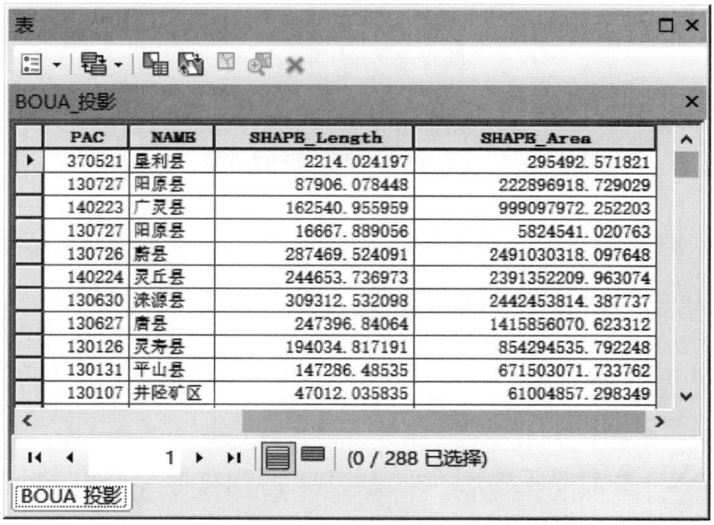

PAC	NAME	SHAPE_Length	SHAPE_Area
370521	垦利县	2214.024197	295492.571821
130727	阳原县	87906.078448	222896918.729029
140223	广灵县	162540.955959	999097972.252203
130727	阳原县	16667.889056	5824541.020763
130726	蔚县	287469.524091	2491030318.097648
140224	灵丘县	244653.736973	2391352209.963074
130630	涞源县	309312.532098	2442453814.387737
130627	唐县	247396.84064	1415856070.623312
130126	灵寿县	194034.817191	854294535.792248
130131	平山县	147286.48535	671503071.733762
130107	井陉矿区	47012.035835	61004857.298349

图 4-5-21　属性表周长、面积信息

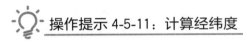
操作提示 4-5-11：计算经纬度

经纬度不是 ArcGIS 的基本字段，ArcMap 提供了计算经纬度的工具。

第一步，在属性表中添加两个分别代表经度和纬度的双精度字段（参见**操作提示 4-5-7 添加字段**）。

第二步，右键单击该字段名→**计算几何**，打开**计算几何**对话框（图 4-5-22），属性选择**质心的 X 坐标**即为经度，**质心的 Y 坐标**即为纬度；计算经纬度必须为地理坐标系，如为投影坐标系计算结果，即为投影坐标系的横/纵坐标，此处点选**使用数据框的坐标系**，即"GCS：C2000"[前提是此地图文档（数据框）的通用坐标系统已经改为地理坐标系]，如果文件本身是地理坐标系，则点选**使用数据源的坐标系**。点击**确定**，即可看到原来该字段的空值记录变换成经度值。

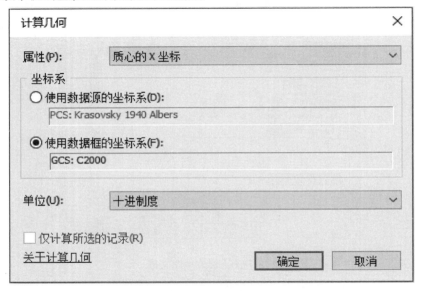

图 4-5-22　计算几何

第六节　数据转换

不同格式（多因来源不同）的数据叠加操作时，往往需要先将其转换成同一格式。

一、其他格式数据转为 Geodatabase 数据

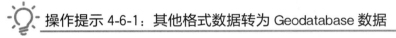
操作提示 4-6-1：其他格式数据转为 Geodatabase 数据

在**ArcCatalog 目录**中找到已有 .gdb 文件或新建文件地理数据库，右键单击该数据库名称，选择**导入→要素类（单个）**（图 4-6-1），可以将单个 shapefile、coverage 要素类转换为地理数据库要素类，即 Geodatabase 格式数据（图 4-6-2）。在图 4-6-1 中，选择**要素类（多个）**，可以将多个 shapefile 等要素类数据批量转换为 Geodatabase 要素类

（图 4-6-3）。此方法还可以将表（如 dbf 格式）、栅格数据集（如 tif 格式）等数据转换为 Geodatabase 数据。

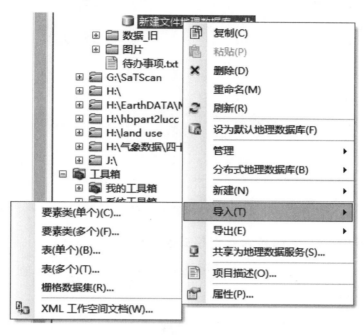

图 4-6-1　其他格式数据转为 Geodatabase 数据

图 4-6-2　导入要素类（单个）

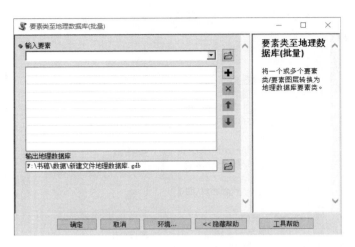

图 4-6-3　导入要素类（多个）

二、Geodatabase 数据转为其他格式数据

Geodatabase 数据转为其他格式数据有两种方式：在内容列表中转换或在 ArcCatalog 目录转换。

操作提示 4-6-2：在内容列表中导出数据

如果 Geodatabase 数据已经加载到地图中显示，在 ArcMap **内容列表**窗口→右键单击图层名，选择**数据→导出数据**（图 4-6-4），打开**导出数据**对话框→单击**浏览** 📁（图 4-6-5），设置保存位置，打开**保存数据对话框**，下拉**保存类型**，选择需要保存的数据类型即可（图 4-6-6）。

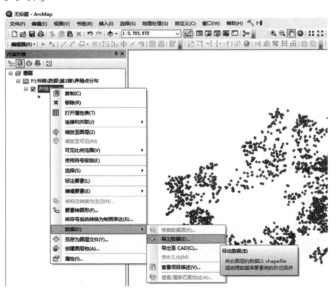

图 4-6-4　在内容列表中导出数据

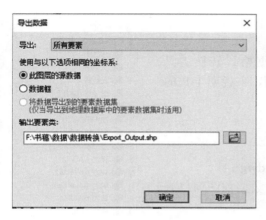

图 4-6-5　导出数据对话框

图 4-6-6　选择保存数据类型

操作提示 4-6-3：在 ArcCatalog 目录中导出数据

在 **ArcCatalog 目录**中，右键单击待转换数据文件（图 4-6-7），选择**导出**，选择要保存的类型、输出路径和名称（图 4-6-8、图 4-6-9）。

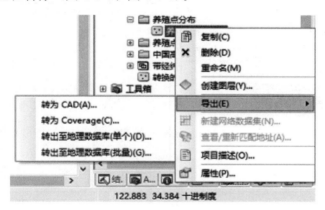

图 4-6-7　在目录中导出数据

图 4-6-8　要素转 CAD 对话框

图 4-6-9　输出文件对话框

三、ArcToolbox 转换工具

ArcToolbox 转换工具，包含了多种数据格式转换工具（图 4-6-10），现以 CAD 转至地理数据库为例，来说明工具的使用方法。

图 4-6-10　ArcToolbox 转换工具

💡 **操作提示 4-6-4：CAD 转至地理数据库**

数据：*第四章\第六节\得胜桥村示意图.dwg*。

第一步，查看 CAD 数据。ArcMap 可在数据视图窗口查看 CAD 数据，但不能编辑数据。

启动 ArcMap，点击**添加数据**按钮 ⬦·，将"*得胜桥村示意图.dwg*"加载到地图中，可看到 CAD 数据，包括注记（annotation）、点（point）、线（polyline）、面（polygon）和多面体（multiPatch）等图层组（图 4-6-11）。

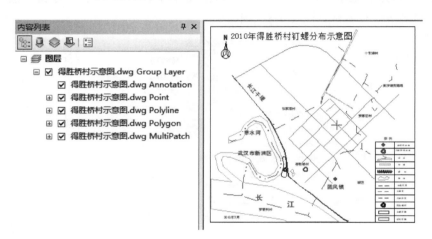

图 4-6-11　将 CAD 数据添加到地图中

第二步，新建文件地理数据库。转换的数据类型包含点、线、面等，需事先新建文件地理数据库或个人地理数据库，作为用于存储转换后的数据。在**目录**中右键单击目标文件夹，选择**新建**→选择**文件地理数据库**，命名为"**数据转换.gdb**"。

第三步，数据转换。**ArcToolbox→转换工具→转至地理数据库→CAD 至地理数据库**，打开 **CAD 至地理数据库**对话框（图 4-6-12），点击**浏览** 🗁，将"*得胜桥村示意图.dwg*"添加到列表中，定义输出文件位置及名称（**数据转换.gdb**）后，会自动生成一个**数据集**名称和**参考比例**，可根据需要手动调整这两个参数。点击**确定**，数据集自动加载到地图中，在**内容列表**可看到转换后的数据类型包括点、线、面和注记。将注记图层"Annotation 1"调整到所有图层上方，地图显示结果见图 4-6-13。转换后的矢量数据可进行编辑处理。

图 4-6-12　CAD 至地理数据库

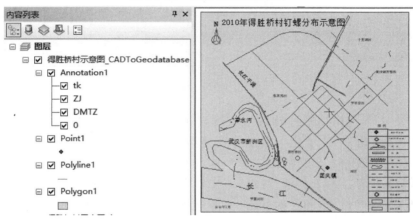

图 4-6-13　Geodatabase 数据

第七节　地图矢量化

地图矢量化，就是把现有地图（如纸质地图、电子地图）数据转换成矢量数据的处理过程，也称为**地图数字化**。地图矢量化，是获取地理空间数据的重要方式之一。根据矢量化过程中的自动化程度高低，可分为人工矢量化、半自动和全自动矢量化，日常工作中多以人机交互式为主。人工矢量化，是将扫描后的纸质地图或卫星影像等栅格图像加载到 ArcMap 中作为底图，然后新建点、线、面等要素类（参考**操作提示 4-2-3 新建要素类**），重新画出一幅地图的过程。此方法对于数据量少时较适用，数据量多时需利用 ArcScan 工具进行全自动矢量化录入。ArcScan 是为把栅格数据批量转换成矢量要素而设计的，多数情况下转换后还需要人工手动修改。手扶跟踪数字化也是一种广泛使用的方法，将已有地图矢量化的手段，利用手扶跟踪数字化仪，可以输入点地物、线地物以及多边形边界的坐标。

数据：**第四章\第七节\蔡甸区 2010 钉螺分布示意图_校正后. tif**。

第一步，激活 ArcScan 扩展模块。ArcMap 主菜单→**自定义→扩展模块**，在弹出的对话框中勾选 ArcScan，再选择**自定义→工具条→ArcScan**，将 ArcScan 勾上（图 4-7-1），ArcScan 工具条就会显示在 ArcMap 工具栏中（图 4-7-2）。

图 4-7-1　激活 ArcScan 扩展模块

图 4-7-2　ArcScan 工具条

第二步，将彩色栅格图片转换为灰度栅格图片。ArcScan 矢量化的前提条件是栅格图像的二值化，"二值化" 就是将栅格数据的属性值变为 0 和 1 两类，也就是底图必须是黑白图片。案例数据 "**蔡甸区 2010 钉螺分布示意图_校正后. tif**" 是一幅彩色多波段影像，无法直接进行二值化处理，所以需要先转换成灰度图片。

使用**添加数据**工具 ✛ ·将 "**蔡甸区 2010 钉螺分布示意图_校正后. tif**" 添加到地图中。在 ArcMap 主菜单中选择**文件→导出地图**，在**常规**选项中设置分辨率为 600，勾选**写入坐标文件**，在**格式**选项中，**颜色模式**选择 "8 位灰度"，勾选**写入 GeoTIFF 标签**。编辑输出位置和文件名，点击**保存**，得到的是一幅带有地理坐标系统的灰度栅格图片（图 4-7-3）。使用**添加数据**工具 ✛ ·将其添加到地图中，该图片与原彩色图片的位置是重合的（图 4-7-4）。

图 4-7-3　导出图片设置

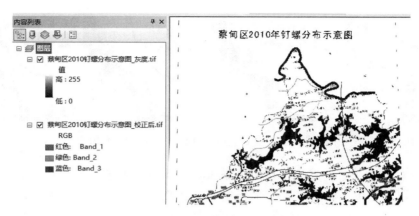

图 4-7-4 彩色栅格图片转换为灰度栅格图片结果

第三步，栅格图像二值化处理。双击栅格图片"**蔡甸区2010钉螺分布示意图_灰度**"→**图层属性→符号系统→已分类**（图 4-7-5）。点击**分类**，选择分类方法为**手动**，类别为**2，中断值**设置为 240、255，点击**确定**（图 4-7-6）。中断值如果过低，二值化结果可能会忽略部分颜色浅的要素；中断值如果过高，图片中的要素会显得毛糙（图 4-7-7）。在处理其他图片时，需要根据图片质量试验不同的中断值，直到满意为止。

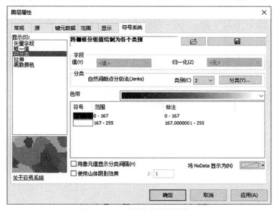

图 4-7-5 图层属性设置

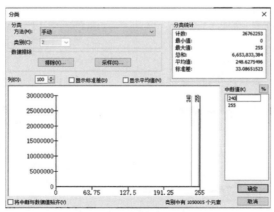

图 4-7-6 分类设置

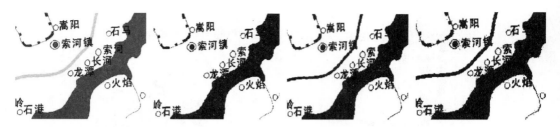

图 4-7-7　不同中断值设置效果（从左往右依次为原图、中断值 200、240、250）

第四步，新建矢量要素类。在 **ArcCatalog 目录**中，新建文件地理数据库"**地图矢量化.gdb**"，右键单击数据库名称→**新建**→**要素类**，分别新建一个线状要素类"line"和面状要素类"polygon"，坐标系选择当前图层的投影坐标系统，新要素类会自动添加到地图中（图 4-7-8）。

第五步，栅格清理。首先，单击编辑工具条中的**编辑器**→**开始编辑**，启动编辑状态（图 4-7-9）。这时 ArcScan 工具条从灰色不可用状态，变为可用状态。在进行批处理矢量化时，地图上的注记等要素不需要矢量化，可以用**栅格清理**工具清理不需要矢量化的内容。单击 ArcScan 工具条中的**栅格清理**→**开始清理**（图 4-7-10）。在**栅格清理**菜单中点击**栅格绘画工具条**，打开**栅格绘画**工具条（图 4-7-11）。使用**擦除工具** 或**魔术擦除工具** ，擦除不需要矢量化的内容。清理完成后，在栅格清理菜单中点击**保存**，最后点击**停止清理**（图 4-7-12）。

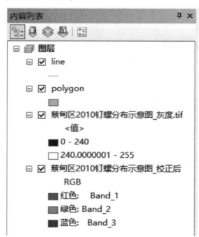

图 4-7-8　新建线状和面状要素类　　图 4-7-9　启动编辑状态

图 4-7-10　栅格清理菜单

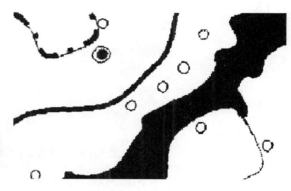

图 4-7-11　栅格绘画工具条　　　　　　　　　　图 4-7-12　栅格清理结果

　　第六步，ArcScan 矢量化。单击 ArcScan 工具条中的**矢量化→矢量化设置**（图 4-7-13），弹出**矢量化设置**对话框，设置各项参数，点击**应用**（图 4-7-14）。单击矢量化菜单中的**显示预览**，可预览矢量化结果并调整矢量化参数设置，直到预览结果符合预期为止。单击**矢量化菜单中的生成要素**，选择将要生成要素的图层，点击**确定**（图 4-7-15）。矢量化结果见图 4-7-16。点击**编辑器菜单中的保存编辑内容**，再单击**停止编辑**，自动矢量化工作完成。自动批量矢量化后难免有不合理之处，后续需要使用编辑工具（参考本章第五节）进行手动修改。

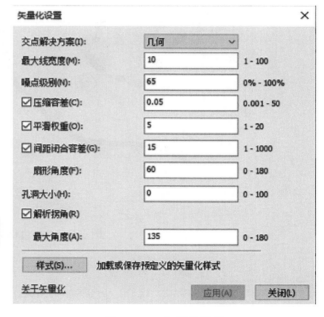

图 4-7-13　启动编辑状态，准备矢量化　　　　　图 4-7-14　矢量化设置

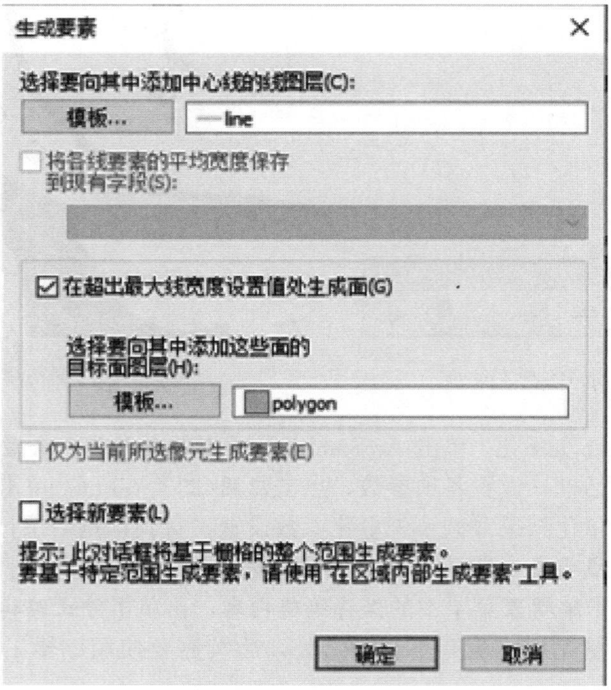

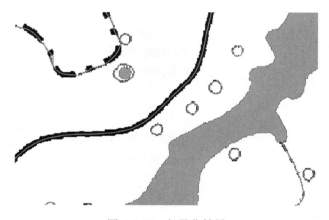

生成要素

选择要向其中添加中心线的线图层(C):

模板... ——line

☐ 将各线要素的平均宽度保存
到现有字段(S):

☑ 在超出最大线宽度设置值处生成面(G)

选择要向其中添加这些面的
目标面图层(H):

模板... polygon

☐ 仅为当前所选像元生成要素(E)

☐ 选择新要素(L)

提示: 此对话框将基于栅格的整个范围生成要素。
要量于特定范围生成要素,请使用"在区域内部生成要素"工具。

确定   取消

图 4-7-15 生成要素

图 4-7-16 矢量化结果

（邱 娟 高 璐）

地图投影与空间参照系统

空间数据的位置信息存储在哪？

同一地区不同主题的空间数据不能重叠在一起，有位置偏差如何处理？

空间分析的基本要求是，分析的图层必须在空间上相匹配，即各图层间相同位置点没有偏移。由于地理坐标系统（Geographic Coordinate System，简称 GCS）或投影坐标系统（Projected Coordinate System）不一致，不同来源的数据可能在空间上无法匹配在一起。ArcGIS 提供了**即时投影**功能，使用投影文件自动将数据转换成**通用坐标系统**（默认为第一个加载到 ArcMap 的数据文件坐标系统），显示具有不同坐标系统的数据图层，使它们在视图窗口看起来匹配在一起，但是即时投影并没有改变数据的坐标系统，不能代替数据的投影和重新投影操作。如果用于空间分析的数据集有不同的坐标系统，为了避免处理过程出错以及保证空间分析的数据精度，需要把它们转换成同一坐标系统。

用户通常在平面地图上对要素进行处理，平面地图是基于用 x 轴和 y 轴表示的平面坐标系统。平面地图要素代表的是地球椭球图表面的空间要素，而地球表面空间要素的位置信息是基于用经纬度值表示的地理坐标系统。地图投影就是从地理（或称球面）坐标系统过渡到平面坐标系统，投影的过程就是从地球表面转换到平面。坐标转换，包括地理坐标转换、投影和投影坐标转换（重新投影），通常是空间分析数据预处理的必要环节。

第一节　地理坐标系统

地理坐标系统是地球表面空间要素的定位参照系统，由经度和纬度定义的球面坐标系统。地球是一个不规则的椭球体，如何将地球上的空间要素存放到球面坐标系统上？这必然要找到与地球形状、大小接近的椭球体模型。这样的椭球体具有以下特点：①可以量化计算；②具有长半轴（a）、短半轴（b）；③参数扁率（或称偏心率），（a—b）/a，用于测量椭球两轴的差异。

还需要**大地基准（Datum）**将椭球定位。大地基准定义了参考椭球参数、定位参数以及大地坐标的起算数据，是地球的一个数学模型，用于计算某个位置地理坐标的参照点。大地基准并非唯一，很多国家和地区通过本底调查建成自己的大地基准，如我国比较老的 GIS 数据使用的是北京 1954 坐标系（参考椭球为 Krasovsky_1940），我国国土空间规划使用的是 2000 国家大地坐标系 CGCS_2000。全球数据如 GPS 定位、谷歌地图和 bing 地图等用的是 WGS84（全球大地测量系统，1984）。高德地图、腾讯地图、阿里云地图等使用的是我国国家测绘地理信息局 GCJ02 坐标系（由 WGS84 偏移加密制成），百度地图使用的是 BD09 坐标系（GCJ-02 进一步偏移）等。这些坐标系的区别在于定义的坐标原点、长半轴和短半轴等椭球参数或者偏移参数不同。ArcGIS 预定义了目前各个洲、各个国家常用的地理坐标系统供用户使用，可通过本地（＜install location＞\ Desktop＜version＞\ Documentation \ geographic_coordinate_systems. pdf）或在线（https：//desktop. arcgis. com/en/ArcMap/latest/map/projections/about-geographic- coordinate-systems. htm）的帮助查找 geographic_coordinate_systems. pdf 文件查看。图 5-1-1 为部分截图，列举了地理坐标系统名称（GCS Name）和使用地区（Area of User）等信息。

GCS Name	WKID	Area of Use	Minimum Latitude	Minimum Longitude	Maximum Latitude	Maximum Longitude
1_Ceres_2015	104972	World	-90.000	-180.000	90.000	180.000
4_Vesta_2015	104973	World	-90.000	-180.000	90.000	180.000
GCS_Abidjan_1987	4143	Cote d'Ivoire (Ivory Coast)	1.020	-8.610	10.740	-2.480
GCS_Accra	4168	Ghana	1.400	-3.790	11.160	2.100
GCS_Aden_1925	6881	Yemen - South Yemen - mainland	12.540	43.370	19.000	53.140
GCS_Adindan	4201	Africa - Eritrea, Ethiopia, South Sudan and Sudan	3.400	21.820	22.240	47.990
GCS_Adrastea_2000	104909	World	-90.000	-180.00	90.000	180.00
GCS_Afgooye	4205	Somalia - onshore	-1.710	40.990	12.030	51.470
GCS_Agadez	4206	Niger	11.690	0.160	23.530	16.000
GCS_Ain_el_Abd_1970	4204	Asia - Middle East - Bahrain, Kuwait and Saudi Arabia	15.610	34.510	32.160	55.670
GCS_Airy_1830	4001	Not specified	-90.000	-180.000	90.000	180.00
GCS_Airy_Modified	4002	Not specified	-90.000	-180.000	90.000	180.00
GCS_Alaskan_Islands	37260	USA - Alaska	51.300	172.420	71.400	-129.99
GCS_Albanian_1987	4191	Albania - onshore	39.640	19.220	42.670	21.060
GCS_Amalthea_2000	104910	World	-90.000	-180.00	90.000	180.00
GCS_American_Samoa_1962	4169	American Samoa - 2 main island groups	-14.430	-170.88	-14.110	-169.38
GCS_Amersfoort	4289	Netherlands - onshore	50.750	3.200	53.700	7.220

图 5-1-1 ArcGIS 预定义的地理坐标系统部分截图

（来自 ArcGIS 帮助）

 操作提示 5-1-1：查看 ArcMap 地图文档当前采用的坐标系统

数据：**第五章\第一节\Country. shp 和5_Pg_2010_Da. tif**。

以图层"Country"和"5_Pg_2010_Da. tif"为例，右键单击**图层→属性**，打开**数据框属性表→坐标系统**查看（图 5-1-2）。坐标系统为 GCS_WGS_1984，系统描述见表 5-1-1。

图 5-1-2　查看 ArcMap 工程文件坐标系统

表 5-1-1　地理坐标系统描述

坐标系信息	坐标系信息	信息描述
GCS _ WGS _ 1984	CGCS _ 2000	为坐标系统名称，GCS 表示是地理坐标系统
WKID：4326 Authority：EPSG	Authority：Custom	身份信息
Angular Unit：Degree（0.0174532925199433）	Angular Unit：Degree（0.0174532925199433）	经纬度的角度单位：度数，数值 0.0174532925199433 是从度到弧度（rad）的转换系数
Prime Meridian：Greenwich（0.0）	Prime Meridian：Greenwich（0.0）	本初子午线（起始经线）是格林威治 0°经线，单位为度
Datum：D _ WGS _ 1984	Datum：D _ 2000	大地基准定义为 1984 年的全球大地测量系统 WGS
Spheroid：WGS _ 1984	Spheroid：S _ 2000	WGS84 椭球体
Semimajor Axis：6378137.0	Semimajor Axis：6378137.0	长半轴
Semiminor Axis：6356752.314245179	Semiminor Axis：6356752.314140356	短半轴
Inverse Flattening：298.257223563	Inverse Flattening：298.2572221010041	扁率

　　此 ArcMap 的通用坐标系统为第一次打开的"Country"或"5 _ Pg _ 2010 _ Da. tif"的坐标系统，如上显示的地理坐标系统（无投影坐标系统）。在此 ArcMap 中打开的数据，如果坐标系统与通用坐标系统不一致，会自动将其转换成此通用坐标系统进行显示。例如，在 ArcMap 中加载国家地理信息中心（http：//www. webmap. cn/main. do？method＝index）发布的 2015 年 1：100 万的中国基础地理信息数据（**2015年1：100万全国基础地理信息数据**）中的任意文件（**如2015年1：100万全国基础地理信息数据\F49. gdb\BOUA**）。该数据坐标系统为 CGCS _ 2000，采用 2000 国家大地坐标系，1985 国家高程基准，经纬度坐标，详细信息见表 5-1-1。

　　虽然"BOUA"文件地理坐标系统与此 ArcMap 的通用坐标系统不一致，但系统会即时投影，自动转换显示，参见图 5-1-3。"BOUA" 为广东省和广西壮族自治区沿海地区县界矢量数据，与 "Country" 或 "5 _ Pg _ 2010 _ Da. tif" 边界匹配在一起，但不改变 "BOUA" 文件本身的坐标信息（仍然是 CGCS _ 2000）。

图 5-1-3　导入不同坐标系统文件自动即时投影显示

第二节　投影坐标系统

投影坐标系统又称为平面坐标系统，是基于地图投影而建立的，定义的是球面坐标投影到平面坐标的规则，度量单位为 m、km 等。投影坐标系统的优势在于可以方便精确地计算距离、面积和定位等，尤其是在大比例尺制图的时候。但是从地球表面到平面的转换总是存在变形，没有一种地图投影是完美的，这就是为什么发展了数百种地图投影用于地图制图的原因。ArcGIS 提供了目前常用的投影坐标系统，可通过本地或在线的帮助查找 geographic _ coordinate _ systems. pdf 文件查看，图 5-2-1 为部分截图，列举了投影坐标系统的名称和使用地区等信息。

Name	WKID	Area of Use	Minimum Latitude	Minimum Longitude	Maximum Latitude	Maximum Longitude
Abidjan_1987_TM_5_NW	2165	Cote d'Ivoire (Ivory Coast) - offshore	1.020	-7.550	5.190	-3.110
Abidjan_1987_UTM_Zone_29N	2043	Cote d'Ivoire (Ivory Coast) - west of 6°W	4.290	-8.610	10.740	-6.000
Abidjan_1987_UTM_Zone_30N	2041	Cote d'Ivoire (Ivory Coast) - east of 6°W	4.920	-6.000	10.460	-2.480
Accra_Ghana_Grid	2136	Ghana - onshore	4.670	-3.250	11.160	1.230
Accra_TM_1_NW	2137	Ghana - offshore	1.400	-3.790	6.060	2.100
Adindan_UTM_Zone_35N	20135	Africa - South Sudan and Sudan - 24°E to 30°E	4.210	23.990	22.010	30.000
Adindan_UTM_Zone_36N	20136	Africa - Ethiopia and Sudan - 30°E to 36°E	3.490	29.990	22.240	36.000
Adindan_UTM_Zone_37N	20137	Africa - Eritrea, Ethiopia and Sudan - 36°E to 42°E	3.400	36.000	22.010	42.000
Adindan_UTM_Zone_38N	20138	Ethiopia - east of 42°E	4.110	42.000	12.850	47.990

图 5-2-1　ArcGIS 预定义的投影坐标系统部分截图
（来自 ArcGIS 帮助）

一、地图投影类型

每种地图投影都保留了某些空间性质，而牺牲了另一些性质。根据地图投影所保留的性质，将其分为四类：**正形投影**保留了局部角度及其形状，即无角度变形；**等积投影**以正确的相对大小显示面积，即无面积变形；**等距投影**保持沿确定路线的比例尺不变；**等方位投影**保持确定的准确方向。根据投影面类型划分，地图投影包括投影面为圆柱的圆柱投影、投影面为圆锥的圆锥投影和投影面为平面的方位投影。根据投影面与地球位置关系划分，地图投影包括投影面中心轴与地轴相互重合的正轴投影、投影面中心轴与地轴斜向相交的斜轴投影、投影面中心轴与地轴相互垂直的横轴投影、投影面与椭球体相切的相切投影和投影面与椭球体相割的相割投影（图 5-2-2）。地图投影的名称通常包含它所能保留的性质，如阿伯斯（Albers）等积圆锥投影。

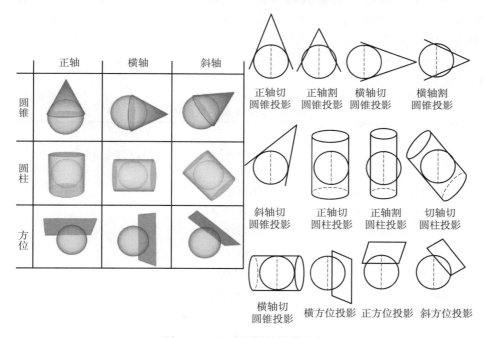

图 5-2-2　地球不同的投影方式

二、常用的投影坐标系及分度带

为了满足测量精度，一个投影坐标系统通常被划分成不同的带，每个带都有各自的投影中心。以下列举常用的投影坐标系及分度带。

1. 高斯-克吕格（Gauss-Krüger）投影　又名横轴墨卡托投影或等角横切椭圆柱投影，是正形投影的一种。高斯-克吕格投影的分度带（图 5-2-3 上半部是六度带，下半部是三度带），如武汉经度跨 113°41′E～115°05′E，在六度带上为 19°带和 20°带或者三度带上为 38°带和 39°带。

2. 兰勃特（Lambert）正形圆锥投影　对于东西伸展大于南北伸展的中纬度地区，用兰勃特正形圆锥投影。如美国地质调查局（USGS）上用此投影编制地形图。

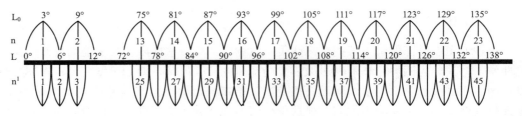

图 5-2-3　高斯-克吕格投影的分度带

3. 通用横轴墨卡托投影（Universe Mercator，简称 UTM）　一种世界性投影，将 84°N～80°S 的地球表面返程 60 个带，每个带覆盖 6 个经度，并从 180°W 开始编为第一个带，依序编号，每个带又分为南北两个半球。

4. 阿尔伯斯（Albers）等积圆锥投影　实际是正轴等积割圆锥投影。土地利用/土地覆盖数据因要求精确度量面积，通常采用等积投影。如我国 1980—2018 年的中国土地利用遥感监测数据（中国科学院资源环境科学数据中心 http：//www.resdc.cn/Default.aspx），就是采用阿尔伯斯等积圆锥投影，表 5-2-1 为该数据集坐标系信息。

表 5-2-1　投影坐标系统描述

坐标系信息	信息描述
Krasovsky _ 1940 _ Albers	投影坐标系统命名，通常以地理坐标系统＋地图投影的形式命名
Authority：Custom	身份信息
Projection：Albers	地图投影名称
False _ Easting：0.0	横坐标东移
False _ Northing：0.0	纵坐标北移
Central _ Meridian：105.0	中央经线
Standard _ Parallel _ 1：25.0	双标准纬线
Standard _ Parallel _ 2：47.0	双标准纬线
Latitude _ Of _ Origin：0.0	纬度原点
Linear Unit：Meter（1.0）	线单位：m
Geographic Coordinate System：GCS _ Krasovsky _ 1940	地理坐标系统命名
Angular Unit：Degree（0.0174532925199433）	经纬度的角度单位：度数，数值 0.0174532925199433 是从度到弧度（rad）的转换系数
Prime Meridian：Greenwich（0.0）	本初子午线（起始经线）是格林威治 0°经线，单位为度
Datum：D _ Krasovsky _ 1940	大地基准
Spheroid：Krasovsky _ 1940	Krasovsky _ 1940 椭球体
Semimajor Axis：6378245.0	长半轴
Semiminor Axis：6356863.018773047	短半轴
Inverse Flattening：298.3	扁率

在动物疫病防控实践中，选择投影坐标系统的原则是，满足地图用途前提下使形变（误差）最小。我国 1∶1 万和大于 1∶1 万的地形图规定采用 3 度分带的高斯-克吕格投影，1∶2.5 万至 1∶50 万地形图规定采用 6 度分带的高斯-克吕格投影，新编 1∶100 万地形图采用兰勃特投影。通常，城市尺度用高斯-克吕格 3 度分带投影，省级尺度用高斯-克吕格 6 度带投影，国家尺度使用兰勃特投影，世界尺度用多圆锥投影，国土空间规划用高斯-克吕格投影。

三、空间对象位置不匹配问题

遇到图对不上、图不显示、不能叠加等一系列的问题如何处理？

以上问题一定是坐标系的问题。如果是矢量数据，基本上是其中某个或某些数据坐标系错了，本章介绍 ArcGIS 即时投影（或称为动态投影）的功能，只要数据制作时采用的坐标系统跟该数据坐标文件中记录的坐标系统一致，一般都会匹配上。如果不匹配，很可能是数据流转过程中未经过坐标转换，而改变了数据文件的坐标系统。参考解决办法 1 和 2。如果是栅格数据，栅格数据主要有两大类。一类是遥感影像，此类型数据的处理过程需参照遥感数据处理专业书籍或文献，本书不做详细介绍；另一类是无坐标信息的图像格式数据（JPG、PNG、TIFF 等），参考解决办法 3。

注释栏 5-1 为什么会有配准无坐标图像的需求？

当我们需要一些有用的信息，比如疫情分布，但无法获取原始带坐标的数据时，成果图（如"钉螺分布示意图"）一般较容易获得，将成果图配准后矢量化是常用的方法。

解决办法 1——查找原始矢量数据 将坐标系统出错的数据文件找出，打开一个坐标系统正确记录的数据文件（可参考本书附带的具有坐标系统的数据），将其作为 ArcMap 数据框通用坐标系统，将需要验证的数据导入该数据框，如匹配不上则属于坐标系统记录错误的数据。或者查找数据原始来源，确实无法查找，参考解决办法 2。

解决办法 2——矢量配准 基于参考数据（矢量或者栅格），将偏移数据图层通过平移、缩放、旋转或者添加控制点等操作使其配准至参考数据位置。配准的前提是，待配准数据具有参考数据某些相同的空间对象，如都有相同区域的边界或同名点如城市、河流等。ArcGIS 提供了矢量数据配准工具**空间校正**。

 操作提示 5-2-1：矢量数据配准-空间校正

数据：第五章\第二节\矢量配准\参考数据.shp 和待配准数据.shp 文件。

准备：ArcMap 中加载"**矢量配准**"文件夹下"**参考数据**"和"**待配准数据.shp**"

文件；菜单条或工具条空白处单击右键并勾选**空间校正**，工具条栏将出现**空间校正工具**，见图 5-2-4。

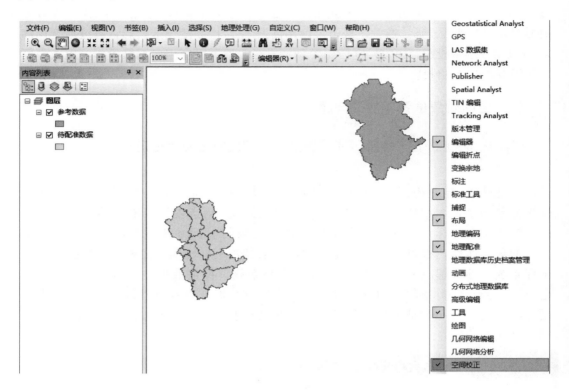

图 5-2-4　显示空间校正工具条

图 5-2-4 中可看出参考数据与待配准数据具有相同的边界，利用相同的边界选择控制点进行配准：

第一步，开始编辑。左键单击**编辑器**工具并移至下拉菜单中的**开始编辑**，编辑器和**空间校正**工具条激活（图 5-2-5）。

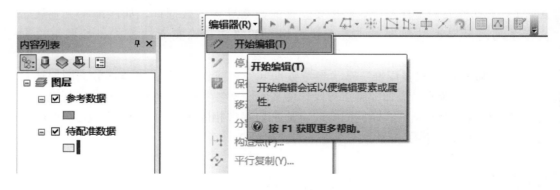

图 5-2-5　激活编辑器和空间校正工具条

第二步，配准设置。单击**空间校正→设置校正数据**，打开**选择要校正的输入**对话框，选择需要配准的数据。**所选要素（S）**指定校正对象为选中的空间对象，**以下图层中的所有要素（A）**指定校正对象为选中图层的所有空间对象，此处勾选待配准数据（图 5-2-6），点击**确定**；单击**空间校正→校正方法**，ArcGIS 提供了 5 种配准方法可供选择（图 5-2-7），具体可查看帮助文件，此处勾选**变换-仿射**。

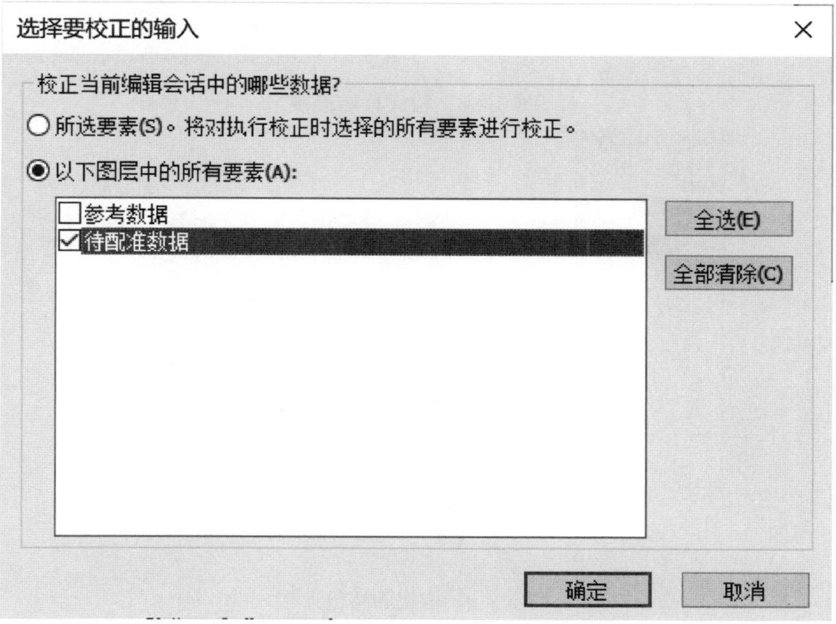

图 5-2-6　选择要校正的输入对话框

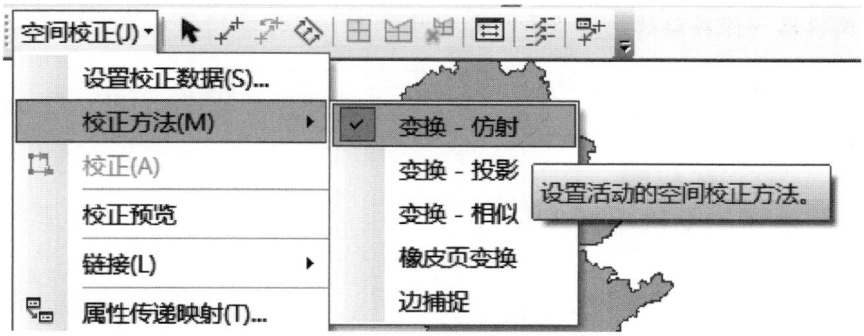

图 5-2-7　选择校正方法

第三步，构建移位连接（或称为控制点）。点击 ，在待配准对象上先左键单击起始点，然后鼠标移至参考对象上，左键单击同名点作为此移位连接的结束点（图 5-2-8），其间鼠标配合缩放及移动工具，以此建立多个移位连接（图 5-2-9）。如需移动控制点位置，点击**空间校正**工具条的选择工具 ，选择需要修改的移位连接，点击 移动控制点。

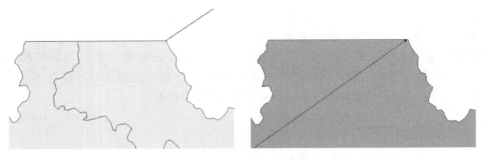

图 5-2-8　构建移位连接

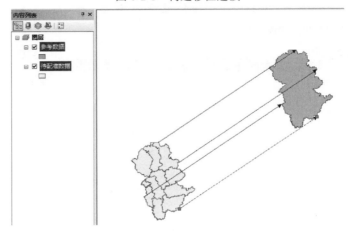

图 5-2-9　构建的移位连接

　　第四步，执行校正。单击**空间校正→校正**，校正结果见图 5-2-10，校正精度与控制点的选取及校正方法有关。执行校正可先通过单击**空间校正→校正预览**来预览校正结果。点击**编辑器→保存编辑内容**保存校正结果。

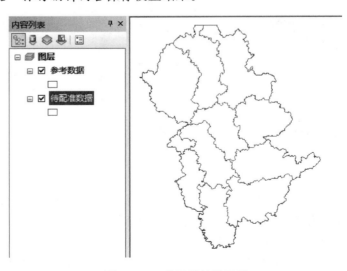

图 5-2-10　校正后结果显示

解决办法 3——栅格配准 原理同矢量配准。ArcGIS 提供矢量数据配准工具**地理配准**，参考数据可以是矢量或栅格，以下以矢量为例。

💡 操作提示 5-2-2：栅格数据配准-地理配准

数据：**第五章\第二节\栅格配准\蔡甸区2010 年钉螺分布示意图.jpg**（待配准图像）、**武汉市蔡甸区界.shp** 文件（参考矢量）。

准备：打开 ArcMap，菜单条或工具条空白处单击右键并勾选**地理配准**，工具条栏将出现**地理配准**工具。ArcMap 中依次打开"**栅格配准**"文件夹下"**武汉市蔡甸区界.shp**"文件和"**蔡甸区2010 年钉螺分布示意图**"，因"**蔡甸区2010 年钉螺分布示意图**"为 jpg 格式，无坐标系信息，加载时会出现**未知空间参考**的提示，见图 5-2-11，单击**确定**，此时**地理配准**工具条激活。因示意图无坐标，视图窗口看不到该图层，图层列表窗口右键单击该图层，勾选**缩放至图层**即可显示。

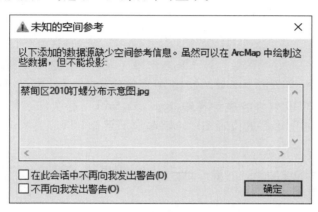

图 5-2-11　未知空间参考信息提醒

第一步，查看参考各图层的大致方位及图幅大小。鼠标分别移至视图窗口"**武汉市蔡甸区界**"图左下角和右上角，ArcMap 窗口右下角查看坐标值，大致分别为（5、−3 300m）和（2 300、0m），右上角坐标减左下角坐标即图幅范围（2 295、3 300m）。同样查看"**蔡甸区2010 年钉螺分布示意图**"大致位置及图幅范围（54 000、48 000m），远大于"**武汉蔡甸区界**"范围，所以首先需将后者放大。

第二步，缩放、移动及旋转。点击**地理配准**工具的下拉**缩放**工具▣，放大至可与"**武汉蔡甸区界**"同屏显示；配合利用**移动**工具▣和**旋转**工具▣移动、旋转待配准图至参考矢量位置。如仍有偏移，通过添加控制点校正。

第三步，添加控制点校正。点击**地理配准**工具条的添加控制点工具▣，在待配准图像上先左键单击起始点，再到参考图层（此例为**武汉蔡甸区界**）上左键单击选同名点作为此移位连接的结束点；当勾选**地理配准**工具条下拉选项**自动校正**时，每添加一个控制链接，待配准图像会自动根据控制链接调整位置，配准后的效果见图 5-2-12。

图 5-2-12　图像配准后效果

第四步，保存配准好的图像。点击**地理配准**工具条下拉选项更新**地理参考**，保存校正至当前图像，待配准图像"蔡甸区2010年钉螺分布示意图.jpg"同目录文件夹下会多出一个"蔡甸区2010钉螺分布示意图.jpg.aux.xml"的文件，记录了坐标信息，再次打开该文件时即是配准后的位置图；**地理配准**工具条下拉选项**校正**会另存为一个新的带坐标信息的文件。

网络下载的 GIS 数据没有坐标系统，怎么做？

如无法找到源数据可以尝试测试的方法，多次尝试将常用的一些坐标系统作为 ArcMap 的通用坐标系统（首次在 ArcMap 中打开具有常用坐标系统的 GIS 数据），然后打开无坐标信息文件，查看是否自动调整至参考数据正确位置，如是则表示该数据的坐标信息为当前 ArcMap（或称为数据框）的通用坐标系统，图层列表右键单击该图层数据→导出数据，勾选数据框（图 5-2-13），即是以当前 ArcMap 通用坐标系统另存该数据为具有坐标信息的文件。

图 5-2-13　定义图层为数据框通用坐标系统

　　多个图层叠加分析时，为了避免处理过程出错或提高数据精度，往往需要将具有不同坐标系统的数据集转换成同一坐标系统。利用上述方法，以其中一个数据的坐标系统为标准（数据框通用坐标系统），其他数据另存（**数据→导出数据**）为以**数据框坐标系统**为参考系统的新的数据文件。该操作等同于**工具箱**中的**数据管理工具→投影和变换→投影**，将空间数据从一种坐标系统重新投影成另一种坐标系统。

（邱　娟　刘　平）

第二篇
空间数据分析基础操作

Chapter 6 | 第六章

构建空间数据库

现有疫情数据是文本或数据表形式，如何加上地理坐标信息，便于后续空间分析？

动物疫病流行病学调查数据往往以统计报表形式呈现，本章阐述如何将调查数据整理成 GIS 格式，这是空间分析的第一步。

第一节　KML 数据入库

实地调查时使用了 Google Earth 进行定位，存储格式为 .kml 或 .kmz，包含有经纬度，可通过 ArcToolbox 提供的转换工具直接转换成 GIS 矢量格式。

操作提示 6-1-1：.kml 或 .kmz 数据转换 GIS 格式：

数据：**第六章 \ 第一节 \ 参山螺点. kmz**。

第一步，启动 ArcMap。打开 ArcToolbox，单击**转换工具→由 KML 转出→KML 转图层**(图 6-1-1)。导入需转换的 KML 文件，设置输出位置（文件夹）和自定义输出名称（此例为**参山螺点. gdb**），点击**确定**。此时 ArcMap 正在运行，运行状态可通过菜单栏**→地理处理→结果**查看（图 6-1-2）。运行结束后，会自动添加至 ArcMap 图层列表，但不可编辑，右键单击该图层**→移除**。

图 6-1-1　KML 转图层

第二步，打开 GIS 文件。单击标准工具条中的**目录**，在右侧目录窗口"文件夹链接"中找到第一步设置的输出位置（路径），即转换的 GIS 数据存储位置，将其拖至图层列表窗口或通过标准工具条中的**添加数据** ，打开添加数据窗口，找到上一步保存的"**峚山螺点.gdb**"文件，单选或多选"**峚山螺点.gdb**"下的文件，单击**添加**。因"**峚山螺点.kmz**"含点、线、面 3 种格式，转换后的 GIS 矢量默认为 .gdb 格式且含 points、polygons 和 polylines 3 个文件，见图 6-1-3 ArcMap 右侧目录窗口。图 6-1-3 中左侧**结果**窗口显示运行成功的信息，可与图 6-1-2 区别。

图 6-1-2　查看运行状态

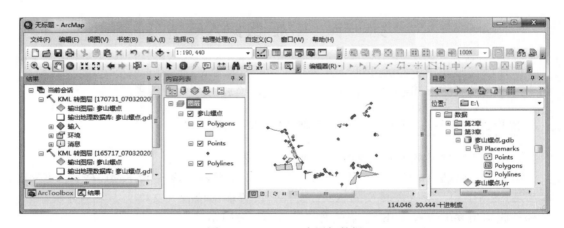

图 6-1-3　Arcmap 中添加数据

第二节　具有经纬度信息的表数据入库

流行病学调查中使用了 GPS（精度高）或手机自带定位（加密处理，精度低于 GPS），数据表中有经纬度，可通过菜单栏**文件→添加数据→添加 XY 数据**转换成矢量点数据。

操作提示 6-2-1：将带经纬度数据表转换成点矢量

数据："**第六章\第二节\带经纬度数据表.xls**"为湖北潜江和黄陂调查点数据。

需注意的是：①数据表须存为 Excel 2003 格式，即文件扩展名为 .xls，扩展名为 .xlsx 格式的 Excel 表无法识别；②经纬度转换成十进制格式，单元格格式设置为数值，如（30.264，114.256）。

第一步，数据表矢量。点击菜单栏**文件→添加数据→添加 XY 数据**，打开**添加 XY**

数据窗口（图 6-2-1），单击**浏览**选择"**带经纬度数据表.xls**"的"Sheet1＄"，**X 字段**选数据表中的经度字段名"E"，**Y 字段**选纬度字段名"N"；单击编辑打开**空间参考属性**窗口选择该数据的坐标系，经纬度采用的是地理坐标系（参见第五章），GPS 数据采用的地理坐标系是 WGS84，所以，XY 坐标系选择**地理坐标系→World→WGS 1984，确定**。出现"**表没有 Object-ID**"提示窗口，**确定**。此时内容列表窗口出现"Sheet1＄"图层，但仍是原数据表格式，需存为 GIS 矢量格式。

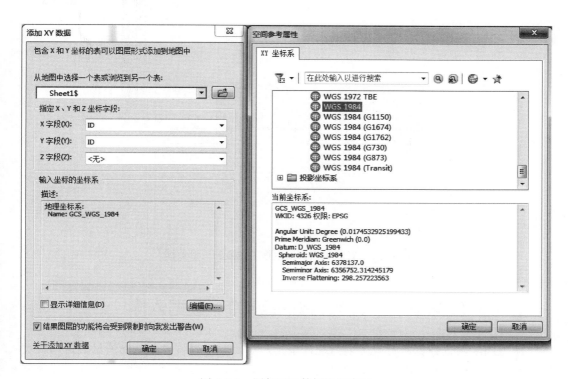

图 6-2-1　添加 XY 数据设置窗口

第二步，保存矢量数据。内容列表窗口右键单击"Sheet1＄"图层→**数据→导出数据**，打开导出数据窗口，单击**浏览**选择保存类型 shp 文件（Shapefile）、文件或个人地理要素类后单击保存。存为文件或个人地理要素类时，需指定至已有文件或个人地理数据库（.mdb 或 .gdb），或者事先新建文件和个人地理数据库（参考**操作提示 4-2-1**），自定义名称（此例存为**转换的点矢量.shp**）。可添加"**第四章\第五节\2015 年 1：100 万全国基础地理信息数据\H49.gdb**"和"**H50.gdb**"（通过"**第四章\第五节\2015 年 1：100 万全国基础地理信息数据\数据概述\数据检索图.jpg**"查找图幅）下的"**BOUA**"县界数据查看转换后的点位置（图 6-2-2）。"**转换的点矢量.shp**"属性表"**转换的点矢量.dbf**"即为"**带经纬度数据表.xls**"内容，可通过右键单击内容列表窗口**转换的点矢量→打开属性表**查看。

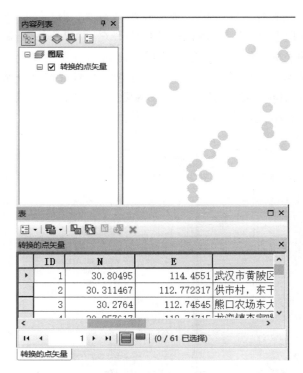

图 6-2-2　查看带经纬度数据表转换的矢量数据

第三节　具有行政区界的表数据入库

　　流行病学调查数据以行政区划为统计单元，需要通过行政区划基础矢量数据与待关联数据表中相同且唯一的关联字段关联入库；关联字段可以是唯一编码 ID 或行政区划名称等。

操作提示 6-3-1：数据表连接行政区界基础矢量数据

　　数据："第六章＼第三节＼山东猪瘟＼山东猪养殖规模. xls"为猪养殖规模调查数据，以县区为统计单元的生猪养殖数，县区字段记录县名称，通常称为待连接表或源表；"第六章＼山东猪瘟＼山东县区界. shp"属性表（通常称目标表）的"NAME"字段记录县名称（图 6-3-1），故以县名称为关联关键字。

　　注意：确保"山东猪养殖规模. xls"字段县区的各个县名称与山东县区界 shp 矢量数据表中的县名称完全一致。

　　以下操作为如何将"山东猪养殖规模. xls"关联进"山东县区界. shp"。

　　第一步，连接数据。Arcmap 中添加"山东县区界. shp"，内容列表窗口右键单击图层山东县区界→连接和关联→连接，打开连接数据窗口（图 6-3-2）。①选择矢量图层连接基于的字段；②选择需要连接的数据表；③选择属性表连接基于的字段。可通过点击验证连接检验连接情况，确定。

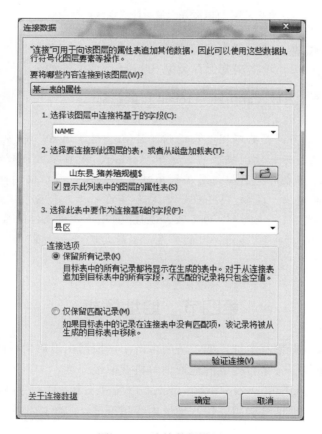

图 6-3-1　行政区界矢量属性表关联字段

图 6-3-2　连接数据设置

　　第二步，打开"**山东县区界**"属性表查看"**山东猪养殖规模.xls**"是否连接进来（图 6-3-3）。"**山东县区界.shp**"在原数据表基础上（图 6-3-1）多了"**山东猪养殖规模.xls**"中的 3 列（地市、县区和头数），右键单击表头数字段选择降序排列，选择头数非空记录，表下端显示已经选择 93 条记录，原数据表"**山东猪养殖规模.xls**"中有 93 条记录，说明已全部连接，如少于原数据表中记录数，需查看关联关键字是否一致。此时

"**山东县区界.shp**"属性表只是暂时显示连接内容，并未保存。

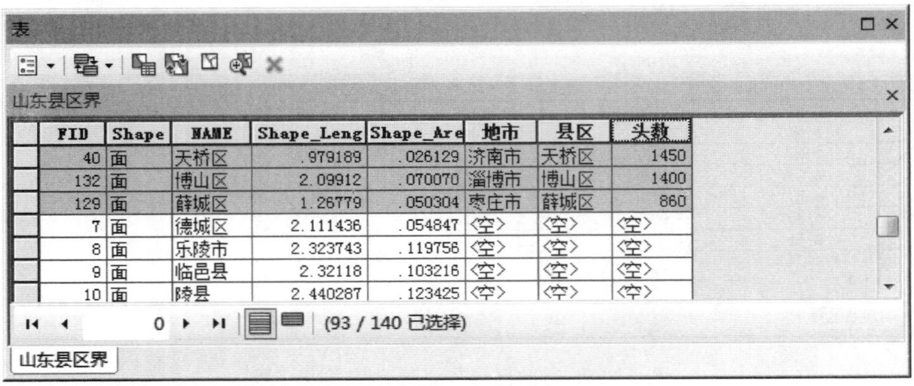

表

山东县区界

	FID	Shape	NAME	Shape_Leng	Shape_Are	地市	县区	头数
	40	面	天桥区	.979189	.026129	济南市	天桥区	1450
	132	面	博山区	2.09912	.070070	淄博市	博山区	1400
	129	面	薛城区	1.26779	.050304	枣庄市	薛城区	860
	7	面	德城区	2.111436	.054847	〈空〉	〈空〉	〈空〉
	8	面	乐陵市	2.323743	.119758	〈空〉	〈空〉	〈空〉
	9	面	临邑县	2.32118	.103216	〈空〉	〈空〉	〈空〉
	10	面	陵县	2.440287	.123425	〈空〉	〈空〉	〈空〉

| ◄ ◄ 0 ► ►| | (93 / 140 已选择)

山东县区界

图 6-3-3 行政区界矢量属性表连接数据表后

第三步，保存数据。内容列表窗口右键单击"**山东县区界**"图层→**数据**→**导出数据**，打开导出数据窗口，单击**浏览**保存类型 Shapefile 或文件和个人地理要素类。

注释栏 6-1 连接（join）和关联（relate）的区别

连接（join）的目的是将不同类型的信息连在一起。通常，将多个数据表连接在一起，暂时存储在目标矢量数据表中。关联（relate）是在表之间定义一个关系，关联的数据不会像连接表那样附加到图层的属性表中。但是，在使用此图层的属性时，可以访问到关联的数据。关联（relate）方式连接的目标表和源表之间的记录可以是"一对一""多对一"或"一对多"的关系。连接（join）方式连接的目标表和源表之间的记录，只能是"一对一""多对一"的关系，不能实现"一对多"的合并。

第四节 地址解析

流行病学调查数据带有地址，如"济南市济阳区回河街道后封村济南农盛农牧有限公司"可通过各定位服务平台提供的地址，解析获取经纬度，如百度地图的拾取坐标系统（http：//api.map.baidu.com/lbsapi/getpoint/index.html）支持地址查经纬度或经纬度反查地址服务，地址结构越完整，地址内容越准确，解析的坐标精度也会越高。此方法一次只能处理一条地址记录，数据量较多时效率不高。定位服务平台也提供地址解析、逆地址解析开发的服务接口，如百度地图开放平台的正/逆地理编码服务（http：//lbsyun.baidu.com/index.php？title＝webapi/guide/webservice-geocoding）、腾讯位置服务的地址解析和逆地址解析（https：//lbs.qq.com/service/webService/webServiceGuide/webServiceGeocoder）。这类方法对于不懂编程的应用需求者来说，实施起来较困难。随着制图等空间分析需求的增多，出现了第三种方式，即众多基于第二种方式开放的地名批量查询经纬度，或者经纬度批量查询地名网络在线平台或小程序，但目前均处于探索阶段，并没有一个成熟且稳定的工具。本着可操作性、实用性原则，推介几种可用的小程序或在线平台。对于这些小程序，作者未参与开发，或与开发平台间存在利益相关，不能保证时效性。

1. 经纬度在线查询，地名（批量）查询经纬度、经纬度（批量）查询地名　（网址：http：//map. yanue. net/），在线查询平台，数据量大时处理较缓慢，可能会有部分数据解析错误的情况。

2. LocaSpaceViewer　苏州中科图新网络科技有限公司开发的 GIS 软件 LSV（LocaSpaceViewer，http：//www. locaspace. cn/LSV. jsp）的拓展插件-坐标地址批处理工具。

插件功能可以购买授权。购买授权后，可以在 LSV 软件内直接使用。LSV 软件提供地理编码和逆地理编码工具，地理编码指将结构化内容转换为经纬度坐标，逆地理编码指将经纬度坐标转换成结构化地址。使用该功能模块，可以把 Excel 文件内的地址批量转换为经纬度信息，或者实现反查。当前（截至 2020 年 7 月）功能模块使用高德接口，因 API 接口日请求次数有限，公共 API KEY 无法满足大批量请求，使用个人申请的高德 KEY 可以解决该问题，因此，用户需要自己申请高德 API KEY 后才可使用该功能。

3. DataMap For Excel　DataMap For Excel 是个人爱好者开发的一款基于百度地图的数据可视化 Excel 插件，安装好后，Excel 会多出"数据地图"的菜单栏，提供地理编码转换，在 Excel 内自动将地址变成经纬度，或者把经纬度转换为地址。截至 2020 年 7 月，支持 QQ 群（1074833724）获取插件安装程序及售后服务，试用期免费。

地址解析成经纬度后，通过本章第二节提供的方法转换成点矢量数据。

（邱　娟　刘　平）

地图制图

地理信息可视化，就是将空间数据库中的数据转换为直观图形的过程。对于地理要素的位置、形状和空间关系的描述，地图相对于文字语言，具有优越的表现力，可以"一目了然"。地理信息系统中的可视化，主要采用各种地图来表达，如普通图（地形图）、专题图和三维图等。

【例 7-1】

2019 年 9 月 4 日，农业农村部发布第 212 号公告，公布了全国生猪屠宰企业总名单，内容包括各省份企业名称、地址、定点屠宰证号等（图 7-a）。

全国生猪屠宰企业名单（总表）				
序号	省份	企业名称	地址	定点屠宰证号
1		北京燕都立民屠宰有限公司	北京琉璃河镇平各庄村东	A01011001
2		北京二商大红门肉类食品有限公司	北京潞城镇食品工业园区武兴北路一号	A01011101
3		北京顺鑫农业股份有限公司鹏程食品分公司	北京南法信地区顺沙路南侧	A01011201
4	北京（9家）	北京市郎中屠宰厂	北京赵全营镇北郎中村西	A01011202
5		北京二商大红门五肉联食品有限公司	北京沙河镇巩华城大街六号	A01011301
6		北京中瑞食品有限公司	北京黄村镇刘村二队村委会北300米	A01011802
7		北京资源亚太食品有限公司	北京黄村镇西磴村村委会北50米	A01011801
8		北京千喜鹤食品有限公司	北京兴谷工业开发区	A01011701
9		北京宇航肉联加工有限公司	北京巨各庄镇金山子村郝家庄铁矿路口东300米	A01011601

图 7-a　全国生猪屠宰企业名单（北京部分）

【问题 7-1】

如何运用 ArcGIS 软件，根据《全国生猪屠宰企业名单》内容，制作北京市生猪屠宰企业分布图？

【分析 7-1】

首先对生猪屠宰企业进行地址解析，获取经纬度，再将带经纬度的数据表转换成点矢量。操作方式参考第六章。在 ArcMap 中加载行政区划（面状）和企业（点状）矢量数据，修改图形符号（参考本章第一节），对图层进行标注（参考本章第二节），添加标题、图例、比例尺、指北针等地图要素，最后导出地图（详见本章第三节）。

第一节　点、线、面符号制作

一、点状符号的制作

点状符号，用于表示或绘制点状分布的空间要素及其标注。点状符号的面积不具有实地的面积意义，它在图中的位置通常由符号的几何中心点来确定。例如，控制点、居民点、养殖场点以及其他独立地物点等符号。

💡 **操作提示 7-1-1：简单点状符号的制作**

数据：*第七章 \ 第一节 \ 北京市屠宰场*.shp。

在 ArcMap 地图中加载"*北京市屠宰场*.shp"。点击内容列表中"*北京市屠宰场*"图层名称下方的点状符号（图 7-1-1），弹出**符号选择器**对话框，即可对点状符号的形状、大小、颜色和角度等进行设置（图 7-1-2）。系统符号库中提供了多种形状和样式的符号。点击**编辑符号**，还可以对符号属性进行更高级的设置（图 7-1-3），如偏移、轮廓等。点状符号的类型有简单标记符号、箭头标记符号、图片标记符号和字符标记符号 4 种。

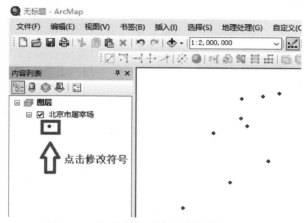

图 7-1-1 加载数据"北京市屠宰场.shp"

图 7-1-2 点状符号选择器

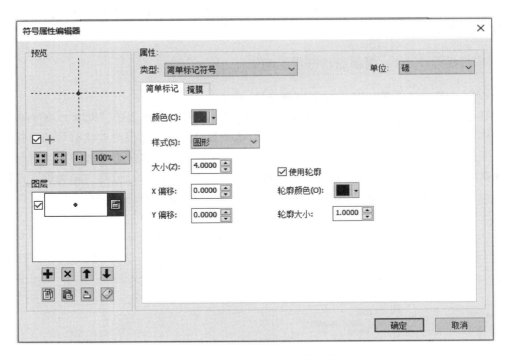

图 7-1-3　点状符号属性编辑器

操作提示 7-1-2：分级点状符号的制作

分级点状符号，是用不同大小的符号来表示点要素所代表的属性值数量。首先，要对属性值进行分级，常用的方法有相等间隔法、分位数法、自然间断点分级法、自定义分级法等。

以下操作利用山东省生猪养殖场分布的点状矢量数据，生成一幅能表示养殖规模大小的养殖场分布图。

数据：**第七章 \ 第一节 \ 养殖点分布.shp**。

启动 ArcMap，使用工具条中**添加数据**✛·功能，在地图中加载数据"**养殖点分布.shp**"和"**山东省地市界.shp**"。右键点击内容列表中"**养殖点分布**"图层名称→**属性→符号系统**，在左侧显示栏中选择**数量→分级符号**（图 7-1-4）。**使用符号大小表示数量**的字段值选择"**养殖规模**"，默认分类方法为**自然间断点分级法**，类别为 5 类。点击**分类**按钮，可选择其他分类方法和类别数量〔ArcGIS 提供的 Manual、Defined Interval、Equal Interval、Quantile、Standard Deviation、Natural Breaks（Jenks）和 Geometry Interval 等 6 种分类方法，不同方法制图效果会有差异，详情可查阅 ArcGIS 帮助文档〕，修改类别数量为 8。**符号大小**设置为 2～12。点击**模板**按钮，设置符号颜色为**红色**，点击**编辑符号**，取消**使用轮廓**。系统自动对字段值进行分级，将标注一栏的范围值改成整数。点击**应用**，查看分级符号设置效果。根据需求调整，点击**确定**。最终地图显示结果见图 7-1-5。

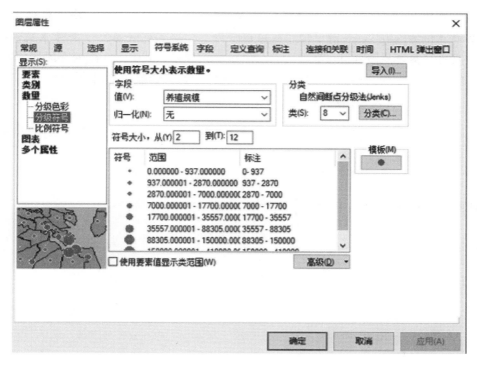

图 7-1-4　点状分级符号设置

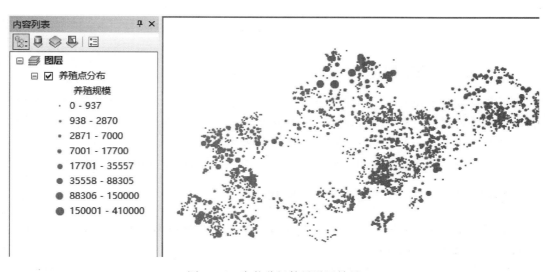

图 7-1-5　点状分级符号设置效果

　　可以保存设置好符号的图层文件，以方便下次使用。右键单击"**养殖点分布**"图层名称→**另存为图层文件**→设置保存位置，图层文件名称为"*养殖点分布*.lyr"。图层文件的常用方式有两种：

　　（1）用于打开文件　新建空白 ArcMap 地图，点击工具栏**添加数据** ，选择"*养殖点分布*.lyr""*养殖点分布*"点要素类和符号设置同时被加载到地图中来。

（2）作为符号系统模板　另新建空白 ArcMap 地图，点击工具栏**添加数据** ✛ ▾，选择"**养殖点分布.shp**"，右键单击"**养殖点分布**"图层名称→**属性→符号系统→导入**，将图层文件"**养殖点分布.lyr**"作为符号系统模板导入，其中，匹配的字段选"**养殖规模**"（图 7-1-6）。点击**确定**后，保存的符号系统设置就会全部加载到地图中。

图 7-1-6　使用符号系统模板

二、线状符号的制作

线状符号用于表示或绘制线状分布的空间要素，如道路、河流、边界等。简单线状符号只需要对颜色、宽度进行设置；高级线状符号可以通过多层线状符号的叠加，制作出复杂的线状符号。ArcGIS 符号库中包含多种符号样式。

以青岛市道路交通图为例，介绍 ArcMap 中线状符号的制作过程。

💡 操作提示 7-1-3：简单线状符号的制作

数据：**第七章＼第一节＼青岛市界.shp**；**第七章＼第一节＼交通道路**文件夹下的**省道.shp**、**县道.shp** 和**轮渡.shp**。

第一步，ArcMap 中导入"**省道**""**县道**""**轮渡**"和青岛市范围数据"**青岛市界**"。"**省道**""**县道**"和"**轮渡**"为线状矢量要素类；"**青岛市界**"为面状矢量要素类。用不同的线状符号来表示各类交通线路。

第二步，点击"**省道**"图层名称下面的线状符号，在弹出来的**符号选择器**中设置**颜色**：20％灰，**宽度**：2.00（图 7-1-7）。同样的方式设置县道图层的符号，**颜色**：白色，**宽度**：2.00。设置轮渡图层的符号为：虚线 6∶3，**颜色**：蓝色，**宽度**：2.00。地图显示效果见图 7-1-8。

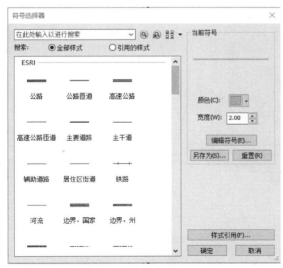

图 7-1-7　线状符号选择器

图 7-1-8　简单线状符号设置效果示意图

💡 **操作提示 7-1-4：嵌套线状符号的制作**

数据：**第七章 \ 第一节 \ 青岛市界.shp**；**第七章 \ 第一节 \ 交通道路**文件夹下的**高速.shp**、**国道.shp**。

以双线双色效果显示线状要素。

ArcMap 中加载"**高速**""**国道**"和"**青岛市界**"。点击"**国道**"图层名称下面的线状符号，在弹出来的**符号选择器**中，点击**编辑符号**，弹出**符号属性编辑器**。点击**添加图层➕**，添加一个线状符号图层。设置下层的线状符号**颜色**：电子金色，**宽度**：4.00（图 7-1-9）；上层的线状符号**颜色**：芒果色，**宽度**：3.00。同样的方式，设置"**高速**"嵌套符号，上层的线状符号**颜色**：火焰红，**宽度**：4.50；下层的线状符号**颜色**：电子金色，**宽度**：4.00。地图显示效果见图 7-1-10。

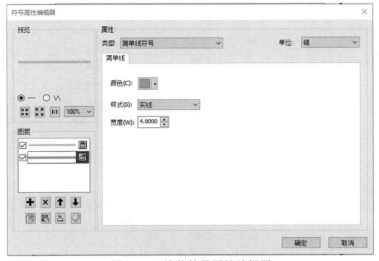

图 7-1-9　线状符号属性编辑器

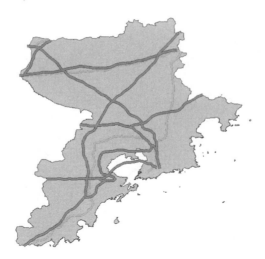

图 7-1-10　嵌套线状符号设置效果示意图

💡 **操作提示 7-1-5：铁路线状符号的制作**

数据：**第七章 \ 第一节 \ 青岛市界**. shp；**第七章 \ 第一节 \ 交通道路**文件夹下的**铁路**. shp。

ArcMap 中加载"**铁路**"和"**青岛市界**"。点击"**铁路**"图层名称下面的线状符号，出现**符号选择器**（图 7-1-11），**全部样式**中选择**虚线 6：1**，然后点击**编辑符号**，弹出**符号属性编辑器**。点击**添加图层**➕，添加一个线状符号图层。使用上下箭头按钮调整线状符号图层顺序，使虚线在上、实线在下。设置实线**颜色**：黑色，**宽度**：3.00。虚线**颜色**：白色，**宽度**：2.00。点击**模板**，调整虚线黑色长度为 8 小格、白色长度为 8 小格（图 7-1-12）。铁路线状符号设置效果见图 7-1-13。

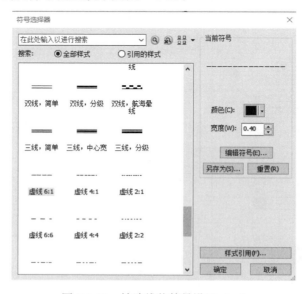

图 7-1-11　铁路线状符号设置（一）

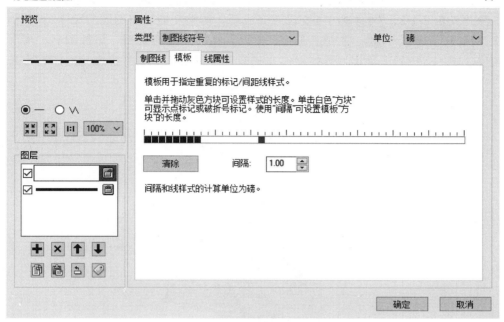

图 7-1-12　铁路线状符号设置（二）

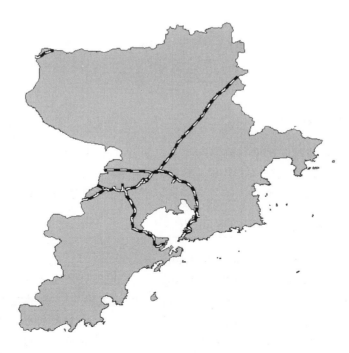

图 7-1-13　铁路线状符号设置效果示意图

复制"青岛市界"图层，名称改为"青岛市界_轮廓"，拖动调整图层位置，使其位于最顶层，点击图层名称下方的矩形符号，设置**轮廓宽度为2，无填充颜色**。

操作提示 7-1-3、7-1-4 **和** 7-1-5 设置完成后，调整交通道路图层的顺序，从上到下依次为高速、铁路、国道、省道、县道、轮渡。切换到**布局视图**，添加图名、指南针、比例尺、图例等内容并输出（具体操作方式参考本章第三节地图整饰与地图输出）。最终青岛市交通图设置效果见图 7-1-14。

图 7-1-14　交通图设置效果示意图

三、面状符号的制作

面状符号用于表示或绘制面状的空间要素，如行政区划、土地利用、植被覆盖等。面状符号主要包括：轮廓、填充和透明度三要素。面轮廓的设置原理与线状符号相同，填充的内容可以是颜色、线条、散点、图片等，面状符号可以是透明、半透明、不透明。

 操作提示 7-1-6：简单面状符号的制作

数据：**第七章＼第一节＼山东省省界.shp**。

在 ArcMap 中加载数据"**山东省省界.shp**"，点击图层名称下方的矩形方框，弹出**符号选择器**对话框（图 7-1-15），可以对面状符号的**填充颜色、轮廓宽度**和**轮廓颜色**进行设置。左边的符号库中提供了多种样式供参考选择。点击**编辑符号**，弹出**符号属性编辑器**对话框（图 7-1-16）。除了简单填充之外，面状符号的填充类型还有 3D 纹理、标记、渐变、图片、线等。点击**轮廓**，弹出轮廓的**符号选择器**，编辑方式参考线状符号的制作。

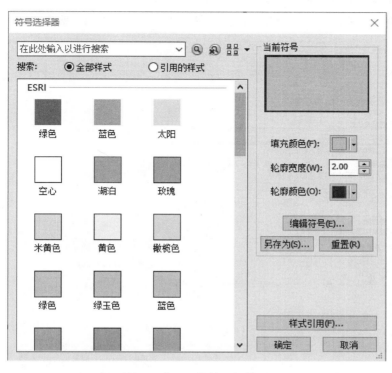

图 7-1-15　面状符号选择器

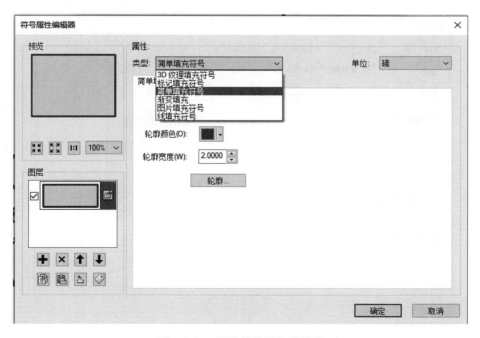

图 7-1-16　面状符号属性编辑器

右键单击图层名称→**属性**→**显示**，可以设置图层整体透明度（图 7-1-17）。**属性→符号系统→高级→透明度**，可以根据字段值（百分比）更改要素的**透明度**（图 7-1-18）。

图 7-1-17　图层透明度设置

图 7-1-18　要素透明度设置

操作提示 7-1-7：分类面状符号的制作

　　数据：第七章\第一节\山东省省界.shp。

　　在 ArcMap 中加载数据"山东地市界.shp"，用不同颜色表示各个行政区。右键单击图层名称→属性→符号系统→类别→唯一值，值字段选择"地市名"，色带使用默认，点击添加所有值，将所有要素类别添加进来（图 7-1-19），可以使用上下箭头调整要素的顺序。点击应用，查看地图设置效果（图 7-1-20）。

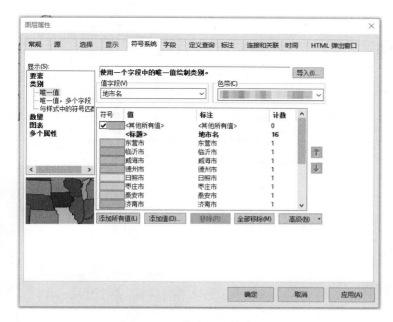

图 7-1-19　分类面状符号设置

图 7-1-20　分类面状符号
设置效果

 操作提示 7-1-8：分级面状符号的制作

　　数据：第七章\第一节\山东县_猪养殖规模.shp。

　　在 ArcMap 中加载数据"山东县_猪养殖规模.shp"，右键单击图层名称→属性→符号系统→数量→分级色彩，值字段选择"SUM_头数"，点击分类，选择分位数方法，类别为 6。案例中部分县（市、区）的猪养殖规模未获取相关数据，"SUM_头数"字段值为"Null"（此例设为"0"），使用分位数法可以将其单独分出来（图 7-1-21）。色带选择由浅到深的红色，双击符号下第一个矩形框，将"0"值级别的填充设置为白色；修改标注内容，将"0"值级别的标注改为"无数据"，其他标注内容保留整数值（图 7-1-22）。分级面状符号设置效果见图 7-1-23。在内容列表中，也可单击矩形符号和双击标注内容，对符号设置和标注内容进行调整。

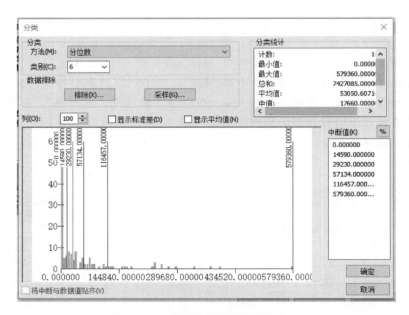

图 7-1-21　分级面状符号设置（一）

图 7-1-22　分级面状符号设置（二）

图 7-1-23　分级面状符号设置效果

第二节　数据层标注

　　地图数据层注记是一幅完整地图的有机组成部分，用于说明图形符号无法表达的定量或定性特征。通常包括以下三种：文字注记，如道路名称、城镇名称等；数字注记，如地面高程、水系流量等；符号注记，如道路里程碑、大地测量点等。

一、自动标注

当需要标注的内容包含在属性表中时，可应用自动标注的方式放置地图注记。

操作提示 7-2-1：自动标注

以给山东省地图添加地市名称注记为例，说明自动标注的步骤。

数据：**第七章 \ 第二节 \ 山东地市界.shp**。

在 ArcMap 中加载数据"**山东地市界.shp**"，右键单击图层名称→**属性**→**标注**。勾选**标注此图层中的要素**，标注方法选择**以相同方式为所有要素加标注**，标注字段选择"**地市名**"，设置**文本符号**为"宋体、10 号、黑色"（图 7-2-1）。点击**应用**，可查看地图标注设置效果。点击**符号→编辑符号**，进行**文本符号**多样化设置（图 7-2-2），点击**掩膜**，选择**晕圈**，使用默认符号**大小**2.000 0（图 7-2-3），点击**符号**，设置**晕圈**的轮廓和填充都为白色。最终地图标注设置效果见图 7-2-4。

图 7-2-1　图层标注设置（一）

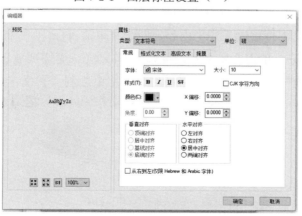

图 7-2-2　图层标注设置（二）

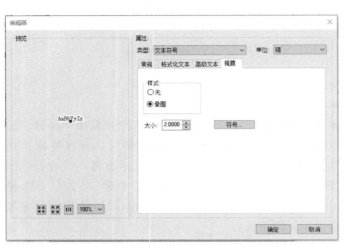
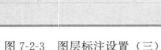

图 7-2-3 图层标注设置（三）   图 7-2-4 图层标注设置效果示意图

二、插入标注

如果需要标注的内容没有包含在数据层属性表中，可应用插入标注的方式放置地图注记。

操作提示 7-2-2：插入标注

插入标注可通过 **ArcMap 主菜单→插入→文本** 来放置地图注记，也可通过 **ArcMap 主菜单→自定义→工具条→**勾选**绘图**，将**绘图**工具条调出，单击 **A ▾** 插入文本。单击 **A ▾** 右侧向下箭头，可以选择其他文本样式，包括文本、曲线文本、标注、注释、多边形文本、矩形文本、圆形文本等。绘图工具条中可设置文本的字体、大小、颜色等。

1. 放置水平注记 单击水平**注记**图标 **A ▾**，移动光标至地图上需要插入文本的位置，单击左键，在文本框中输入注记内容，回车结束输入。

2. 放置曲线注记 单击**曲线**文本图标 ，移动光标至需要放置注记的曲线上，沿着曲线连续点击左键绘制曲线文本的路径，双击结束绘制，在文本框中输入注记内容，回车结束输入。可以在字与字之间使用一定的空格作为间隔（图 7-2-5）。

图 7-2-5 曲线注记示例

3. 放置标注注记 单击**标注**文本图标 ，弹出标注工具选项对话框。移动光标至需要标注的要素上单击，自动添加标注（图 7-2-6）。显示标注的字段、字体、大小、颜色等属性集，可在数据图层**属性→标注**中设置。当需要标注的图形要素数量较少，或仅对个别图形要素进行特别标注说明时，可使用此工具。

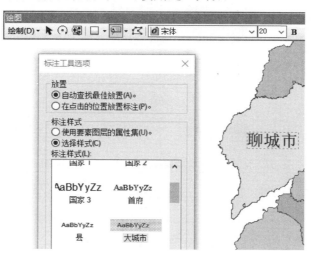

图 7-2-6　标注工具选项效果示意图

第三节　地图整饰与地图输出

如何制作并输出一幅 "山东省猪养殖点分布图"（图 7-3-5）？

一、地图页面设置

设置页面尺寸。

操作提示 7-3-1：地图页面设置

ArcMap 打开时默认的视图为**数据视图**，需要将编辑好的数据制作成专题地图并输出时，应切换到**布局视图**。ArcMap 系统提供了多种常用的地图输出样式模板，新建 ArcMap 地图时可直接调用。

在主菜单中打开**文件**下拉菜单**→新建→模板**，右上角选择**缩略图视图** （图 7-3-1）。本案例中，按照山东省范围形状，选择 "9in×12in" 地图模板，外面实线矩形框为页面范围，里面的实线矩形框为数据框。右键单击数据框内空白处，可对数据框属性进行编辑。左键单击数据框，使之变为选中状态时，可调整数据框的大小。

打印地图制图的最终结果时，需要按照地图的用途、比例尺、打印机或绘图机的型号，设置图面纸张大小和方向。如图 7-3-2 所示，设置**纸张大小**为 A4，纵向，勾选**使用打印机纸张设置**以及下方的**在布局上显示打印机页边距（M）**和**根据页面大小的变化按比例缩放地图元素（C）**。如未进行设置，输出地图时，将以数据框大小或当前页面大小作为地图尺寸输出。

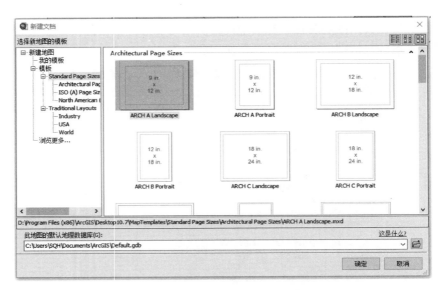

图 7-3-1　新建 ArcMap 地图

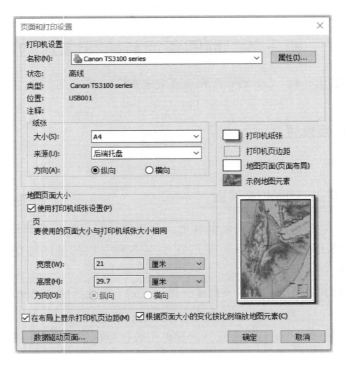

图 7-3-2　页面和打印设置

二、地图整饰

地图整饰主要包括地图符号设计、色彩设计、地貌立体表示、出版原图绘制、图面配置和图外装饰设计等，是地图进行打印输出必不可少的过程。对地理数据进行符号和色彩设计后，需要添加标题（图名）、图例、比例尺、指北针、统计图表等一系列辅助要素，使之成为一幅完整的地图。在 ArcMap 主菜单插入下拉菜单中，有插入标题、图例、指北针、比例尺等选项。

💡 **操作提示 7-3-2：数据符号化**

数据：*第七章＼第三节＼山东地市界.shp、山东县区界.shp 和养殖点分布.shp*。

使用**添加数据按钮** ✚▾，将"*养殖点分布.shp*""*山东地市界.shp*"和"*山东县区界.shp*"添加到地图中。设置"*山东地市界*"图层面状符号，**填充颜色：无色，轮廓宽度：2，轮廓颜色：黑色**。设置"*山东县区界*"图层面状符号，**填充颜色：白色，轮廓宽度：1，轮廓颜色：60％灰**。设置"*养殖点分布*"图层点状符号，或直接使用**添加数据按钮** ✚▾ 将操作提示 7-1-2 中保存的"*养殖点分布.lyr*"图层文件添加到地图中。右键单击"*山东地市界*"图层名称→**属性→标注**，设置文本符号为"宋体、12 号、黑色、加粗、白色晕圈"。地图设置效果见图 7-3-3。

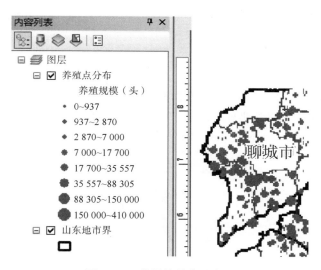

图 7-3-3　数据符号化示意图

💡 **操作提示 7-3-3：标题设置**

在**操作提示 7-3-2** 完成后，点击 ArcMap 主菜单**插入→标题**，打开标题**属性**编辑窗口（图 7-3-4），文本栏中输入标题名称"**山东省猪养殖点分布图**"。双击地图中标题文本框，弹出**属性**对话框，点击**更改符号**，可以编辑文本的字体、大小和颜色，分别设置为"宋体、26 号、黑色、加粗"。拖动文本框可调整标题位置，将其在页面上方居中显示（图 7-3-5）。

图 7-3-4　标题属性编辑

山东省猪养殖点分布图

图 7-3-5　添加标题示意图

💡 **操作提示 7-3-4：指北针设置**

指北针用来表示地图的方向。在**操作提示 7-3-2** 和**7-3-3** 设置完成后，点击 ArcMap 主菜单**插入→指北针**，弹出**指北针选择器**，可根据需要选择合适的指北针样式（图 7-3-6）。在地图中选中指北针后，可使用鼠标调整其位置和大小。

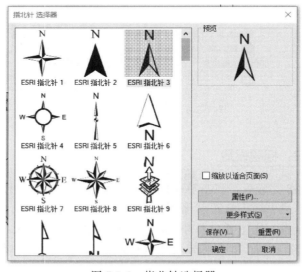

图 7-3-6　指北针选择器

操作提示 7-3-5：比例尺设置

地图比例尺是地图上的线段长度与实地相应线段经水平投影的长度之比。如 1：10 万比例尺，即图上 1cm 长度相当于实地 100 000cm（1km）。相同页面大小，如都为 A4 纸，地图比例尺越大，地图表示的实际范围越小。

在**操作提示 7-3-2、7-3-3 和7-3-4** 设置完成后，点击 ArcMap 主菜单**插入→比例尺**，弹出**比例尺选择器**，可根据需要选择合适的比例尺样式（图 7-3-7）。在地图中选中比例尺后，可使用鼠标调整其位置和大小。点击比例尺选择器中的**属性**，或双击地图中比例尺符号，弹出**比例尺属性**对话框。按照图 7-3-8 所示对比例尺属性（**分刻度数、主刻度单位及标注**等）进行设置。比例尺设置效果示意图见图 7-3-9。

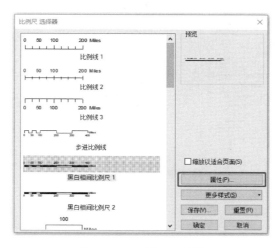

图 7-3-7 比例尺选择器

图 7-3-8 比例尺属性设置

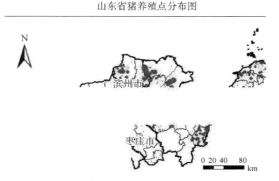

图 7-3-9 添加指北针和比例尺示意图

操作提示 7-3-6：图例设置

地图图例是地图上表示地理事物的符号，是地图上各种符号和颜色所代表内容与指标的说明。图例一般集中放置在地图一角或一侧。图例有助于用户更方便地使用地图、理解地图内容。

在**操作提示** 7-3-2、7-3-3、7-3-4 和 7-3-5 设置完成后，点击 ArcMap 主菜单**插入→图例**，根据图例向导进行设置（图 7-3-10）。插入图例后，双击图例框，或右键菜单→**属性**，弹出**图例属性**对话框，可以对图例内容进行设置（图 7-3-11）。在项目中选择"**养殖点分布**"，点击下方样式，弹出图例项选择器，再点击属性，只勾选**显示标注**和**显示标题**，点击**确定**结束设置（图 7-3-12）。在所有的设置页面中，点击符号可对文本的字体、大小、颜色等进行设置。

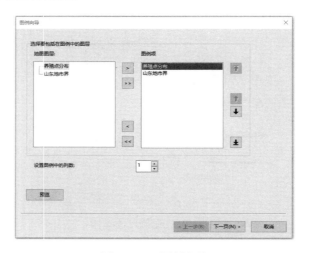

图 7-3-10　图例向导

图 7-3-11　图例属性设置

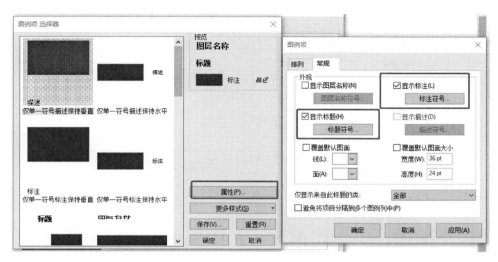

图 7-3-12　图例项选择器

图例设置完成后，需要给数值添加单位说明。在 ArcMap 左侧**内容列表**中，双击"**养殖点分布**"图层下方的标题名称"**养殖规模**"，修改为"**养殖规模（头）**"。

图中空白区域为无数据的县市，需要标注说明。点击 ArcMap 主菜单**插入→文本**，在文本框中输入"**（空白区域无数据）**"，拖动文本框至图例下方（图 7-3-13）。

威海市

图例

养殖规模（头）

· 0~937

✦ 937~2 870

✦ 2 870~7 000

⬢ 7 000~17 700

⬢ 17 700~35 557

⬢ 35 557~88 305

⬢ 88 305~150 000

⬢ 150 000~410 000

（空白区域无数据）

图 7-3-13　添加图例示意图

三、地图输出

操作提示 7-3-7：导出地图

操作提示 7-3-2、7-3-3、7-3-4、7-3-5 和 7-3-6 完成后，点击 ArcMap 主菜单**文件→导出地图**，设置地图的存储位置、名称、图片格式和分辨率等（图 7-3-14）。

图 7-3-14　导出地图

注释栏 7-1　添加底图

为使制图美观，可增加底图，ArcMap 提供了多种在线底图，可加载到本地 ArcMap 中。通过下拉工具条中的添加数据（图 7-3-15），点击 Add Basemap 或从 ArcGIS Online 添加数据，选择需要加载的底图（图 7-3-16），此底图不可编辑，可叠加专题图显示或制图。

图 7-3-15　添加数据下拉条　　　　　　　　图 7-3-16　添加底图

第四节　统计图和统计表

统计图和统计表报告通过直观易懂的方式，呈现地图要素的相关信息以及它们之间的关系。在 ArcGIS 系统中，可以直接输出各种统计图和统计表报告。

一、统计图制作

通过统计图可以快速轻松地比较各要素，从而深入了解各要素之间的功能关系，以可视化方法显示其他方式难以呈现的数据分布、趋势和模式。

典型统计图在笛卡尔坐标系上绘制，其刻度显示在两条互相垂直的轴（X 轴和 Y 轴）上。通常，自变量在水平轴（X 轴）上表示，因变量在垂直轴（Y 轴）上表示。两个互相垂直的轴在原点相交，并且以数据值表示的数量单位进行校准。图表上显示的每个数据点都由数据源中两个（或多个）字段值的交点来定义。

操作提示 7-4-1：制作统计图

以制作"**潍坊市猪养殖规模统计图**"为例，说明统计图的制作过程。

数据：**第七章＼第四节＼潍坊市猪养殖规模.shp**。

第一步，加载数据并创建图表。启动 ArcMap，使用工具条中**添加数据** ✛· 功能，在地图中导入"**潍坊市猪养殖规模.shp**"，此数据为潍坊市各县（市、区）面状要素类，属性中包含县区名称、养殖规模等字段。通过 ArcMap 主菜单**视图→图表→创建图表**等步骤，制作完成统计图。ArcGIS 系统提供了条形图、直方图、折线图、面积图、散点图、极坐标、饼图等多种不同类型的统计图，每种统计图都可根据需要调整显示出的属性。根据图 7-4-1 设置图表参数，点击**下一步**。

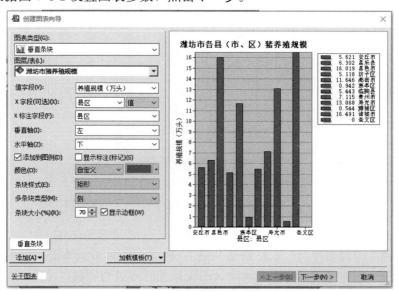

图 7-4-1　创建图表向导（一）

第二步，设置标题名称和轴属性。将标题改为"**潍坊市各县（市、区）猪养殖规模**"，删除**轴属性→下**的标题名称，其他设置不变（图 7-4-2）。点击**完成**，统计图创建效果见图 7-4-3。

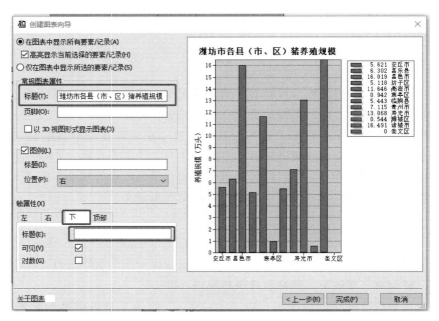

图 7-4-2　创建图表向导（二）

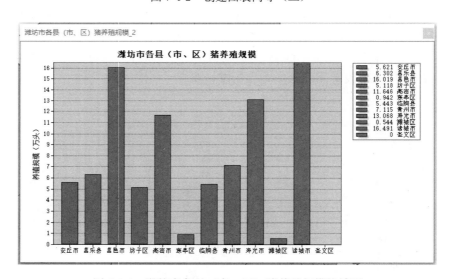

图 7-4-3　潍坊市各县（市、区）猪养殖规模统计图

第三步，输出统计图。右键单击图表，弹出统计图的多种应用方式。**复制为图形**，可以直接将统计图以图片的形式粘贴到 Word、PPT 中；**添加到布局**，则可以作为地图整饰要素，添加到地图中；**保存**，将统计图保存为后缀名为"grf"的图表文件；**导出**，可将统计图以不同格式的文件复制、储存或传送。

二、统计表制作

操作提示 7-4-2：制作统计表

通过 ArcMap 主菜单**视图→报表→创建报表**，来制作统计表。系统以向导的方式引导报表制作，简洁明了。

数据：**第七章 \ 第四节 \ 潍坊市猪养殖规模**. shp 。

第一步，选择统计表字段。在可用字段（**Available Fields**）栏中，双击字段名称或点击向右三角形按钮 ▶ ，将字段添加到右侧报表字段（**Report Fields**）中（图 7-4-4）。中间向左、向右单三角形图标，可对单个字段进行添加或移除，向左、向右双三角形图标可对全部字段进行添加或移除。

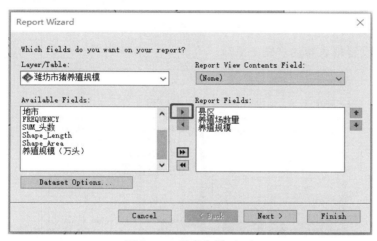

图 7-4-4　报表向导（一）

第二步，设置分组级别（**grouping level**）。当输出的统计表比较复杂时，可以在此进行分组设置（图 7-4-5）。

图 7-4-5　报表向导（二）

第三步，设置排序字段。以"**养殖规模**"字段进行排序（图 7-4-6）。

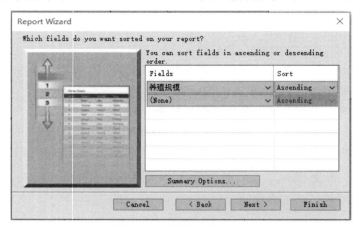

图 7-4-6　报表向导（三）

第四步，设置报表布局（图 7-4-7）。

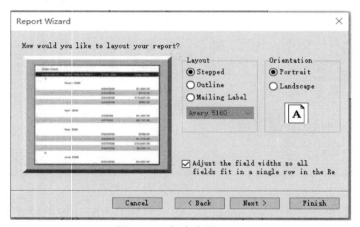

图 7-4-7　报表向导（四）

第五步，设置报表样式（图 7-4-8）。

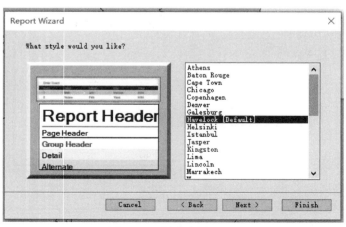

图 7-4-8　报表向导（五）

第六步，设置报表标题（图 7-4-9）。修改标题名称为"**潍坊市猪养殖规模统计表**"。

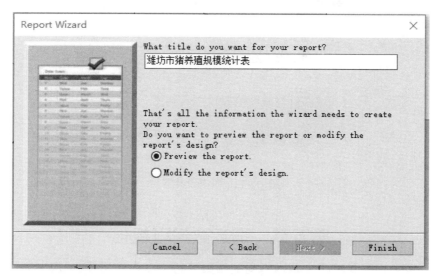

图 7-4-9　报表向导（六）

第七步，查看、编辑、输出报表。报表向导点击完成后，弹出**报表查看器**，可以对报表进行编辑、保存、添加到布局、打印等操作（图 7-4-10）。点击**编辑**，调整报表的字段宽度，设置文本居中对齐，单击"**养殖规模**"字段，在右侧元素属性的**文本**中进行修改，添加单位"（万头）"（图 7-4-11）。点击**运行报表按钮** ▶ ，查看修改后的报表。修改完成后，将报表保存或输出为其他格式文件。

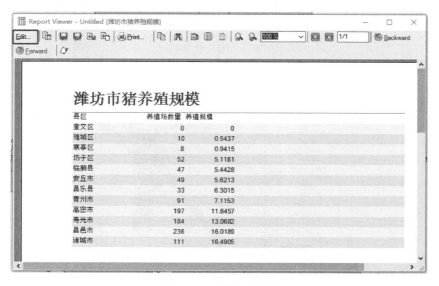

图 7-4-10　报表查看器

图 7-4-11 报表设计器

第五节 调运数据可视化

调运数据是易感动物调运方向的重要流行病学调查数据，常以表格形式呈现。如图 7-5-1 所示，通常包括起运地点、到达地点以及调运数量。如何将此类表格数据制成地图，见图 7-5-2。

编号	数量	起运地点	到达地点
1	118	辽宁省锦州市凌海市双羊镇乡(镇)长山子村	安徽省宣城市宣州区宣城肉联厂乡(镇)屠宰场
2	160	辽宁省锦州市凌海市白台子乡(镇)红旗村	北京市县密云区巨各庄乡(镇)宇航肉联加工有限公司村屠宰场
3	160	辽宁省锦州市黑山县太和镇乡(镇)尖山子村	山东省青岛市平度市波尼亚乡(镇)屠宰场
4	160	辽宁省锦州市黑山县镇安乡(镇)马屯村	山东省青岛市平度市波尼亚乡(镇)屠宰场
5	160	辽宁省锦州市黑山县镇安乡(镇)西拉村	河北省邯郸市成安县金都食品公司乡(镇)屠宰场
6	32	辽宁省葫芦岛市绥中县万家镇乡(镇)王庄村	河北省秦皇岛市山海关区骥海食品有限公司乡(镇)屠宰场
7	35	辽宁省葫芦岛市绥中县万家镇乡(镇)王庄村	河北省秦皇岛市山海关区骥海食品有限公司乡(镇)屠宰场
8	2	辽宁省葫芦岛市建昌县新开岭乡(镇)新开岭村	河北省秦皇岛市青龙满族自治县木头登乡(镇)屠宰场
9	160	辽宁省锦州市凌海市石山镇乡(镇)白树村	河北省唐山市玉田县陈家辅乡(镇)双汇屠宰场村屠宰场
10	150	辽宁省锦州市黑山县镇安乡(镇)五里村	山东省临沂市莒南县君临食品厂乡(镇)屠宰场

图 7-5-1 调运数据范例

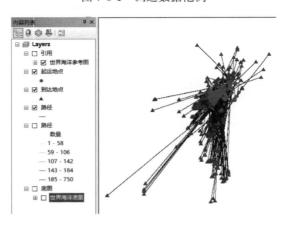

图 7-5-2 调运数据可视化示意图

案例与操作 7-5-1：调运数据可视化

数据："**第七章 \ 第五节 \ 调运数据**"文件夹下的"**坐标解析起点.xlsx**""**坐标解析终点.xlsx**""**辽宁省调出外省.xls**""**调运数据（有经纬度）**""**起运地点.shp**"和"**到达地点.shp**"。

调运数据可视化分两步：

第一步，定位起运点和到达点。如果起运点和到达点记录的是详细的地址，如范例中精确到村或者屠宰场的数据，方法参见"第六章第四节地址解析"获取经纬度，本例地址解析后的调运起点和终点数据参见"**坐标解析起点.xlsx**"和"**坐标解析终点.xlsx**"。注意解析时保留每条调运路径唯一编码 SID，便于关联合并成"**辽宁省调出外省.xls**"的"**调运数据（有经纬度）**"表。然后，通过第六章第二节提供的方法，将起运点和到达点转换成点矢量数据（结果参见"**shp**"文件夹下的"**起运地点.shp**"和"**到达地点.shp**"）；如果起运点和到达点记录是粗略的行政区划单位，则将其转换成面矢量数据，可进一步将面矢量转为点矢量（面状要素的几何中心点，通过**ArcToolbox→数据管理工具→要素→要素转点**工具实现）。

第二步，将起运点和到达点连成线。双击**ArcToolbox→数据管理工具→要素→XY转线**，打开**XY 转线**对话框（图 7-5-3）。输入表导入"**辽宁省调出外省.xls**"的"**调运数据（有经纬度）**"表；输出要素类指定输出要素路径及命名（此例为"**路径.shp**"）；起点 X 字段选择字段名**LNGB 起点**，即起点经度；**起点 Y 字段**选择字段名**LATB 起点**，即起点纬度；选择**终点 X 字段**(终点经度)和**终点 Y 字段**(终点纬度)；**线类型（可选）**为连接线方式，具体参考 ArcGIS 帮助文件，或多次尝试选择符合需求的方式，此处默认为 GEODESIC；**ID（可选）**选择"**编码SID**"，用于后续关联调运相关的属性信息如数量等；**空间参考（可选）**默认；点击**确定**。结果自动加载到 ArcMap 中。

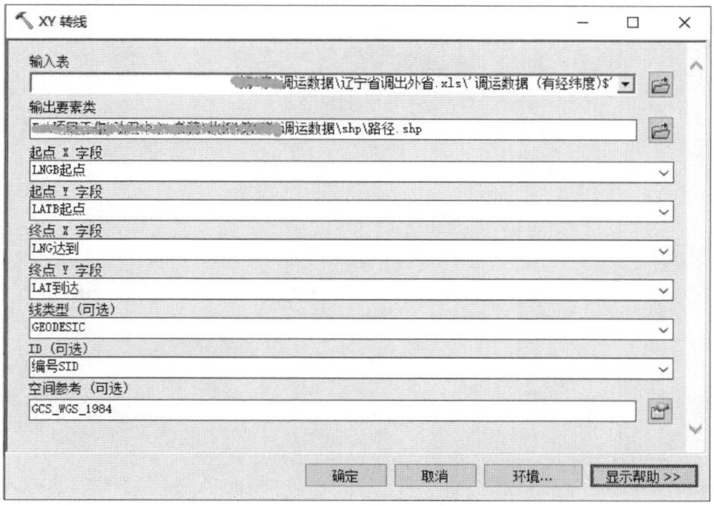

图 7-5-3　XY 转线对话框

此时生成的路径（线）属性表中，除了经纬度字段没有其他属性字段，只能显示调运路径，其他调运信息，如调运量无法展示。以"**路径.shp**"的字段"SID"为主键，参考第六章第三节**操作提示 6-3-1**中的连接（join）方法，将含调运数量信息的属性表"**辽宁省调出外省.xls**"关联至路径（线）矢量数据中。关联后属性表多了调运数量字段，此时，相比图 7-5-2，制图信息更加丰富（图 7-5-4），不仅可以直观观察调运路径分布，还可观察调运数量分布差异。

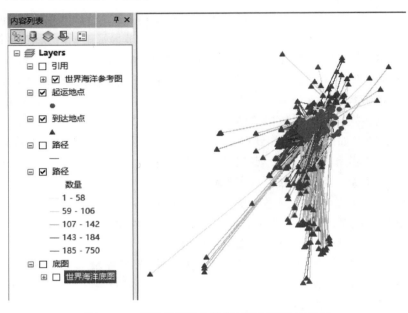

图 7-5-4　关联调运属性数据后的可视化示意图

（邵奇慧　王幼明）

Chapter 8 | 第八章

时态数据可视化

第一节　时态数据

时态数据是指空间数据属性中包含连续时间信息的数据。时态数据可用于分析疫病传播特征和趋势。在 ArcGIS 中，通过使用不同数据格式来对时态数据进行管理和存储，如要素类、镶嵌数据集、栅格目录等。此外，数据的时间值存储在各个空间数据单独的属性字段当中，用于在时间线上某些特定时间点显示状态数据。

时态数据可视化可以使研究者按照时间序列浏览数据，查看数据随时间推移而呈现出的模式或趋势。在 ArcMap 中，可以先启用数据时间属性，然后通过设置时间滑块对其进行显示，该滑块可随时间变化而相应更改视图或图表中的数据。

第二节　实例操作——点数据

【例 8-1】

2018 年以来，非洲猪瘟在我国多个省份流行。通过对疫点动态变化的研究，可以发现 ASF 传播趋势。

【问题 8-1】

如何动态展现出我国非洲猪瘟疫点随时间动态变化的过程？

【分析 8-1】

在 ArcMap 中，使用时间滑块展示 ASF 疫情的动态变化并生成动画，使其随时间的变化一目了然。时态数据的可视化，可以通过数据准备→符号化→启用时间→播放动画及导出视频 4 个步骤完成。

 实例与操作 8-2-1：点时态数据可视化

数据：第八章 \ 第二节 \ ASF. shp、china _ 线. shp 和 china _ 面. shp。

第一步，准备数据。首先于网上下载全球非洲猪瘟（ASF）疫点数据［数据来源：FAO 的 Global Animal Disease Information System（EMPRES-i，http://empres-i. fao. org/eipws3g/♯h＝0），截至 2020-06-12］。通过**操作提示 4-5-3** 按属性选择要素，对 "country" 字段进行筛选，选择该字段为 "China" 的要素，导出中国 ASF 疫点位置数据 "ASF. shp"（图 8-2-1）。

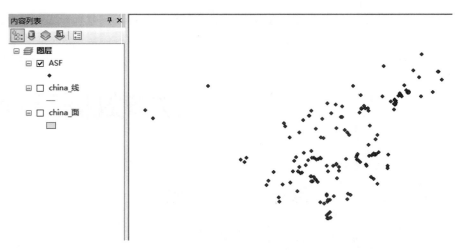

图 8-2-1　筛选后的中国非洲猪瘟疫点位置示意图

注意，时间字段的类型可以是文本型、数字型、日期型，都需要按照规范格式记录，否则不能识别。文本型的字段书写规则如下：

- YYYY
- YYYYMM
- YYYY/MM
- YYYY-MM
- YYYYMMDD
- YYYY/MM/DD
- YYYY-MM-DD
- YYYYMMDDhhmmss
- YYYY/MM/DD hh：mm：ss
- YYYY-MM-DD hh：mm：ss
- YYYYMMDDhhmmss. s
- YYYY/MM/DD hh：mm：ss. s
- YYYY-MM-DD hh：mm：ss. s

字符型的字段书写规则如下：

- YYYY
- YYYYMM
- YYYYMMDD
- YYYYMMDDhhmmss

其中，YYYY 表示 4 位数年份，如"2021"，表示 2021 年；MM 表示月份，如"08"，表示 8 月份；DD 表示日期，如"25"，表示 25 日；hh、mm、ss 和 ss. s 分别表示二十四进制的时、分、秒，如"20h 56min 10. 3s"。

第二步，符号化。运用符号分级（显示尺寸），以便区分属性等级。"ASF. shp"的属性表中"sumAtRisk"字段代表易感动物感染风险（图 8-2-2），数值越大，表示感染风险越高。

双击图层列表中的“ASF”图层，打开**图层属性**对话框，选择**符号系统→显示数量→分级符号**，对各类点位进行分级符号化。**值（V）选择**“sumAtRisk”，**分类、符号大小、类（S）**等设置可参考图 8-2-3。点击**确定**后，可以在**数据视图**窗口直观查看“ASF”数据符号设置后的可视化结果（图 8-2-4）。

ASF

reportingD	status	disease	serotypes	speciesDes	sumAtRisk
2018/10/30	Confirmed	African swine fever		domestic, swin	229
2018/10/30	Confirmed	African swine fever		domestic, swin	210
2018/10/26	Confirmed	African swine fever		domestic, swin	49
2018/10/27	Confirmed	African swine fever		domestic, swin	12741
2018/10/22	Confirmed	African swine fever		domestic, swin	353
2018/10/22	Confirmed	African swine fever		domestic, swin	804
2018/10/22	Confirmed	African swine fever		domestic, swin	2280
2018/10/17	Confirmed	African swine fever		domestic, swin	160
2018/10/30	Confirmed	African swine fever		domestic, swin	146
2018/10/17	Confirmed	African swine fever		domestic, swin	161
2018/10/25	Confirmed	African swine fever		domestic, swin	10
2018/10/15	Confirmed	African swine fever		domestic, swin	3223

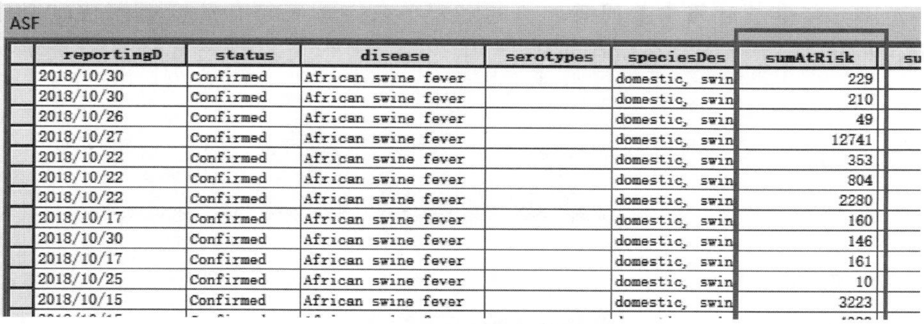

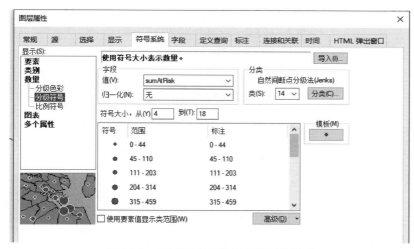

图 8-2-2　全球非洲猪瘟矢量属性

图 8-2-3　对感染点位数据的符号化设置

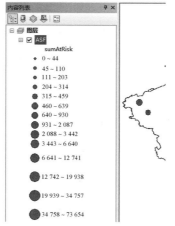

图 8-2-4　设置完成后在地图界面中的显示

第三步，在图层中启动时间。点位数据字段名"reportingD"代表疫情报告的日期，可以用该列作为时间变化标签。

双击"ASF"图层，打开**图层属性**对话框，选择**时间**选项卡（图 8-2-5），勾选**在此图层中启用时间**，时间字段选择"reportingD"，点击**计算**，自动读取字段"reportingD"的时段范围，并推荐**时间步长间隔**。该间隔表示在接下来时态数据可视化动画中每两帧之间的时间长短，在本案例中推荐使用"7d"的步长；**勾选累计显示数据**，点击**确定**。

图 8-2-5　启用并设置图层中的时间选项

第四步，播放动画并导出视频。勾选工具条上的**时间滑块** [⟳]，来开启时间滑块工具条（图 8-2-6），可直接点击播放按钮 [▶] 进行动画播放，也可以导出为视频格式。

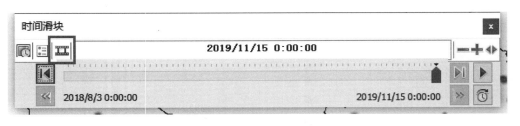

图 8-2-6　时间滑块工具条及视频导出选项（方框）

在时间滑块工具条中，点击**选项**|▤|，可设置播放的时间区间（图 8-2-7）、播放速度及播放模式（图 8-2-8）等。

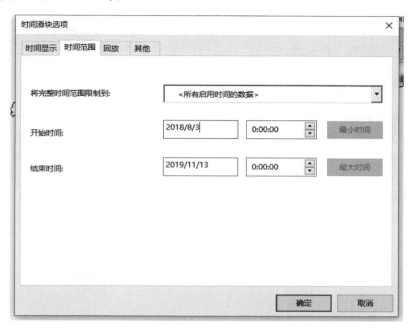

图 8-2-7　时间滑块选项中定义时间范围

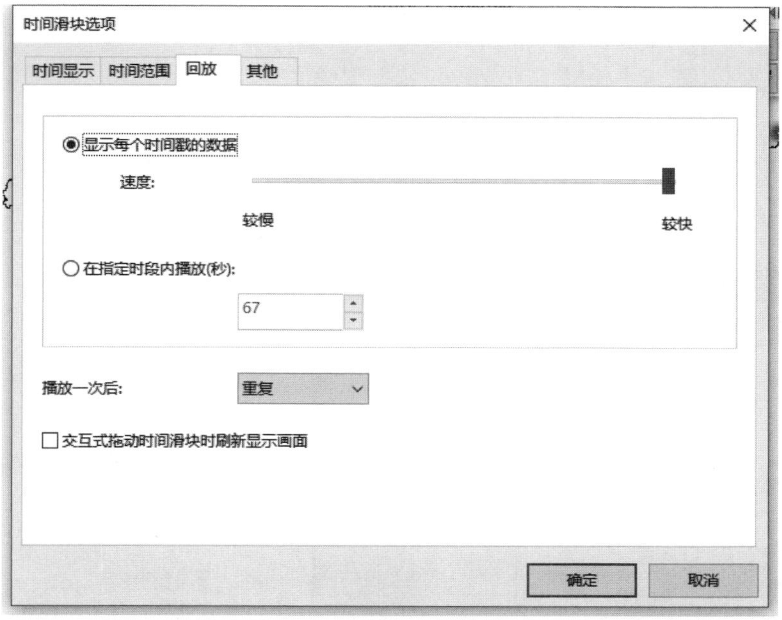

图 8-2-8　在时间滑块选项中定义播放速度及播放模式

第三节 实例操作——面数据

面状时态数据与点状时态数据的数据特征不同，相比**实例与操作 8-2-1**，其可视化的具体实现过程会有一些区别。

实例与操作 8-3-1：面时态数据可视化

以制作全国新冠肺炎疫情时空传播动画为例，演示面状时态数据可视化过程。

数据："**第八章 \ 第三节 \ 时间序列.** gdb \ china_province_boundary"为全国省级行政区划地理矢量数据，从自然资源部国家基础地理信息中心获取；"**第八章 \ 第三节 \ china_province_cases. xls**"为全国省级新冠疫情每天确诊病例数据（来自 https：//github. com/eAzure/COVID-19-Data/tree/master/xlsx％E6％A0％BC％E5％BC%8F）（图 8-3-1）。该数据源自国家及各省市卫健委，记录了 2020 年 1—7 月的各省（自治区、直辖市）的新发病例数。

第一步，数据预处理。第二步中的**创建查询表**要求将输入数据存储至同一地理数据库中，为此，将"china_province_cases. xls"表格数据导入文件地理数据库"**时间序列. gdb**"中（图 8-3-2），结果见图 8-3-3。

	A	B	C	D	E	F	G	H	I	J	K	L	M	N
1	id	confirmec	confirmed	curedCou	curedIncr	currentConfirmedCount	currentCo	dateId	deadCoun	deadIncr	suspected	suspected	provinceN	provinceSh
2	1	5	5	0	0	5	5	20200120	0	0	0	0	北京市	北京
3	2	10	5	0	0	10	5	20200121	0	0	0	0	北京市	北京
4	3	14	4	0	0	14	4	20200122	0	0	0	0	北京市	北京
5	4	26	12	0	0	26	12	20200123	0	0	0	0	北京市	北京
6	5	36	10	0	0	36	10	20200124	0	0	0	0	北京市	北京
7	6	51	15	2	2	49	13	20200125	0	0	0	0	北京市	北京
8	7	68	17	2	0	66	17	20200126	0	0	0	0	北京市	北京
9	8	80	12	2	0	77	11	20200127	1	1	0	0	北京市	北京
10	9	102	22	4	2	97	20	20200128	1	0	0	0	北京市	北京
11	10	114	12	4	0	109	12	20200129	1	0	0	0	北京市	北京
12	11	132	18	5	1	126	17	20200130	1	0	0	0	北京市	北京
13	12	156	24	5	0	150	24	20200131	1	0	0	0	北京市	北京
14	13	183	27	9	4	173	23	20200201	1	0	0	0	北京市	北京
15	14	212	29	19	26	20200202							北京市	北京

图 8-3-1 全国新冠肺炎每天新发确证病例数据表——部分截图

图 8-3-2 表格数据导出至文件地理数据库中

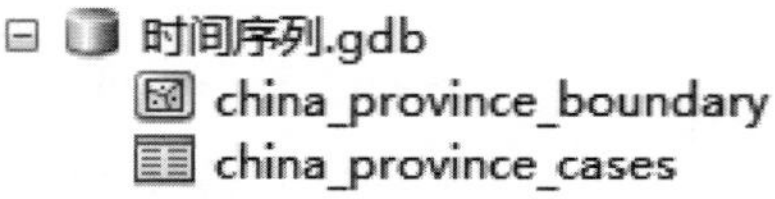

图 8-3-3 将两部分数据存储至同一地理数据库中

第二步，创建查询表。新冠疫情数据"china＿province＿cases"的一行记录了某省（自治区、直辖市）每一天的新发病例数，无地理信息，需要将其与中国省级行政区矢量数据"china＿province＿boundary"连接。该连接方式为一对多的关系，因此，不能使用常规的**连接**（join）功能，须采用**创建查询表工具**。

点击**数据管理工具→图层和表视图→创建查询表**，打开**创建查询表**对话框（图 8-3-4）。其中，**输入表**一栏导入需要连接的两项数据（"china＿province＿boundary"和"china＿province＿cases"）。注意：需要将"china＿province＿cases"放在**输入表**列表的上层，以保证"china＿province＿cases"中所有记录在创建的查询表中全部保留，而下层的数据用来与上层数据进行匹配连接；不勾**选字段（可选）**，以保留全部字段；**表达式（可选）**中定义 SQL 表达式，用于选择记录子集，通过双击字段进行选择，点击该工具窗口中的运算符号进行规则制定（图 8-3-5），此例为"china＿province＿boundary．NAME＝china＿province＿cases．provinceName"；**表名**自定义输出文件名；**关键字段选项**选用"ADD＿VIRTUAL＿KEY＿FIELD"方法，以保证一对多连接后，每一行数据均可拥有唯一序号并得到保留，全部设置完成之后点击**确定**（图 8-3-6）。

图 8-3-4　创建查询表功能窗口

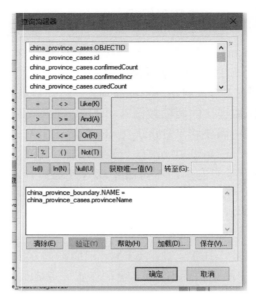

图 8-3-5　创建查询表中表达式编写示例

china_provin	china_	china_p	china_	china_pr	china_provin	china_provin	china_p	china_pr	china_provin
20200123	1	1	0	0	黑龙江省	黑龙江	1	面	黑龙江省
20200124	1	0	0	0	黑龙江省	黑龙江	1	面	黑龙江省
20200125	1	0	0	0	黑龙江省	黑龙江	1	面	黑龙江省
20200126	1	0	0	0	黑龙江省	黑龙江	1	面	黑龙江省
20200127	1	0	0	0	黑龙江省	黑龙江	1	面	黑龙江省
20200128	1	0	0	0	黑龙江省	黑龙江	1	面	黑龙江省
20200129	1	0	0	0	黑龙江省	黑龙江	1	面	黑龙江省
20200130	2	1	0	0	黑龙江省	黑龙江	1	面	黑龙江省

图 8-3-6　输出图层属性表示例

　　创建查询表生成的是缓存图层，需要保存和导出。右键单击**查询表→数据→导出**数据，保存类型设为 Shapefile、文件或个人地理数据库要素类（此例保存至文件地理数据库"**时间序列.gdb**"中，名称为"**china＿province＿covid**"）。

　　导出的矢量图层"china＿province＿covid"中，时间戳格式为双精度。如果进行时态数据可视化，就需要将其转化为日期格式。点击工具箱**数据管理工具→字段→转换时间字段**，打开**转换时间字段**对话框。其中，**输入表**是创建查询表后导出并存储的矢量数据"china＿province＿covid"；**输入时间字段**为该时间戳字段，此例为"china＿province＿cases＿dateId"；**输入时间格式**一栏中，数据日期格式为年月日，选择"yyyyMMdd"；**区域设置**默认使用**中国**；**输出时间字段**一栏自定义输出的字段名称，此例为"china＿province＿cases＿dateId＿Converted"；**输出时间类型**选择"DATE"；点击**确定**，即在输入表"china＿province＿covid"中生成新字段"china＿province＿cases＿dateId＿Converted"（图 8-3-7）。

　　第三步，符号化。与点状时态数据可视化一样，面状时态数据的可视化也需要进行符号化（图 8-3-8）。双击上一步执行完成的"china＿province＿covid"，选择**符号系统**

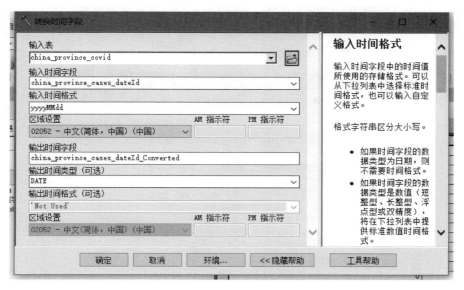

图 8-3-7　转换时间字段功能窗口

→数量→分级色彩，字段→值选择需要可视化的字段名，此例使用字段为"china_province_cases_currentConfirmedCount"，表示当前确诊病例数。**分类、符号大小、类（S）**等设置可参考图 8-3-8、图 8-3-9。

图 8-3-8　面状数据符号化

图 8-3-9　符号化结果

第四步，在图层中启动时间。与点状时态数据中的时间设置类似，打开**图层属性**（图 8-3-10），选择**时间**选项卡，其中，勾选**在此图层中启用时间**；时间字段为第二步自定义的时间戳，此例为"china_province_cases_dateId_Converted"；自定义**时间步**

长间隔；与点状时态数据设置不同的是，本例中不勾选**累计显示数据**，因为面状数据往往偏大，累计显示对电脑展示性能要求较高。如需显示每天累计病例的时间变化，可在属性表中累加数据后，再执行面状数据可视化操作。

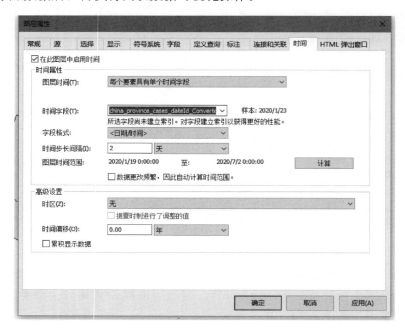

图 8-3-10 时间选项卡设置

第五步，播放动画并导出视频。与点状时态数据可视化相同，在以上步骤完成后，勾选工具条上的**时间滑块** 🕐 ，开启时间滑块工具条。点击播放按钮 ▶ 播放动画（图 8-3-11），也可以导出为视频格式保存，具体操作同**实例与操作 8-2-1**。

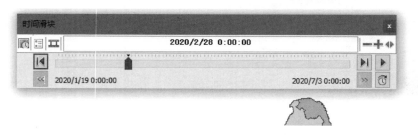

图 8-3-11 面状时态数据变化示意图

（韩逸飞 康京丽）

Chapter 9 | 第九章

空间数据查询

空间数据查询类似于统计学中的探测性数据分析，用于考察数据结构，并关注感兴趣的数据子集，区别在于空间数据查询既探查空间要素，也探查属性数据。

空间数据查询是从空间数据库中，找出满足属性条件和空间条件的地理要素过程。空间数据查询是 GIS 最基本的功能之一，是 GIS 区别于其他数字制图软件的基本特征，是空间分析的基础。空间查询的结果在地图中以高亮显示，同时，可以突出显示在属性表和统计图中，还可以保存为新的数据用于进一步处理。

空间数据查询方法，包括**空间图形查询、空间关系查询**以及与**属性查询相结合** 3 种。例 9-1 的问题中，问题 1 为简单空间图形查询，问题 2 为空间关系查询，问题 3 为空间关系查询与属性查询相结合。

【例 9-1】

2018 年 8 月 3 日，中国报道确诊首例非洲猪瘟疫情后，生猪的生产管理、屠宰加工、流通调运等各个环节都强化了防控措施。为了便于管理，有关部门搜集到了山东省部分县市生猪养殖点分布矢量数据，属性表中包含各养猪场的名称、经纬度坐标、所属行政单位、存栏量等字段信息。

【问题 9-1】

如何实现以下操作？

（1）在视图窗口查询感兴趣养猪场的存栏量。

（2）查询位于潍坊市内的养猪场数量。

（3）查询潍坊市存栏数在 3 000 头以上（含 3 000 头）的规模化养猪场数量。

【分析 9-1】

（1）可直接进行空间图形查询。使用**选择要素**工具 ▣▾ 选择想要了解的目标养猪场后，在属性表中查看其存栏量，或使用**识别**工具 ⓘ ，在识别窗口查看目标养猪场的存栏量。

（2）有两种查询方式：按空间关系查询和按属性查询。此问题涉及的空间关系为"点—面"包含关系。空间关系查询工具有两种，一是使用主菜单栏**选择→按位置选择**工具，二是使用 ArcToolbox→**数据管理工具→图层和表视图→按位置选择图层**工具。按属性查询，即使用**按属性选择** ▣ 工具，输入查询条件"城市＝'潍坊市'"进行查询。

（3）先查询潍坊市内的养猪场，在上一步中已完成。然后进行属性查询，输入查询条件"存栏数＞＝3 000"，筛选出潍坊市存栏数在 3 000 头以上（含 3 000 头）的规模化养猪场。

第一节　空间图形查询

空间图形查询给定一个几何图形，检索出该图形范围内的空间对象以及相应的属性，属于较为粗略的选择查询方式。ArcMap 中，提供了矩形（图 9-1-1a）、多边形、套索、圆形（图 9-1-1b）、线等多种图形查询方式。详细操作参考"第四章第五节数据编辑"中的"二、选择编辑要素"。

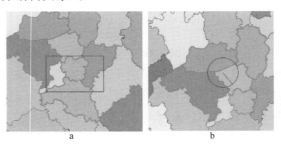

a　　　　　　　　　　b

图 9-1-1　按矩形和圆形选择要素示意图

💡 操作提示 9-1-1：点选查询

数据：**第九章 \ 第一节 \ 山东省养猪场分布. gdb \ 养殖点分布和山东县区界。**

使用**按矩形选择**工具 ，选中感兴趣的养猪场，查看其存栏量。

第一步，加载数据，标注县（市、区）名称。启动 ArcMap，使用工具条中**添加数据** 功能，打开"**山东省养猪场分布. gdb**"，同时选择"**养殖点分布**"和"**山东县区界**"两个文件，点击**添加**，将数据加载到地图中（图 9-1-2）。右键单击"**山东县区界**"图层，选择**属性→标注**，勾选**标注此图层中的要素**，标注字段选择**县区名**，设置字体，点击**确定**（图 9-1-3）。点击保存按钮 ，将地图保存为"**山东省养猪场分布. mxd**"。设置完成后，从数据视图窗口可以看到山东省养猪场的分布情况，其中，部分县（市、区）无养猪场的统计数据。

图 9-1-2　从数据库中加载数据

图 9-1-3　标注图层要素

第二步，查询感兴趣的养猪场信息。右键单击内容目录中 **"养殖点分布"** 图层名称，选择 **打开属性表**。属性表下方默认视图为 **显示所有记录** ▤，点击 ▤ 切换到 **显示所选记录**；使用 **选择要素** 工具 ▣·，在地图上单击选中想要查询的养猪场，属性表中显示该养猪场的存栏量为 2 000 头（图 9-1-4）。还可使用工具条中的 **识别** 工具 ❶，点击想要查询的养猪场，会弹出信息识别窗口，显示该养猪场所有信息。

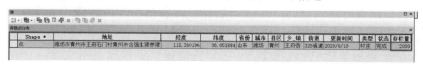

图 9-1-4　养猪场信息查询界面

💡 **操作提示 9-1-2：按多边形查询**

数据：**第九章 ＼ 第一节 ＼ 山东省养猪场分布. gdb ＼ 养殖点分布和山东县区界**。

使用 **按多边形选择** 工具 ▣·，选中青岛市黄岛区所有养猪场，查询黄岛区内养猪场数量、存栏量范围和存栏量总数。

第一步，选择青岛市黄岛区内的养猪场。打开 **操作提示 9-1-1** 中保存的地图文档 **"山东省养猪场分布. mxd"** 或新建地图文档，加载 **"养殖点分布"** 和 **"山东县区界"**，利用放大工具 🔍 或转动鼠标滚轮放大地图。单击 **按矩形选择** 工具 ▣· 右侧的小三角形按钮，在下拉菜单中选择 **按多边形选择** 工具 ▣·，绘制一个能将黄岛区所有养猪场包含在内的多边形（图 9-1-5），双击结束绘制，属性表中显示有 31 个目标被选中（图 9-1-6）。

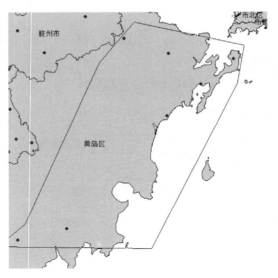

胶州市
黄岛区
市北区

图 9-1-5　绘制多边形示意图

表
养殖点分布
地址 | 经度 | 纬度 | 省份 | 城市 | 县区 | 乡_镇 | 街道 | 更新时间 | 类型 | 状态 | 存栏量
青岛市西海岸新区王台镇草夼网格黄岛区生态 | 120.005641 | 36.076029 | 山东 | 青岛 | 黄岛 | 王台镇 | 奇台路 | 2020/6/10 | 乡镇 | 完成 | 776
青岛市西海岸新区黄岛区海洋养殖场 | 120.086949 | 35.895418 | 山东 | 青岛 | 黄岛 | 隐珠街 | 滨海大 | 2020/6/10 | 兴趣 | 完成 | 351
青岛市西海岸新区王台镇漕汶网格培录生态养 | 120.005641 | 36.076029 | 山东 | 青岛 | 黄岛 | 王台镇 | 奇台路 | 2020/6/10 | 乡镇 | 完成 | 38
青岛市西海岸新区德海生态养殖场 | 120.086949 | 35.895418 | 山东 | 青岛 | 黄岛 | 隐珠街 | 滨海大 | 2020/6/10 | 兴趣 | 完成 | 53
青岛市西海岸新区王台镇逄猛网格张建先养殖 | 120.005641 | 36.076029 | 山东 | 青岛 | 黄岛 | 王台镇 | 奇台路 | 2020/6/10 | 乡镇 | 完成 | 372
青岛市西海岸新区琅琊网格琅琊网格王洪国猪 | 120.190184 | 35.953427 | 山东 | 青岛 | 黄岛 | 长江路 | 长江中 | 2020/6/10 | 兴趣 | 完成 | 1
青岛市西海岸新区王培国猪场 | 120.086949 | 35.895418 | 山东 | 青岛 | 黄岛 | 隐珠街 | 滨海大 | 2020/6/10 | 兴趣 | 完成 | 68
青岛市西海岸新区杨志胜猪场 | 120.086949 | 35.895418 | 山东 | 青岛 | 黄岛 | 隐珠街 | 滨海大 | 2020/6/10 | 兴趣 | 完成 | 0
(31 / 6283 已选择)
养殖点分布

图 9-1-6　按多边形选择结果

第二步，查询青岛市黄岛区内的养猪场信息。右键单击属性表中的字段**“存栏量”**，选择**统计**，查看所选要素的统计结果（图 9-1-7）。统计显示，黄岛区养猪场总数有 31 个，其中，最大存栏数为 2 499 头，最小为 0，全区猪存栏总数为 16 235 头（图 9-1-8）。

更新时间
类型
状态
存栏量
升序排列(A)
降序排列(E)
高级排序(V)...
汇总(S)...
统计(T)...
字段计算器(F)...
计算几何(C)...
关闭字段(O)
冻结/取消冻结列(Z)
删除字段(D)
属性(I)...
统计(T)
为此数值字段中的所选值生成统计报表。如果该字段不是数值字段，则此命令将禁用。如果表中存在选中的记录，将只针对所选记录生成统计数据。

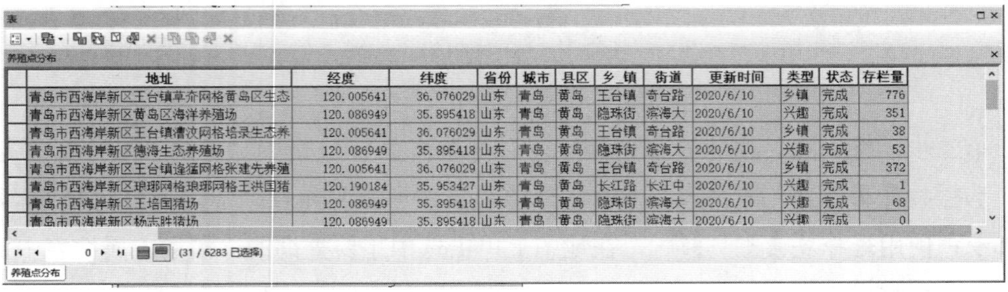

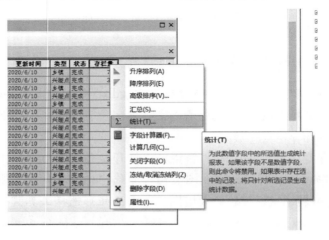

图 9-1-7　统计存栏量

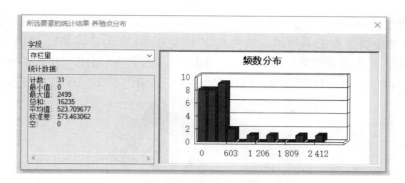

图 9-1-8　存栏量统计结果

第二节　空间关系查询

空间关系查询是通过要素之间的空间关系来选择要素。ArcMap 中，连接目标要素和选择要素的空间表达关系有 13 种。这些关系表达式包括包含、相交和邻近/邻接等。

1. 包含（containment）　某一面状要素所包含的点、线或者更小的面状要素（图 9-2-1）。例如，查找 A 市内的邮局（点）、单行道（线）、公园（面）。对应的空间关系表达式有"CONTAINS""COMPLETELY＿CONTAINS""CONTAINS＿CLEMENTINI""WITHIN""COMPLETELY＿WITHIN""WITHIN＿CLEMENTINI"和"HAVE＿THEIR＿CENTER＿IN"。

图 9-2-1　查找面要素范围内（包含在内）的要素
（图片来自 ArcGIS 帮助）

2. 相交（intersect）　包括点、线和面三类要素相互间的相交（图 9-2-2）。例如，查询某条高速公路穿过的省份体现的是线与面的相交，对应的空间关系表达式有"INTERSECT"和"CROSSED＿BY＿THE＿OUTLINE＿OF"。

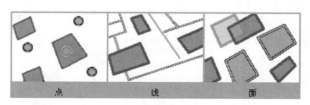

图 9-2-2　查找与面要素相交的要素
（图片来自 ArcGIS 帮助）

3. 邻近（proximity） 查找某一要素指定距离内的其他空间要素（图9-2-3）。如果被选要素与选中要素有公共边界，或者指定距离为0，则为空间邻接（adjacency）。对应的空间关系表达式有"WITHIN _ A _ DISTANCE" "ARE _ IDENTICAL _ TO" "BOUNDARY _ TOUCHES"和"SHARE _ A _ LINE _ SEGMENT _ WITH"。

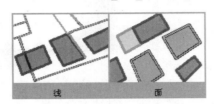

图9-2-3　查找与面要素共线（邻近）的要素
（图片来自ArcGIS帮助）

💡 操作提示9-2-1：空间关系查询-包含

数据：**第九章 \ 第二节 \ 山东省养猪场分布.gdb \ 养殖点分布和山东县区界**。

要求：查询潍坊市内的养猪场，并将其提取出来，另存为新文件。

第一步，加载数据，显示地市名，选择空间要素"**潍坊市**"。打开**操作提示9-1-1**中保存的地图文档"**山东省养猪场分布.mxd**"，然后加载"**山东地市界**"，或新建地图文档，加载"**养殖点分布**"和"**山东地市界**"，右键单击"**山东地市界**"图层名称→**属性→标注**，标注字段选择"**地市名**"，地级行政区划名称显示在视图窗口。使用**按矩形选择**工具，选中"**潍坊市**"。

第二步，空间关系查询。可使用**按多边形选择**工具选中潍坊市内所有的养猪场（参考**操作提示9-1-2**），但是潍坊市内的养猪场数量较多，且潍坊市的行政边界曲折复杂，使用**按多边形选择**工具时容易误选其他区域的养猪场。使用空间关系查询工具**按位置选择**，可以很好地解决这一问题。

方法一：使用主菜单栏**选择→按位置选择**功能（图9-2-4）。在弹出的对话框中，**目标图层**勾选"**养殖点分布**"，**源图层**选择"**山东地市界**"。注意此例探测的目标并不位于"**山东地市界**"的所有要素中，此处，须勾选**使用所选要素**，即第一步中选择了的空闲对象"**潍坊市**"。**目标图层要素的空间选择方法**选择完全位于源图层范围要素内，点击**确定**（图9-2-5）。

图9-2-4　按位置选择功能

方法二：打开ArcToolbox→**数据管理工具**→**图层和表视图**→**按位置选择图层**(图9-2-6)。**输入要素图层**选择"**养殖点分布**"，**关系**选择"COMPLETELY＿WITHIN"，**选择要素**选择"**山东地市界**"，**选择类型**"NEW＿SELECTION"，点击**确定**(图9-2-7)。

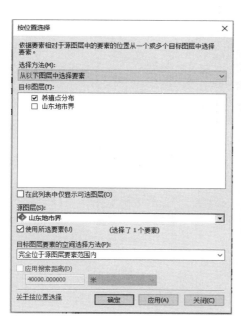

图 9-2-5　按位置选择对话框设置

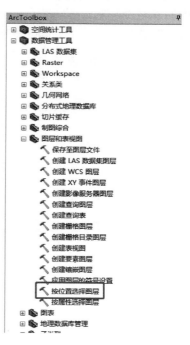

图 9-2-6　按位置选择图层功能

图 9-2-7　按位置选择图层功能对话框

两种空间查询方式都要确保空间对象"**潍坊市**"处于被选中状态。查询结果见图9-2-8。打开"**养殖点分布**"图层的属性表，可以看到潍坊市内1 017个养猪场的详细信息。

第三步，将选中目标导出为新的数据。常用的导出文件格式有两种，一是shp类型文件，操作方法为：右键单击"**养殖点分布**"图层名称，选择**数据**→**导出数据**，将选中的要素另存为"**潍坊市养殖点.shp**"(图9-2-9)；另一种方式是导入已有或新建gdb地理文件数据中（此例为"**空间分析.gdb**"），操作方法为：右键点击"**空间分析.gdb**"，导入**要素类（单个）**，设置输入要素为"**养殖点分布**"，输出要素类为"**潍坊市养殖点**"，点击**确定**（图 9-2-10）。需注意的是，导出数据必须保持感兴趣数据（如此例中潍坊市内的养殖点）处于选中状态。导出完成后，软件提示**是否要将导出的数据添加到地图图层中？** 选择**是**，结果见图 9-2-11。

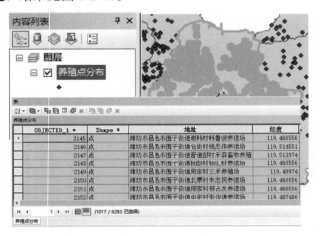

图 9-2-8　潍坊市内养猪场空间查询结果

图 9-2-9　将潍坊市养殖点导出 shp 数据

图 9-2-10　将潍坊市养殖点导入数据库中

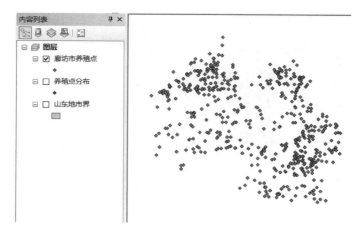

图 9-2-11　潍坊市养殖点

注释栏 9-1　**空间关系查询的补充说明**

　　在进行空间关系查询时，待查询筛选的要素可以在同一图层中，也可在不同图层中。**按位置选择**可以同时查询多个目标图层，**按位置选择图层**则只能输入一个目标图层。空间关系查询适合属性表中不含位置信息的空间数据。

　　本例中，"养殖点分布"属性表中有含位置信息的字段"城市"，更简便的方式是**按属性查询**，设置查询条件为"城市＝'潍坊市'"，即可查询潍坊市内的养猪场信息。属性查询方法参见第四章第五节**操作提示 4-5-3**。

第三节　空间查询与属性查询相结合的组合查询

　　在大多数情况下，需要同时运用空间查询和属性查询这两种方法。例如"查询潍坊市存栏数在 3 000 头以上（含 3 000 头）的规模化养猪场数量"，可以在空间查询结果的基础上，再进行属性查询。

操作提示 9-3-1：空间关系查询-包含

　　数据：第九章＼第三节＼山东省养猪场分布. gdb＼养殖点分布和山东地市界；第九章＼第三节＼潍坊市养殖点. shp。

　　要求：查询潍坊市存栏数在 3 000 头以上（含 3 000 头）的规模化养猪场数量。

　　第一步，查询潍坊市内所有的养猪场。使用空间关系查询潍坊市内所有养猪场的详细步骤见**操作提示 9-2-1**，打开**操作提示 9-2-1**中保存的"潍坊市养殖点"。

　　第二步，设置查询条件。右键单击"潍坊市养殖点"名称，打开属性表，点击**按属性选择按钮**，设置选择条件为"存栏量＞＝3 000"，点击**应用**。点击属性表下方█按钮切换到**显示所选记录**，可查看潍坊市 50 个 3 000 头以上规模化养猪场的信息（图 9-3-1）。

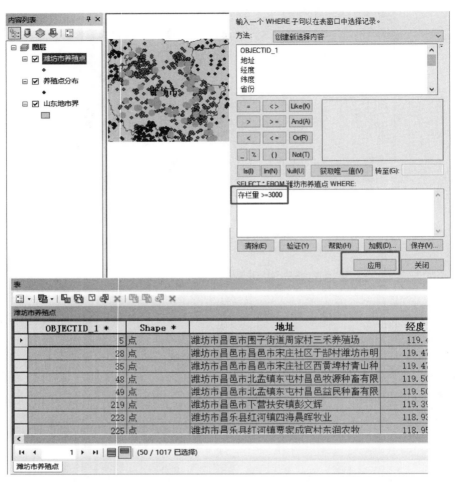

图 9-3-1 查询潍坊市的规模化养猪场示意图

（邵奇慧　沈朝建）

缓冲区分析

【例 10-1】

2020 年 2 月，济南市莱芜区某养猪场发生非洲猪瘟疫情，需按规定划定疫区和受威胁区，对现有养猪场（户）进行全面排查。依据农业农村部发布的《非洲猪瘟疫情应急预案》规定，由疫点边缘向外延伸 3km 的区域为疫区，由疫区边缘向外延伸 10km 的区域为受威胁区。对有野猪活动地区，受威胁区应为疫区边缘向外延伸 50km 的区域。

【问题 10-1】

如何在地图上确定疫区和受威胁区的范围和面积大小？

【分析 10-1】

利用缓冲区分析工具，设置不同缓冲区的半径，划定疫区和受威胁区范围。ArcGIS 中缓冲区分析操作步骤为：**ArcMap 主菜单→地理处理→缓冲区**，或者 **ArcToolbox→分析工具→邻域分析→缓冲区**。

第一节　简单缓冲区

缓冲区指地理空间对象的影响范围或服务范围，如商场、医院、银行等公共设施的服务半径、新发传染病的疫区、受威胁区等。缓冲区分析是指以点、线、面要素为基础，建立周围一定宽度范围的多边形图层。

（1）基于点要素的缓冲区，通常是以要素点为圆心，以一定距离为半径的圆。

（2）基于线要素的缓冲区，通常是以要素线为中心轴线，距中心轴线一定距离的长条形缓冲带。

（3）基于面要素多边形边界的缓冲区，在要素多边形的外缘向外或向内扩展一定距离，以生成新的多边形缓冲区。

注意：缓冲区创建时需要计算缓冲距离，地理坐标系不能以常规长度单位（如 m、km 等）度量距离。所以，创建缓冲区之前各要素类必须定义投影坐标系（参考"第五章地图投影与空间参照系统"）。本节中各要素类统一使用的投影坐标系统为 Krasovsky_1940_Albers（度量单位为 m）。

操作提示 10-1-1：创建简单缓冲区

使用缓冲区工具，创建简单缓冲区。

数据：**第十章＼第一节＼点.shp、线.shp 和面.shp**。

第一步，加载数据。启动 ArcMap，使用工具条中**添加数据**![加号图标]**-**功能，将"**点.shp**""**线.shp**""**面.shp**"3 个矢量要素添加到地图中（图 10-1-1）。

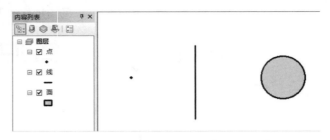

图 10-1-1　在地图中加载点、线、面要素

第二步，创建缓冲区。打开**ArcMap 主菜单→地理处理→缓冲区。输入要素**"点"；自定义**输出要素类**路径及名称，此例为"**点_Buffer**"；距离点选**线性单位**，输入"20"，单位"米"；其他选项为默认设置。点击**确定**（图 10-1-2）。使用同样的方式，创建线和面要素的缓冲区，结果见图 10-1-3。

图 10-1-2　缓冲区设置

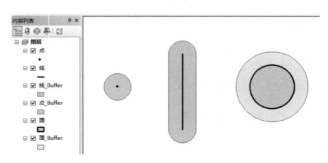

图 10-1-3　缓冲区创建结果

第二节　缓冲区参数设置

缓冲区融合类型有不融合（NONE）、全部融合（ALL）、根据列表融合（LIST）3 种。"NONE"表示完整保留每个要素缓冲区的边界，每个缓冲区为独立多边形（图 10-2-1）；"ALL"表示所有要素缓冲区边界融合在一起，使得缓冲区之间没有叠置区（图 10-2-1）；"LIST"表示根据输入要素所选字段的属性值来融合。

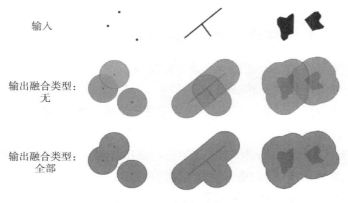

图 10-2-1　缓冲区融合

（图片来自 ArcGIS 帮助）

缓冲区末端形状可以选择圆形（ROUND）或平直（FLAT）（图 10-2-2）。

线要素缓冲区可以建立在线的两侧（FULL）、左侧（LEFT）或右侧（RIGHT）。左和右是根据中心轴线的方向来判断，如画线的方向为自下往上，不同侧类型的缓冲区见图 10-2-3。

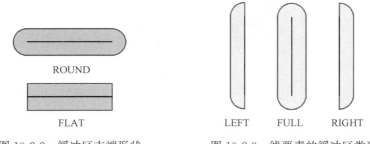

图 10-2-2　缓冲区末端形状　　　图 10-2-3　线要素的缓冲区类型

面要素缓冲区，可以从多边形边界向内或向外扩展。在"缓冲区"工具中，面要素缓冲区的侧类型有两种：全部（FULL）和仅外侧（OUTSIDE ONLY）（图 10-2-4）。"FULL"，表示将在面的周围生成缓冲区，并且缓冲区包含输入要素的区域；"OUTSIDE ONLY"，则表示仅在输入面的外部生成环状缓冲区。创建向内的缓冲区，需使用"缓冲向导"工具，具体操作参考**操作提示 10-2-1**。

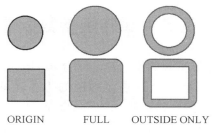

ORIGIN　　　　FULL　　　OUTSIDE ONLY

图 10-2-4　面要素的缓冲区类型

💡 操作提示 10-2-1：创建面要素向内的缓冲区

使用"缓冲向导"工具，创建一个面要素向内的缓冲区。

数据：**第十章 \ 第二节 \ 面. shp**。

第一步，加载数据。启动 ArcMap，使用工具条中**添加数据** ➕ 功能，将"**面. shp**"矢量图层添加到地图中。

第二步，创建缓冲区。ArcMap 主菜单栏中点击**自定义→自定义模式→命令→搜索缓冲向导**，找到**缓冲向导**工具 ⊩ 并拖放到工具栏中，点击打开，弹出**缓冲向导**窗口，设置需要缓冲的数据为**面**，点击**下一页**（图 10-2-5）。

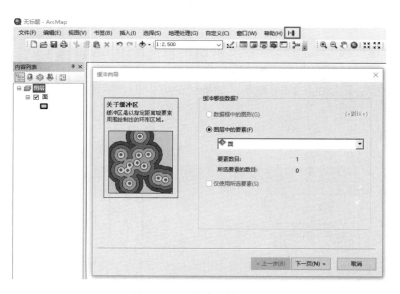

图 10-2-5　缓冲向导（一）

设置缓冲距离为"15"米，点击**下一页**（图 10-2-6）。

　　创建缓冲区使其有 4 个选项：位于面的内部和外部、仅位于面外部、仅位于面内部和位于面外部并包括内部。设置缓冲区类型为**仅位于面内部**，自定义文件保存路径及文件名，此例为"**缓冲 _ 面 _ 向内**"，点击**完成**（图 10-2-7）。缓冲区创建结果见图 10-2-8。

图 10-2-6　缓冲向导（二）

图 10-2-7　缓冲向导（三）

图 10-2-8　向内创建缓冲区结果

空间数据分析基础操作

第二篇

第三节 创建不同距离缓冲区

同一图层要素在建立缓冲区时，可以根据给定字段值来设置不同的缓冲距离。

 操作提示 10-3-1：创建不同距离缓冲区

使用缓冲区工具，根据道路宽度，将线状道路转化为面状道路。

数据：第十章 \ 第三节 \ 道路.shp。

第一步，加载数据。启动 ArcMap，使用工具条中**添加数据** ➕ ▾ 功能，将"道路"图层添加到地图中，右键单击内容列表中的图层"道路"，选择**打开属性表**(图 10-3-1)。道路示例数据线矢量，属性表中包含"**道路类型**"和"**道路宽度**"两个属性字段，表示不同类型道路宽度不同。

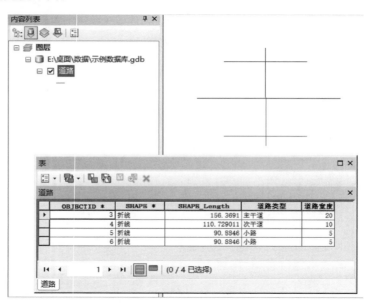

图 10-3-1 加载道路数据

第二步，定义缓冲区距离。从道路中心线向两侧创建缓冲区时，缓冲区的宽度应为道路的一半。点击属性表选项 ▦ ▾ ，在弹出的列表中选择**添加字段**，设置字段**名称**为"**道路宽度一半**"，类型为**浮点型**，点击**确定**(图 10-3-2)。在属性表"**道路宽度一半**"字段名称上单击右键，在弹出的列表中选择**字段计算器**(图 10-3-3)，在方框内输入"［道路宽度］/2"，点击**确定**。

第三步，建立缓冲。**打开 ArcMap 主菜单→地理处理→缓冲区工具**，输入要素选"**道路**"，自定义输出文件名称，此例为"**道路_面状**"；设置缓冲区距离时，点击**字段**，选择"**道路宽度一半**"字段；其他设置参考图 10-3-4。设置完成后，点击**确定**。不同宽度道路建立缓冲区结果见图 10-3-5。

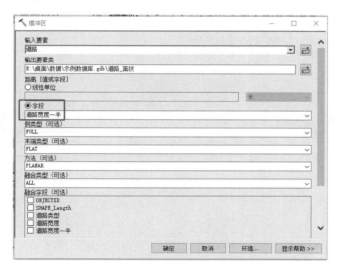

图 10-3-2　加载道路数据 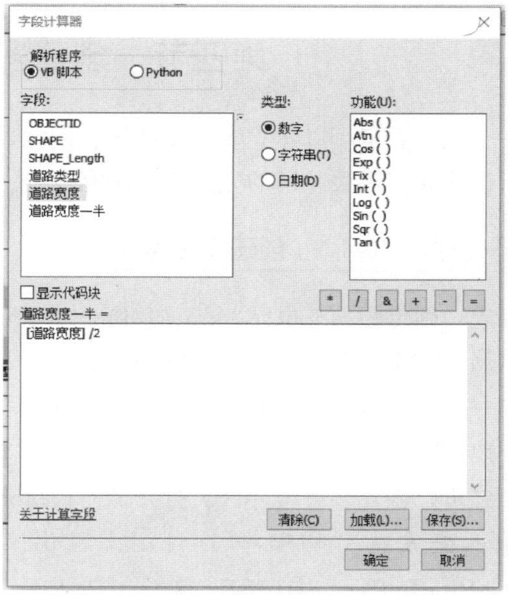　　　　　　　　　　图 10-3-3　字段计算器

图 10-3-4　设置缓冲区距离为字段

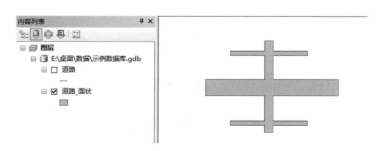

图 10-3-5　不同宽度道路建立缓冲区结果

第四节 创建多环缓冲区

一个地图要素可以建立多个缓冲区。例如,评价一个核电站对周边环境的影响时,可以通过建立多环缓冲区的方式确定研究范围。

💡 操作提示 10-4-1:创建多环缓冲区

要求:确定距离核电站 5km、10km、15km、20km 的研究范围。

数据:*第十章 \ 第四节 \ 核电站*.shp 。

第一步,加载数据。启动 ArcMap,使用工具条中**添加数据**➕▾功能,将"**核电站**"图层添加到地图中。

第二步,创建多环缓冲区。打开 ArcToolbox→**分析工具→邻域分析→多环缓冲区**,设置**输入要素**为"**核电站**",自定义输出文件路径及名称,此例为"**核电站_MultipleRingBuffer**"。在**距离**一栏的方框内,输入缓冲区距离"5",并点击➕,将距离"10""15""20"依次添加到列表中,缓冲区单位选择**kilometers**,点击**确定**(图 10-4-1)。多环缓冲区结果见图 10-4-2。

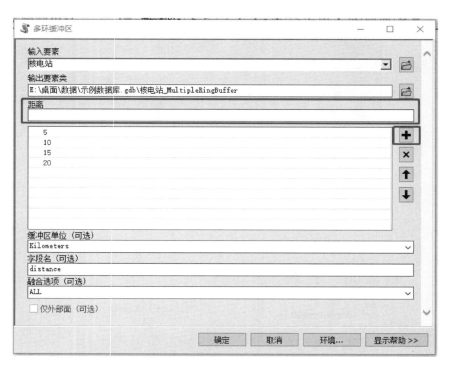

图 10-4-1 多环缓冲区设置

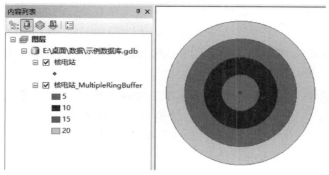

图 10-4-2 多环缓冲区结果

第五节 实例应用

实例与操作 10-5-1：利用缓冲区工具创建疫区及受威胁区

要求：依据农业农村部发布的《非洲猪瘟疫情应急预案》规定，使用缓冲区分析工具划定莱芜区由疫点边缘向外延伸 3km 的疫区和由疫区边缘向外延伸 10km 的受威胁区的范围。

数据：第十章＼第五节＼**山东县区界**. shp 和**中国非洲猪瘟暴发点**. shp。

第一步，加载数据。启动 ArcMap，使用工具条中**添加数据** 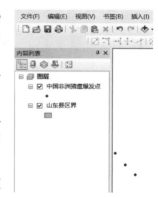 功能，将"**山东县区界**"和"**中国非洲猪瘟暴发点**"两个图层添加到地图中（图 10-5-1）。

第二步，选择位于莱芜区的非洲猪瘟疫点，并输出文件。使用**选择要素**工具 ，单击位于莱芜区内的非洲猪瘟疫点，右键单击内容列表中"**中国非洲猪瘟暴发点**"图层名称→**选择数据**→**导出数据**，将所选要素另存为"**莱芜疫情点**. shp"，并将导出的数据添加到地图中（图 10-5-2）。

图 10-5-1 加载地图数据

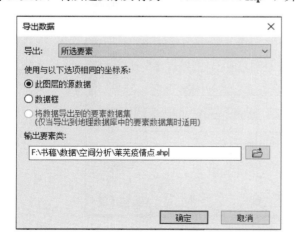

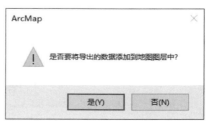

图 10-5-2 导出目标要素并添加到地图中

注意：执行空间分析时，默认执行对象是已选的空间要素，没有空间要素处于选择状态时，执行对象是输入图层的所有要素。如是后者，注意执行操作前，点击工具栏中**清除所选要素**按钮 🔄，或点击地图上空白处，取消选择空间对象，使所有要素处于非选择状态。

第三步，创建缓冲区。使用菜单栏**地理处理→缓冲区**工具（图 10-5-3）。**输入要素**选"**莱芜疫情点**"；自定义输出要素类，此例为"**莱芜非洲猪瘟疫区.shp**"；**距离**点选**线性单位**，输入"**3**"，单位为"**千米**"；点击**确定**(图 10-5-4)，即可生成以疫点为中心、半径为 3km 的缓冲区（图 10-5-5）。

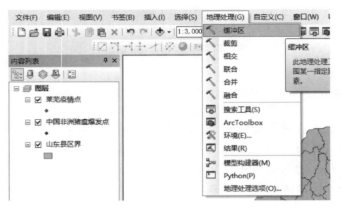

图 10-5-3 缓冲区工具位置

图 10-5-4 缓冲区对话框位置（一）

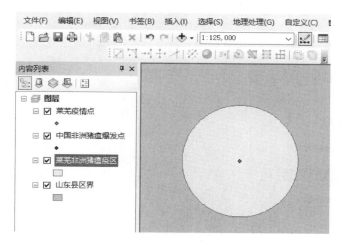

图 10-5-5　使用缓冲区分析工具生成疫区范围

以同样的方式，创建以疫区为中心、距离为 10km 的缓冲区，即为受威胁区范围。**输入要素"莱芜非洲猪瘟疫区"**；自定义输出要素类，此例为 **"莱芜非洲猪瘟受威胁区.shp"**；**距离**点选**线性单位**，输入 **"10"**，单位为 **"千米"**；侧类型 **"OUTSIDE_ONLY"**；点击**确定**（图 10-5-6），缓冲区分析结果见图 10-5-7。

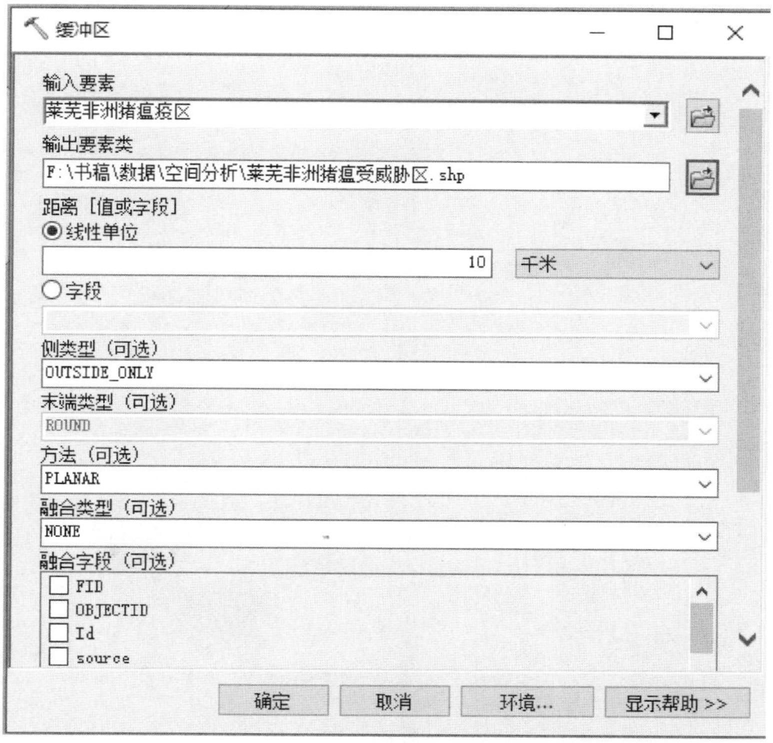

图 10-5-6　缓冲区对话框位置（二）

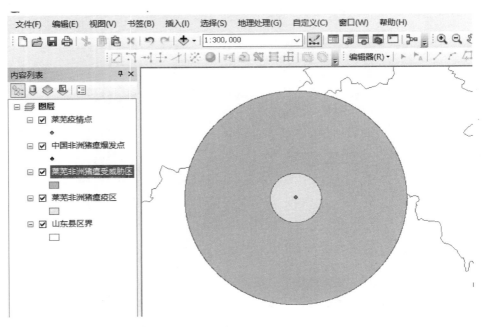

图 10-5-7 使用缓冲区分析工具生成受威胁区范围

（邵奇慧　韦欣捷）

Chapter 11 | 第十一章

叠加分析

【例 11-1】

《非洲猪瘟疫情应急预案》规定，划定疫点、疫区和受威胁区时，应根据当地天然屏障（如河流、山脉等）、人工屏障（道路、围栏等）、野猪分布情况，以及疫情追溯调查和风险分析结果，综合评估后划定。

【问题 11-1】

如何结合山脉、河流、道路、野猪等的分布情况，调整疫区和受威胁区范围？

【分析 11-1】

需要建立该地区的养猪场地理信息数据库，包括行政区划、道路、河流、地形、野猪分布区等内容。再使用叠加分析工具，结合道路、河流、地形等信息，调整疫区和受威胁区范围。

地图叠加操作是将两个以上不同要素图层的几何图形和属性组合在一起，生成新图层并输出，输出图层的每个要素综合了所有输入图层的属性。用于叠加分析的图层必须经过空间配准，即具有相同的坐标系统。坐标系统相关内容参见"第五章地图投影和空间参照系统"。

第一节 矢量数据的叠加

点、线、面 3 种地图要素都可以进行叠加分析。最常见的叠加操作是"面-面"叠加，即多边形与多边形叠加。ArcMap 主菜单**地理处理**中有裁剪、联合、相交、合并等 4 种常用的叠加方法，此外，**ArcToolbox→分析工具→叠加分析**中还提供了交集取反、标识、擦除、更新、空间连接等多种叠加方法。

（1）裁剪（clip） 提取与裁剪要素相重叠的输入要素，用于以其他要素类中的一个或多个要素作为范围来剪切掉要素类的一部分（图 11-1-1）。

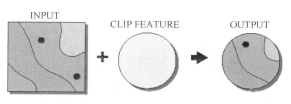

图 11-1-1 裁 剪
（图片来自 ArcGIS 帮助）

（2）联合（union）　保留输入图层中的所有要素，输出图层对应所有输入图层合并后的区域范围（图11-1-2）。输入图层必须都是面状图层。

（3）相交（intersect）　仅保留输入图层共同区域范围的要素（图11-1-3）。输入图层可以是点、线、面状图层，但输出图层只能是输入图层中最低几何维数。例如，如果输入图层包括一个点状图层和一个面状图层，输出图层为点状图层。

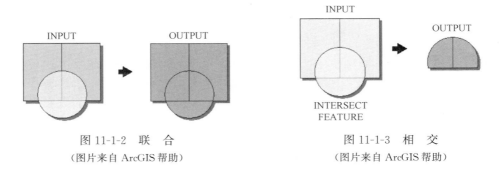

图 11-1-2　联　合
（图片来自 ArcGIS 帮助）

图 11-1-3　相　交
（图片来自 ArcGIS 帮助）

（4）合并（merge）　可将多个输入数据集合并为新的单个输出数据集（图11-1-4）。此工具可以合并点、线或面要素类或表。

（5）交集取反（symmetrical difference）　又称为"对称差异"，仅保留输入图层各自独有的区域范围内的要素，输出的区域范围与相交正好相反（图11-1-5）。输入图层必须都是面状图层。

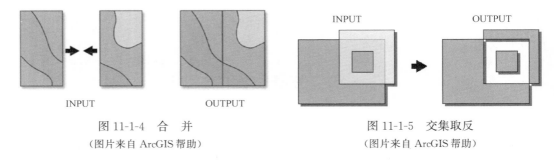

图 11-1-4　合　并
（图片来自 ArcGIS 帮助）

图 11-1-5　交集取反
（图片来自 ArcGIS 帮助）

（6）标识（identify）　仅保留落在输入图层范围内的要素（图11-1-6）。另一图层称为识别图层。输入图层可为点、线、面状图层，识别图层是面状图层。

（7）擦除（erase）　仅保留输入图层处于擦除图层边界之外的部分（图11-1-7）。输入图层和擦除图层都为面状图层。

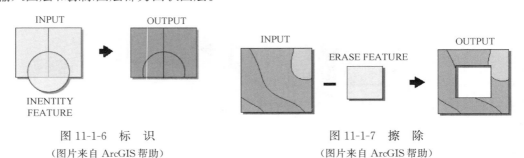

图 11-1-6　标　识
（图片来自 ArcGIS 帮助）

图 11-1-7　擦　除
（图片来自 ArcGIS 帮助）

（8）更新（update）　　计算输入要素和更新要素的几何交集（图11-1-8）。输入要素的属性和几何根据输出要素类中的更新要素来进行更新。

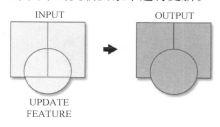

图 11-1-8　更　新

（图片来自 ArcGIS 帮助）

（9）空间连接（spatial join）　　根据空间关系将一个图层中要素的属性，连接到另一个图层中要素的属性。将前者称为连接图层，后者称为目标图层。输出图层中包含目标图层中的要素，以及来自连接图层中的被连接属性。目标图层和连接图层必须有对应的连接字段。

第二节　栅格数据的叠加

（1）镶嵌（mosaic）　　镶嵌是指两个或多个栅格图像的组合或合并成一幅图像。在 ArcGIS 中，可以通过将多个栅格数据集镶嵌到一起，创建一个单个栅格数据集，还可以通过一系列栅格数据集，创建镶嵌数据集和虚拟镶嵌。栅格镶嵌的工具是：**ArcToolbox→数据管理工具→栅格→栅格数据集→镶嵌至新栅格**（图11-2-1）。

图 11-2-1　将六幅相邻影像（无重叠）镶嵌成一幅影像

（图片来自 ArcGIS 帮助）

（2）裁剪（clip）　　ArcGIS 中栅格裁剪工具有裁剪和按掩膜（Mask）提取两种：①**ArcToolbox→数据管理工具→栅格→栅格处理→裁剪**；②**ArcToolbox→Spatial Analyst 工具→提取分析→按掩膜提取**。用于裁剪的范围或掩膜文件可以是栅格文件，也可以是矢量文件，输出的仍是栅格文件（图11-2-2）。

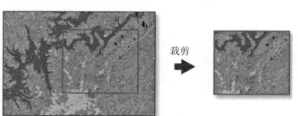

图 11-2-2　使用矢量数据裁剪栅格影像

（图片来自 ArcGIS 帮助）

掩膜（mask）一词源自物理。在半导体制造中，许多芯片工艺步骤采用光刻技术，用于这些步骤的图形"底片"称为掩膜（也称作"掩模"）。其作用是在硅片上选定的区域中对一个不透明的图形模板遮盖，继而下面的腐蚀或扩散将只影响选定的区域以外的区域。

掩膜的概念后来被引入图像处理。用选定的图像或图形，对处理的图像进行遮挡，来控制图像处理的区域或处理过程，即为图像掩膜。

第三节　实例应用

在**实例与操作 10-5-1** 的基础上，使用叠加分析工具，结合道路、河流、地形和野猪分布等信息，调整莱芜区的疫区和受威胁区范围。

实例与操作 11-3-1：利用叠加分析工具调整疫区和受威胁区范围

数据：*第十一章\第三节\ASTGTM2_N36E117_dem. tif* ；*第十一章\第三节\莱芜非洲猪瘟疫区. shp* 、*莱芜非洲猪瘟受威胁区. shp* 、*世界线状水系. shp* 、*世界铁路. shp* 、*世界道路. shp* 和*世界面状水系. shp* ；*第十一章\第三节\山东省养猪场分布. gdb \山东县区界*。

一、地形数据的获取与叠加分析

1. 地形数据（DEM）的获取　数字高程模型（Digital Elevation Model），简称 DEM，是通过有限的地形高程数据实现对地面地形的数字化模拟（即地形表面形态的数字化表达）。

莱芜区地形数据下载自地理空间数据云网站（http：//www. gscloud. cn）的"ASTER GDEM 30M **分辨率数字高程数据**"。该数据集覆盖全球范围，时期为 2009 年，投影为 UTM/WGS84，空间分辨率为 30m，值域范围为-152～8 806m。下载数据前需要先注册登录。在**高级检索**页面，数据集选择"GDEM 30M **分辨率数字高程数据**"，空间位置使用**地图选择**，点击**矩形**，在地图上的莱芜区画一个矩形框，点击**检索**，下方列表中显示检索到了 1 条数据"ASTGTM2 _ N36E117"，点击下载按钮，将数据下载至本地电脑（图 11-3-1）。下载后的文件解压缩后，其中名称为"ASTGTM2 _ N36E117 _ dem. tif"的文件为地形栅格数据。

2. 地形数据投影转换与入库　启动 ArcMap，使用工具条中**添加数据** ✛▾ 功能，依次将"**莱芜非洲猪瘟疫区. shp**""**莱芜非洲猪瘟受威胁区. shp**""ASTGTM2 _ N36E117 _ dem. tif"加载到地图中（图 11-3-2）。在 ArcCatalog 目录中新建"**莱芜疫区. gdb**"地理文件数据库（参考**操作提示 4-2-1**），右键点击**数据库名称→导入→要素类（多个）**，将"**莱芜非洲猪瘟疫区. shp**""**莱芜非洲猪瘟受威胁区. shp**"导入数据库

图 11-3-1　地理空间数据云下载莱芜区地形数据

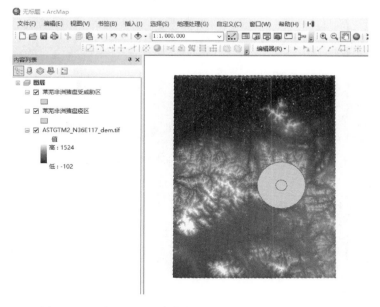

图 11-3-2　在 ArcMap 中加载疫区、受威胁区和地形数据

中（图 11-3-3）。地形数据可以在入库的同时进行投影转换。右键点击**数据库名称→导入→栅格数据集**，选择"ASTGTM2＿N36E117＿dem.tif"，点击**环境**（图 11-3-4），**输出坐标系**选择与图层"**莱芜非洲猪瘟疫区**"相同，点击**确定**（图 11-3-5）。

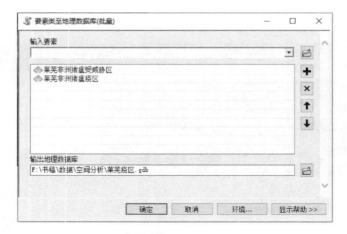

图 11-3-3　要素类至地理数据库（批量）

图 11-3-4　栅格数据集至地理数据库（批量）

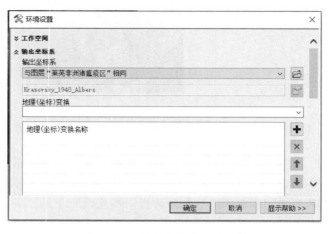

图 11-3-5　栅格数据集投影转换

3. 地形数据裁剪与色彩显示 新建 ArcMap，使用工具条中**添加数据** ✚ ▾功能，将"**莱芜疫区.gdb**"中的数据全部加载到地图中（图 11-3-6）。打开 ArcToolbox→Spatial Analyst **工具→提取分析→按掩膜提取**工具，**输入栅格**选择"ASTGTM2 _ N36E117 _ dem.tif"，**输入栅格数据或要素掩膜数据**选择"**莱芜非洲猪瘟疫区**"，设置**输出栅格**的路径及文件名称，此例为"**DEM _ 疫区**"，点击**确定**（图 11-3-7）。

同样的方式，裁剪提取受威胁范围内的地形数据，文件名称为"**DEM _ 受威胁区**"。

图 11-3-6　加载数据

图 11-3-7　按掩膜提取（裁剪）地形数据

右键单击"ASTGTM2 _ N36E117 _ dem.tif"图层名称，选择**移除**。分别点击"**莱芜非洲猪瘟疫区**""**莱芜非洲猪瘟受威胁区**"图层名称下方的矩形符号，打开**符号选择器**（图 11-3-8），将图形符号改为"填充颜色：无颜色，轮廓宽度：2，轮廓颜色：红色"。右键单击"**DEM _ 疫区**"图层名称→**图层属性→符号系统**，默认显示方式为**拉伸**，右键单击**色带**右侧条形框，取消勾选**图形视图**，此时色带条形框内显示色带的名称，选择**高程#1**，点击**确定**（图 11-3-9）"**DEM _ 受威胁区**"图层，以同样的方式设置色彩显示。最终地图显示结果见图 11-3-10，DEM 高程值范围为

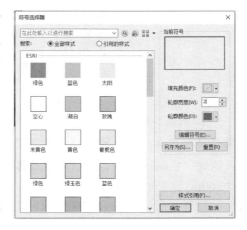

图 11-3-8　疫区和受威胁区符号设置

177～837m，图中深红色至白色表示高山区域，绿色至浅绿色为海拔较低的山谷、平原区域。研究区范围有很明显的高山分布，需要调整疫区和受威胁区范围。通常认为，海拔 500m 为山与丘陵的分界线，因此，提取 DEM 值在 500m 以下的区域为新的疫区和受威胁区。

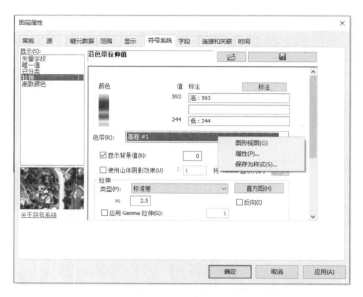

图 11-3-9　地形数据符号设置

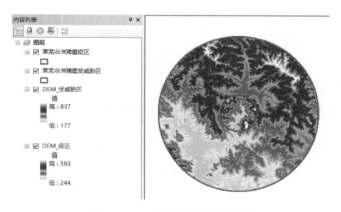

图 11-3-10　地形数据裁剪结果

4. 海拔 500m 以下区域提取　打开 ArcToolbox→Spatial Analyst 工具→提取分析→按属性提取工具，输入栅格选择"DEM _ 受威胁区"，点击 Where 子句右侧按钮，输入语句"Value＜500"，设置输出栅格的路径及文件名称，此例为"DEM _ 受威胁区 _ 小于500m"，点击确定（图 11-3-11）。

同样的方式，提取疫区范围内高程小于 500m 的地形数据，文件名称为"DEM _ 疫区 _ 小于500m"。移除"DEM _ 疫区"和"DEM _ 受威胁区"。设置栅格数据的色彩显示为高程#1 。图 11-3-12 中，空白处为已经删掉（≥500m）的空值区域。

图 11-3-11　按属性提取高程小于 500m 的区域

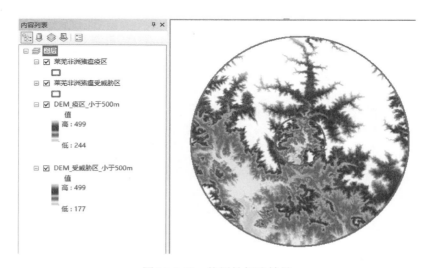

图 11-3-12　按属性提取结果

5. 栅格转矢量数据　不同格式的数据无法执行叠加分析，须进行数据格式转换。本案例中，DEM 地形数据为栅格数据，行政区划、道路、河流等通常为矢量数据，为统一格式，将地形栅格数据转换为面状矢量数据。栅格转面工具路径为：**ArcToolbox→转换工具→由栅格转出→栅格转面**。进行栅格转面时，每组具有相同值的相邻像元会合并为一个面要素，而 DEM 地形数据中几乎每个相邻像元值都不相同，转换结果见图 11-3-13。

本案例中，希望得到一个所有像元合并后的面，因此在栅格转面之前，先对栅格的像元进行统一赋值处理。

打开 **ArcToolbox→Spatial Analyst 工具→地图代数→栅格计算器工具**，在中间的矩形框中输入公式：Con（"DEM＿受威胁区＿小于 500m"＞0，1，"DEM＿受威胁区＿小于 500m"）。该公式的含义为：将值大于"0"的像元，全部赋值为"1"。注意：除数值和标点符号外，公式中的图层和变量名，可以通过双击**图层和变量栏**选项的方式添加到矩形框中，标点符号输入时应切换为英文状态。自定义**输出栅格**路径及名称，此例为"**DEM＿受威胁区＿小于 500m＿1**"，点击**确定**（图 11-3-14）。栅格计算结果见图 11-3-15。用同样的方式计算栅格数据"**DEM＿疫区＿小于 500m**"，输出栅格名称为"**DEM＿疫区＿小于 500m＿1**"。

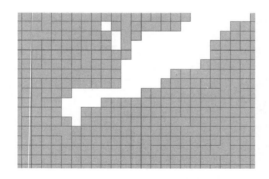

图 11-3-13　栅格转面结果示意图

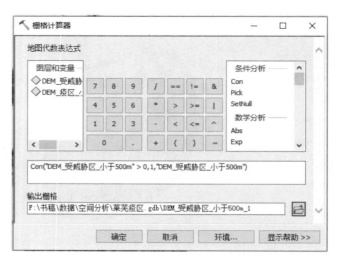

图 11-3-14　栅格计算器

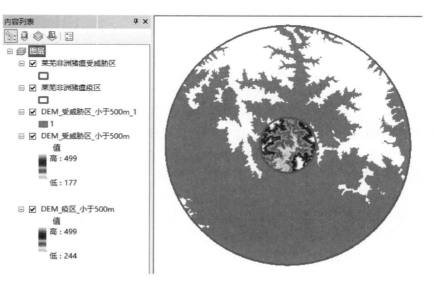

图 11-3-15　栅格计算结果

点击ArcToolbox→**转换工具**→**由栅格转出**→**栅格转面**，打开**栅格转面**工具（图11-3-16），**输入栅格**为"DEM＿受威胁区＿小于500m＿1"，**字段**默认为Value，自定义输出面要素路径及名称，此例为"受威胁区＿DEM调整"，点击**确定**。以同样的方式，将"DEM＿疫区＿小于500m"栅格数据，转为"疫区＿DEM调整"面状矢量文件。

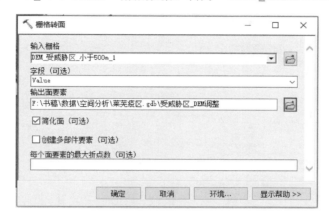

图11-3-16　栅格转面设置

二、水系、交通数据的获取与叠加分析

1. 数据下载与定义投影　水系、道路数据可以从中国科学院地理科学与资源研究所的资源环境科学数据中心（http：//www.resdc.cn/）下载。数据查找路径为：**数据集（库）目录**→**全球100万基础地理数据库**。此数据库包括全球线状水系数据、全球面状水系数据、全球铁路数据和全球道路数据4个数据集。

新建ArcMap，使用工具条中**添加数据** ✛ ▾功能，将以上4个数据集添加到地图中。系统会提示数据源缺少空间参考信息（图11-3-17），先选择**确定**。

为了与参与空间叠加分析的其他图层的坐标系统保持一致，需对以上数据定义坐标系。将地理坐标系为GCS＿WGS＿1984的地形数据"ASTGTM2＿N36E117＿dem.tif"加载到地图中，作为坐标系参考图层。点击**ArcToolbox**→**数据管理工具**→**投影和变换**→**定义投影工具**，打开**定义投影**对话框，**输入数据集或要素类**为"世界线状水系"（图11-3-18），点击 按钮，打开**空间参考属性**对话框（图11-3-19），选择**XY坐标系为图层**→**GCS＿WGS＿1984**，点击**确定**。采用同样的方法对其他3个数据集定义投影。

11-3-17　数据源缺少空间参考信息提示

图11-3-18　定义投影

图 11-3-19　选择空间参考属性

2. 查看疫区和受威胁区的地理环境　新建 ArcMap，使用工具条中**添加数据** ✛▾ 功能，依次将"**莱芜非洲猪瘟疫区.shp**""**莱芜非洲猪瘟受威胁区.shp**"，以及"**世界线状水系.shp**""**世界铁路.shp**""**世界道路.shp**""**世界面状水系.shp**"添加到地图中。从图 11-3-20 中可以看到，疫区和受威胁区内只有一个面状水系，查询百度地图知其为"**雪野水库**"，主要交通道路和铁路都在研究区范围之外。使用选择要素工具 ▦▾，单击选中"**雪野水库**"，右键单击"**世界面状水系**"图层名称**→数据→导出数据，导出所选要素，使用与以下选项相同的坐标系选择数据框**，自定义**输出要素类**路径及名称，此例为"**雪野水库.shp**"（图 11-3-21）。

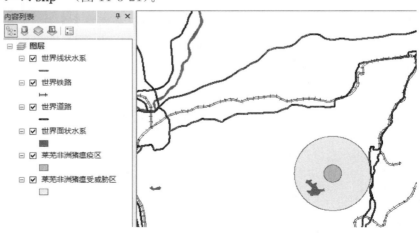

图 11-3-20　疫区和受威胁区的地理环境

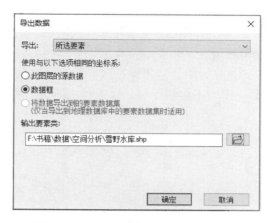

图 11-3-21　导出数据"雪野水库.shp"

3. 叠加分析　　新建 ArcMap，使用工具条中**添加数据** ➕▾功能，加载"**受威胁区＿**
DEM 调整"和"**雪野水库.shp**"。打开 **ArcToolbox→分析工具→叠加分析→擦除**工具
（图 11-3-22），**输入要素**选择"**受威胁区＿DEM 调整**"，**擦除要素**选择"**雪野水库**"，自
定义输出要素类路径及名称，此例为"**受威胁区＿DEM＿水面调整**"，点击**确定**，结
果见图 11-3-23。

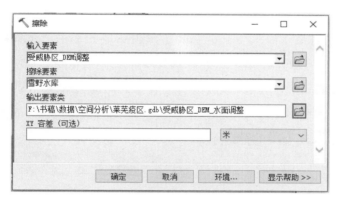

图 11-3-22　叠加分析——擦除

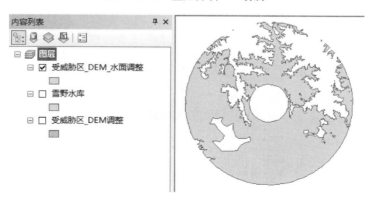

图 11-3-23　擦除结果

三、疫区和受威胁区范围细化调整和面积统计

本案例中未考虑野猪分布情况，如果实际调查当地有野猪活动，按照**操作提示 10-1-1**的方法，以疫区为中心，50km 为半径创建缓冲区，作为受威胁区范围。由于有高山阻隔，相对于疫区的高山另一侧的不连续图斑，以及碎小图斑（图 11-3-24），都可以考虑删除。

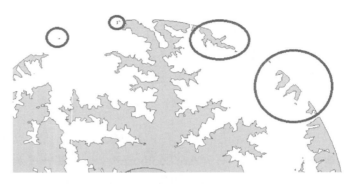

图 11-3-24　拟删除图斑

右键单击"**受威胁区 _ DEM _ 水面调整**"图层名称→**编辑要素→开始编辑**，或点击工具条中的**编辑器→开始编辑**，启动编辑器（图 11-3-25）。选中要删除的图斑，按键盘 Delete 键删除。如删除面积小于 6 000m² 的图斑，右键单击"**受威胁区 _ DEM _ 水面调整**"图层名称，打开属性表，点击**按属性选择**按钮 🔳，删选条件为"Shape _ Area ＜6 000"，点击**应用**（图 11-3-26）。点击属性表中的**删除**按钮 ❌，或按键盘 Delete 键，删除 6 000m² 以下的小图斑。

图 11-3-25　启动编辑器

图 11-3-26　选择并删除小图斑

点击**编辑器→保存编辑内容**，再次单击**编辑器→停止编辑**。在"**受威胁区 _ DEM _ 水面调整**"属性表中，右键单击"Shape _ Area"字段，选择**统计**（图 11-3-27），可以看到调整后的受威胁区总面积为 340.31km² （图 11-3-28）。使用工具条中**添加数据** 功能，将"**疫区 _ DEM调整**"图层加载到地图中，统计其面积为 27.32km²。

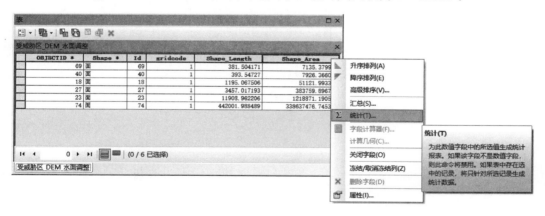

图 11-3-27　打开属性表进行面积统计

使用工具条中**添加数据** 功能，将"**山东县区界**"图层添加到地图中。点击"**山东县区界**"图层名称下方的矩形框，在**符号选择器**设置符号为无颜色填充、轮廓宽度 2、红色。右键单击"**山东县区界**"图层名称，选择**属性→标注**，勾选**标注此图层中**

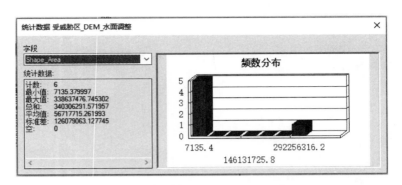

图 11-3-28 调整后的受威胁区面积统计

的要素，标注字段选择"NAME"，字体设置为 10 号黑色、宋体、加粗，点击**确定**（图 11-3-29）。可以看到疫区范围未超出莱芜区行政界线，受威胁区则涉及莱芜区、章丘区、博山区 3 个县级行政区域。

图 11-3-29 调整后的疫区和受威胁区范围

（邵奇慧　刘爱玲）

Chapter 12 | 第十二章

空间插值

【例 12-1】

　　动物疫病，尤其是自然疫源性疫病往往与自然条件相关，如气象条件、野生动物分布、地理条件等。在分析某一区域动物疫病传播与气温的关系时，需要得到覆盖整个研究区范围、连续的气象数据。而气象站观测到的气温数据，从空间上来看只能代表该站点位置的温度条件。所以在做动物疫病与气温的相关分析之前，需要对气温数据进行预处理。

【问题 12-1】

　　以山东省为例，如何根据山东省 22 个气象站的气温观测数据，来估算整个山东省范围内的气温分布情况？

【分析 12-1】

　　根据气象站（点）的气温观测数据，通过空间插值的方法，估算整个研究区（面）的气温分布情况。

第一节　空间插值

　　空间插值，是根据已知点的数值，通过距离或者其他空间关系，估算其他位置点的近似值的方法。进行空间插值有两个基本条件：已知点和插值方法。已知点也称为控制点、样本点或观测点。空间插值的理论假设是空间位置上靠近的点具有相似的特征。插值方法的根本是，找出一个合适的预测函数，自变量就是已知点的取值和空间关系，因变量就是最终需要估算的位置点的值。

哪些数据可以进行空间插值？

　　空间插值的目的是补全未观测到或未记录区域的数据。换言之，插值的结果，是这个区域客观存在的、连续的结果。如气温、气压、降水、高程、空气质量、土壤化合物含量、水体污染、地下矿产储量等自然科学类的、非聚合值数据，可以进行空间插值。这些数据在使用时要注意限定条件，如河流污染源插值，要考虑自上而下的方向性。

　　人口采样数据、动植物数量、疫病采样数据等聚合类数据，不能进行插值预测。此外，结果表达为离散的数据，也是不能进行插值的，如平均身高、平均收入等。

用已知点值估算区域内部未知点值的方法，称为**内插**；用已知点值估算区域周边未知点的方法，称为**外推**。通常，内插的结果比外推的结果要准确。

第二节　空间插值的方法

空间插值可分成全局和局部拟合法、精确和非精确插值法、确定性和非确定性法等，各种方法的特点见表 12-2-1。

表 12-2-1　空间插值方法的分类

类型	方法	特点
全局拟合法	用每个已知点的值来估算未知点的值	用于估算表面的总趋势；计算量大；易失真
局部拟合法	用已知点的样本即部分已知点来估算未知点的值	用于估算局部或短程的变化；计算量小
精确插值法	对已知某点的估算值与该点已知值相同	
非精确插值法	对已知某点的估算值与该点已知值不同	
确定性插值法	不提供预测值的误差检验	
随机性插值法	用估计变异提供预测误差的评价	

操作提示 12-2-1：空间插值

要求：根据气象站观测到的气温数据，估算山东省范围内的气温分布情况。以山东省 22 个气象站冬季某日的平均气温为例，比较几种空间插值方法的差异。

数据：**第十二章 \ 第二节 \ 山东气象站点.shp 和山东省省界.shp**。

第一步，加载数据。气象站点和气温数据，可从中国气象数据网（http：// data.cma.cn）获取。启动 ArcMap，使用**添加数据** ➕ 功能，将"**山东气象站点.shp**"和"**山东省省界.shp**"加载到地图中。"**山东气象站点.shp**"为点状矢量要素类，右键单击"**山东气象站点**"图层名称，打开属性表，"TEM"字段值为冬季某日的平均气温（图 12-2-1）。

第二步，空间插值选择。ArcGIS 提供了多种空间插值方法，工具路径为：**ArcToolbox→Spatial Analyst 工具→插值分析**，选择空间插值方法（图 12-2-2）。

下面介绍 ArcGIS 提供的几种常用的空间插值方法。

一、趋势面法

趋势面分析用多项式方程拟合已知值的点，并用于估算其他点的值，是一种非精确插值方法。线性或一阶趋势面的方程为：

$$z_{x,y}=b_0+b_1x+b_2y \tag{12.1}$$

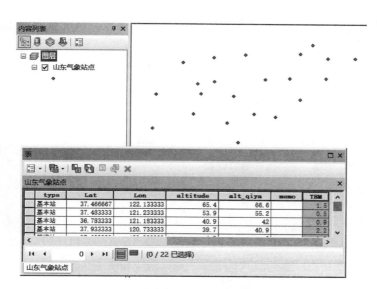

图 12-2-1　加载气象站点数据　　　　　　图 12-2-2　插值分析工具

式中，z 为点的属性值，系数 b 由已知点估算。因为趋势面模型的构建方法类似于回归模型的最小二乘法，其拟合程度可用相关系数确定（R^2）和检验。而且，可以计算出每个已知点的观测值和估算值之间的偏差。

大多数自然要素的分布，通常比由一阶趋势面生成的倾斜面更复杂，需要更高级的趋势面模型来拟合。例如，包含山和谷的三阶面模型方程为：

$$z_{x,y}=b_0+b_1x+b_2y+b_3x^2+b_4xy+b_5y^2+b_6x^3+b_7x^2y+b_9xy^2+b_9y^3 \quad (12.2)$$

三阶趋势面需要估算 10 个系数，才能预测未测点的值。因此，趋势面模型的阶数越高，计算量就越大。ArcGIS 可提供高达 12 阶的趋势面模型的计算。

空间插值分析方法中输入文件是点要素，输出文件则是栅格文件，也就是由点生成面。在**趋势面法**参数对话框中，设置**输入点要素**为"**山东气象站点.shp**"，**z 值字段**为"TEM"，**输出像元大小**为"**2 000**"，设置**输出栅格**路径及文件名（图 12-2-3）。

ArcGIS 中回归类型有两种，多项式回归法（LINEAR）和逻辑趋势面分析（LOGISTIC）。LINEAR，对输入点进行最小二乘曲面拟合，这种类型适用于连续型数据；LOGISTIC，为二元数据（如 0 和 1）生成连续的概率曲面。本案例中设置**多项式的阶**为 2，**回归类型**选"LINEAR"。

RMS 文件是包含插值的 RMS 误差和卡方相关信息的输出文本文件的文件名。均方根（RMS）是评估插值方法准确度的统计值。

点击**环境**，设置**处理范围**和**栅格分析**中的**掩膜**为"**山东省省界.shp**"（图 12-2-4），点击**确定**。插值分析结果见图 12-2-5，RMS 结果见图 12-2-6。

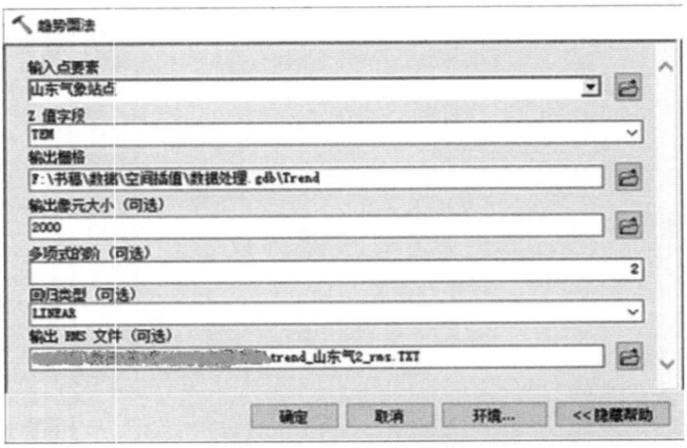

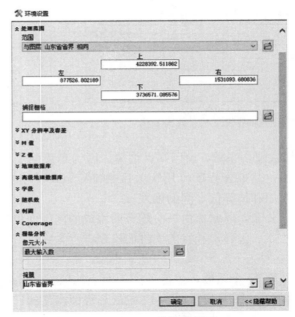

图 12-2-3　趋势面法参数设置

图 12-2-4　环境参数设置

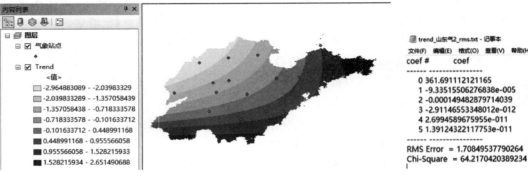

图 12-2-5　二阶趋势面法插值分析结果示意图

图 12-2-6　趋势面法
RMS 文件

二、反距离权重法

反距离权重法，即 IDW（inverse distance weight），也称为"距离倒数权重插值法"，是一种精确插值方法，权重是一种反距离函数。它假设未知的点受近距离已知点的影响比远距离已知点的影响更大。如距离较近的养猪场发生了非洲猪瘟疫情，对于本地养猪场的威胁更大；反之，距离较远的感染猪场对本地养猪场的威胁较小。反距离权重法的方程为：

$$z_0 = \frac{\sum\limits_{i=1}^{s} z_i \dfrac{1}{d_i^k}}{\sum\limits_{i=1}^{s} \dfrac{1}{d_i^k}} \tag{12.3}$$

式中，z_0——点 0 的估计值；

z_i——已知点 i 的 z 值；

d_i——已知点 i 与点 0 间的距离；

s——在估算中用到的已知点数目；

k——确定的幂。

幂 k 控制了局部影响的程度。k 可以是任何大于 0 的实数。$k=1$，表示点之间的数值变化率为恒定不变（线性插值）。k 值越小，远距离点的影响越大，插值生成的表面越平滑；k 值越高，邻近点的影响越大，远距离点的影响越小，插值生成的表面会变得越详细（越不平滑）。由于反距离权重公式与任何实际物理过程都不关联，因此，无法确定特定幂值是否过大。一般认为，值为 30 的幂是超大幂，不建议使用。此外，如果距离或幂值较大，则可能生成错误结果。ArcGIS 中 k 值默认是 2（图 12-2-7），并建议使用从 0.5～3 的值可以获得最合理的结果。

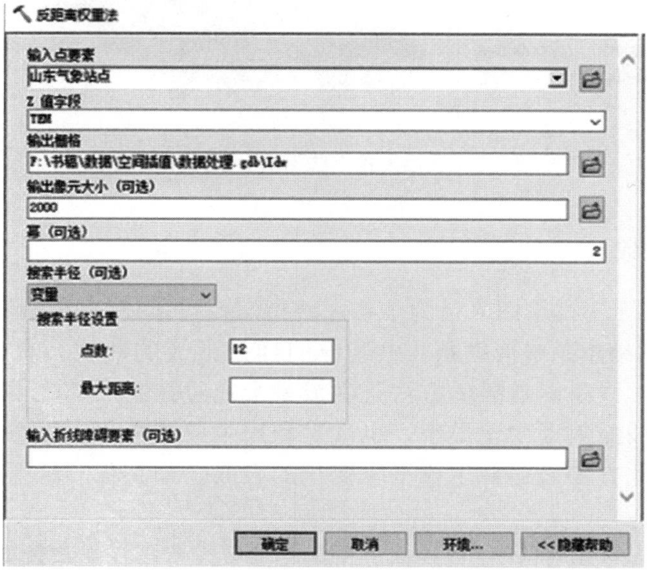

图 12-2-7　反距离权重法参数设置

通过限制计算每个输出栅格中各像元值进行插值的输入点数量，可加快数据处理速度。**搜索半径**有两个选项：**可变的**（variable）和**固定的**（fixed）。

（1）**可变搜索半径**　默认设置是**可变的**，使用可变搜索半径，来查找用于插值的指定数量的输入采样点。**点数**默认值为12。**最大距离**是使用地图单位指定距离，以此限制对最邻近输入采样点的搜索，默认值是范围的对角线长度。

（2）**固定搜索半径**　**固定的**是使用指定的固定距离，将利用此距离范围内的所有输入点进行插值。**距离**即指定用作半径的距离，半径值使用地图单位来表示，默认半径是输出栅格像元大小的5倍。**最小点数**是用于插值的最小点数的整数，默认值为0。如果在指定距离内没有找到所需点数，则将增加搜索距离，直至找到指定的最小点数。

输入折线障碍要素是要在搜索输入采样点时，用作中断或限制的折线要素。一条折线可以表示地表中的悬崖、山脊或某种其他中断。在进行插值时，仅将那些位于障碍同一侧的输入采样点视为当前待处理像元。

反距离权重插值的一个重要特征，是所有预测值都介于已知的最大值和最小值之间。另一显著特点是产生小而封闭的等值线。

点击环境，设置处理范围和栅格分析中的**掩膜**为"**山东省省界.shp**"，点击**确定**。反距离权重法插值分析结果见图12-2-8。

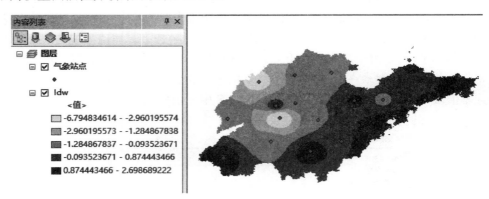

图 12-2-8　反距离权重法插值分析结果示意图

三、样条函数法

样条一词来源于工程绘图人员为了将一些指定点连接成一条光顺曲线所使用的工具，即富有弹性的细木条或薄钢条。由这样的样条形成的曲线，在连接点处具有连续的坡度与曲率。样条函数插值方法是生成一个通过控制点的表面，并使所有点连接形成的、所有坡面斜度变化最小，也就是利用生成最小化表面总曲率的数学函数来拟合控制点。此方法最适合生成平缓变化的表面，如高程、地下水位高度或污染程度。

图12-2-9是ArcGIS样条函数插值分析法的参数设置。**样条函数类型**有两种：规则样条函数方法（REGULARIZED）和张力样条函数方法（TENSION）。

图 12-2-9　样条函数法的参数设置

点击**环境**，设置**处理范围**和**栅格分析**中的**掩膜**为"**山东省省界. shp**"，点击**确定**。样条函数法插值分析结果见图 12-2-10。

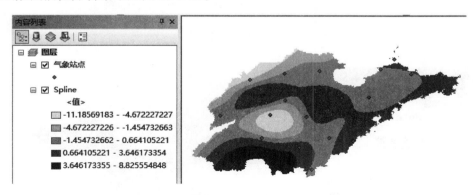

图 12-2-10　样条函数法插值分析结果示意图

四、克里金法

克里金法（Kriging）基于一般最小二乘算法的随机插值技术，用方差图作为权重函数；可用于任何需要用点数据估计其在地表上分布的现象。克里金法被广泛用于各类观测的空间插值，如地质学中的地下水位和土壤湿度的采样、环境科学研究中的大气污染（如臭氧）和土壤污染物的研究以及大气科学中的近地面风场、气温、降水等的单点观测。

普通克里金（Ordinary Kriging，OK）是最早被提出和系统研究的克里金法，并随着地统计学的发展衍生出一系列变体和改进算法，如泛克里金（Universal Kriging，UK）、协同克里金（Co-Kriging，CK）和析取克里金（Disjunctive Kriging，DK）等。

以"普通克里金法"为例对气温数据进行插值分析。设置相关参数（图 12-2-11），点击**环境**，设置**处理范围**和**栅格分析**中的**掩膜**为"**山东省省界.shp**"，点击**确定**。普通克里金法插值分析结果见图 12-2-12。

图 12-2-11　普通克里金法参数设置

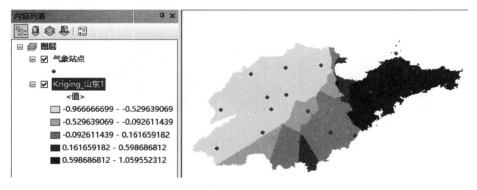

图 12-2-12　普通克里金法插值分析结果示意图

注释栏 12-1　**如何判断哪种插值方法更合适？**

交叉验证是进行插值方法比较时常用的统计技术。交叉验证的步骤为：

（1）从数据集中除去一个已知点的测量值。

（2）用保留点的测量值估算除去点的值。

（3）比较原始值和估算值，计算出估算值的预计误差。

针对每个已知点，重复上述步骤，然后计算诊断统计值，评估插值方法的准确度。常用的诊断统计值为均方根（RMS）和标准均方根，公式为：

$$RMS = \sqrt{\frac{1}{n} \sum_{i=1}^{n} (z_{i,act} - z_{i,est})^2} \tag{12.4}$$

$$标准 RMS = \sqrt{\frac{1}{n} \sum_{i=1}^{n} \frac{(z_{i,act} - z_{i,est})^2}{s^2}} = \frac{RMS}{s} \tag{12.5}$$

式中，n——测量点的数目；

$z_{i,act}$——i 点的已知值；

$z_{i,est}$——i 点的估算值；

s——标准差。

所有的精确局部拟合法都可以用均方根进行交叉验证，但是标准均方根只适用于克里金法，因为计算中需要用标准差。

（1）RMS 值越小，插值方法效果越好，即样本点的估算值和已知点间的平均偏差达到最小。

（2）较好的克里金方法，其均方差较小，且标准均方根接近于 1。

如果标准均方根等于 1，表明 $RMS = s$。因此，估算标准误差是一个衡量预测值不确定性的可靠或有效的指标。

（邵奇慧　刘丽蓉）

Chapter 13 | 第十三章

空间统计图表分析

ArcGIS 提供了多种统计分析工具，类似于 Excel 表的统计分析，主要为了在关注图形要素的同时，查询获取要素的统计属性信息。可以通过属性表统计输出，也可通过 ArcToolbox 中的工具进行统计分析。ArcToolbox 中常用的统计工具有交集制表、汇总统计数据、面积制表、分区统计等。

第一节 属性表统计输出

实例与操作 13-1-1：属性表统计输出

要求：根据 2020 年山东省各县（市、区）的猪养殖统计数据（.shp 格式），汇总统计以下内容：

（1）各地级市的猪存栏总数。

（2）按存栏总数对县（市、区）进行分类，并统计各类别县（市、区）数量。

（3）将（1）和（2）的统计结果输出 Excel 文件。

数据：**第十三章 \ 第一节 \ 山东猪存栏总数 _ 分县.shp**。

一、汇总统计各地级市的猪存栏总数

第一步，加载数据。启动 ArcMap，使用**添加数据** ➕ 功能，将"**山东猪存栏总数 _ 分县.shp**"添加到内容列表中（图 13-1-1）。该数据为第六章第三节**操作提示 6-3-1**生成的矢量数据。右键单击"**山东猪存栏总数 _ 分县**"图层名称→选择**打开属性表**。该文件主要的数据结构见表 13-1-1。

第二步，汇总统计数据。打开属性表，在属性表中右键单击"地市"一栏→弹出菜单中选择**汇总**（图 13-1-1）。在弹出的**汇总**对话框中，**选择汇总字段**选择"**地市**"，**汇总统计信息**勾选"头数"中的"总和"，单击指定输出表右侧浏览文件路径按钮 📂，设置输出表的存储路径（图 13-1-2）。有多种保存类型可以选择，默认选项是**文件和个人地理数据库**，此时文件输出路径应为 gdb 数据库。此案例中选择**dBASE 表**，文件名为"**山东猪存栏总数 _ 地市.dbf**"，注意文件名一定要加后缀"**.dbf**"。依次单击**保存、确定**，统计完成后提示**是否要在地图中添加结果表？**选择是。打开"**山东猪存栏总数 _ 地市**"的属性表，即可看到山东省各地级市的猪存栏总数统计情况（图 13-1-3）。

表 13-1-1　"山东猪存栏总数＿分县.shp"主要数据结构

字段名称	含义	示例
FID	系统编码	1
PAC	行政编码	371625
地市	所属地级市名称	滨州
县区	县（市、区）名称	博兴
头数	该县内已上报统计的猪养殖数量	13 260

图 13-1-1　加载数据

图 13-1-2　汇总统计参数设置

图 13-1-3　按地市汇总统计结果

二、汇总统计不同存栏总数的县（市、区）的数量

第一步，查看各县（市、区）猪存栏总数范围，确定分类标准。在"**山东猪存栏总数_分县**"属性表中，点击**按属性选择**按钮，在选择条件方框内输入"头数＞0"，点击**应用**，可以看到 140 个县（市、区）中有 93 个被选中，即山东省内有猪养殖统计数据的县（市、区）有 93 个（图 13-1-4），其他 47 个县（市、区）数据缺失。

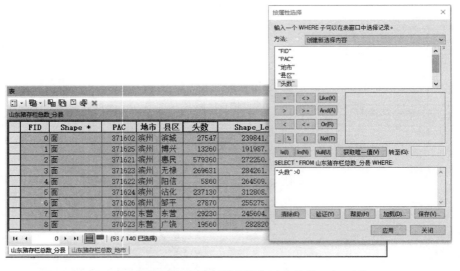

图 13-1-4　按属性选择存栏总数大于 0 的县（市、区）

保持选中状态，右键单击"头数"一栏→弹出菜单中选择**统计**，即可生成山东省猪存栏总数的统计数据和频数分布图（图 13-1-5）。数据显示，山东省 93 个有数据的县

（市、区）养猪场存栏总数为742.71万头，各县（市、区）最大存栏总数为57.94万头，最小存栏总数为0.09万头，大多数县（市、区）的存栏总数在20万头以下。此频数统计结果仅用于查看，不能直接导出。

统计不同存栏总数的县（市、区）的数量，需要新建分类字段后进行汇总统计。根据各县（市、区）猪存栏总数范围，以"10万"为单位，对各县（市、区）进行分类。

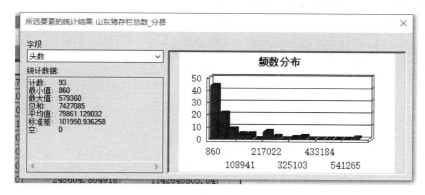

图13-1-5　山东省各县（市、区）猪存栏总数统计数据和频数分布

第二步，添加字段。单击表→**表选项按钮** ，选择**添加字段**，**名称为类别，类型为短整型**（图13-1-6），点击**确定**。

图13-1-6　添加分类字段

第三步，计算类别。点击属性表下方**显示所选记录按钮** ，将属性表切换到所选记录视图。点击**按属性选择按钮** ，在选择条件方框内输入"头数＝0"，点击**应用**，属性表中显示有47个选中记录（图13-1-7）。右键单击**类别**字段，选择**字段计算器**，在**类别＝**下面的方框中输入"0"，单击**确定**（图13-1-8）。用同样的方法，按表13-1-2的分类标准，依次对各县（市、区）的猪存栏总数进行分类。

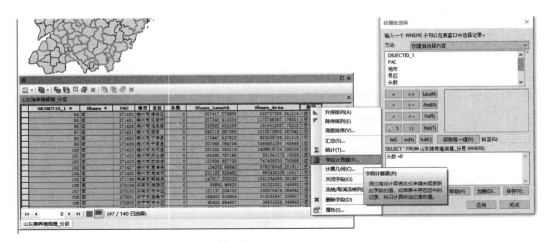

图 13-1-7　计算类别

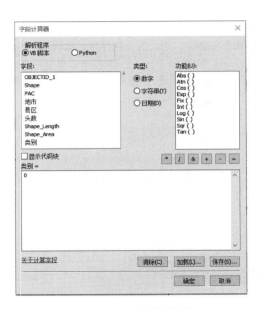

图 13-1-8　字段计算器

表 13-1-2　存栏总数分类语句

按属性选择条件语句	字段计算器语句
头数＝0	0
头数＞0 AND 头数≤100 000	1
头数＞100 000 AND 头数≤200 000	2
头数＞200 000 AND 头数≤300 000	3
头数＞300 000 AND 头数≤400 000	4
头数＞400 000	5

第四步，统计输出。单击属性表下方**显示所有记录按钮**，将属性表切换到所有记录视图。点击**清除所选内容按钮**，使所有记录都处于未被选中状态。在属性表中，右键单击**类别**一栏→弹出菜单中选择**汇总**。在弹出的汇总对话框中，**选择汇总字段选择类别，汇总统计信息**勾选"头数"中的"总和"，单击指定输出表右侧浏览文件路径按钮，设置输出表的存储路径及文件名，此例称为"**山东猪不同存栏总数县市统计.dbf**"（图 13-1-9），单击**确定**。统计完成后提示**是否要在地图中添加结果表？**选择**是**。打开"**山东猪不同存栏总数县市统计**"的属性表，可看到山东省不同存栏总数县（市、区）的分布情况。在已上报猪养殖数据的县（市、区）中，存栏总数在 10 万头以下的县（市、区）有 71 个，约占山东省县总数的一半（图 13-1-10）。

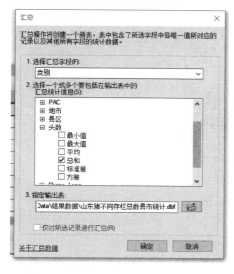

图 13-1-9　汇总统计不同存栏总数的
县（市、区）的数量

图 13-1-10　汇总统计结果

三、批量输出 Excel 表格

打开**ArcToolbox→转换工具→Excel→表转 Excel→右键批处理**，使用**添加行按钮**，增加一行。在输入表一栏中分别选择"**山东猪存栏总数_地市**"和"**山东猪不同存栏总数县市统计**"，在输出 Excel 文件一栏中右键单击表格，选择**浏览**，设置文件输出路径及文件名称，此例依次为"**山东猪存栏总数_地市TableToExcel.xls**"和"**山东猪不同存栏总数县市统计_TableToExcel.xls**"，点击**确定**，将属性表转换为 Excel 表格（图 13-1-11）。

图 13-1-11　属性表转 Excel

第二节　汇总统计数据

与属性表中的**汇总**功能相同的是，**汇总统计数据**工具也可为表中字段计算汇总统计数据，不同的是，该工具可以指定多项统计指标和字段组合，同时可按多个字段进行分组汇总统计，类似 Excel 表中透视表的统计分析功能。输入文件类型可以是 INFO 表、dBASE 表、OLE DB 表、VPF 表或要素类。

实例与操作 13-2-1：汇总统计

要求：根据某一年份山东省各县（市、区）的猪养殖统计数据（.shp 格式），使用 ArcToolbox 中的**汇总统计数据**工具，统计各地级市的猪存栏总数。

数据：**第十三章＼第二节＼山东猪存栏总数＿分县.shp**。

第一步，加载数据。启动 ArcMap，使用**添加数据**功能，将"**山东猪存栏总数＿分县.shp**"添加到内容列表中（图 13-2-1）。

第二步，汇总统计数据。打开**ArcToolbox→分析工具→统计分析→汇总统计数据**，在**汇总统计数据**对话框中，设置**统计字段**为"**头数**"或继续添加其他字段，**统计类型**为"SUM"，**案例分组字段**选择"**地市**"（图 13-2-2），汇总统计结果见图 13-2-3。统计字段可同时

图 13-2-1　加载数据示意图

添加多个统计指标；当案例分组字段添加多个不同字段时，输出汇总统计内容为属性值组合。

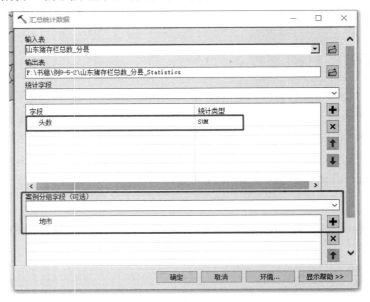

图 13-2-2　汇总统计数据参数设置

Rowid	FID	地市	FREQUENCY	SUM_头数
1	0	滨州	7	1160658
2	0	德州	11	0
3	0	东营	5	568590
4	0	菏泽	9	701921
5	0	济南	12	254313
6	0	济宁	12	281606
7	0	聊城	8	585697
8	0	临沂	12	654003
9	0	青岛	12	411876
10	0	日照	4	307860
11	0	泰安	6	0
12	0	威海	4	437927
13	0	潍坊	12	883075
14	0	烟台	12	1063262
15	0	枣庄	6	31271
16	0	淄博	8	85026

图 13-2-3　汇总统计数据结果

第三节　交集制表

交集制表功能，是计算两个图层之间的交集，并对相交要素的面积、长度或数量进行交叉制表。该功能相当于对两个图层先以"相交"的方式进行叠加，再对相交的部分进行汇总统计。

实例与操作 13-3-1：交集制表

要求：根据"**山东省地市界.shp**"和"**养殖点分布.shp**"数据，统计各市养猪场数量及存栏总数。

数据：**第十三章 \ 第三节 \ 山东省地市界.shp 和养殖点分布.shp**。

第一步，加载数据。新建 ArcMap，使用**添加数据** **+** 功能，将"**山东地市界**"和"**养殖点分布**"矢量要素类加载到地图中（图 13-3-1）。交集制表功能可以直接统计各市的养猪场数和存栏总数。

第二步，交集制表。**ArcToolbox→分析工具→统计分析→交集制表**，双击打开**交集制表**对话框，输入区域要素为"**山东地市界**"，区域字段为"**地市名**"，输入类要素为"**养殖点分布**"，自定义**输出表**

图 13-3-1　加载数据示意图

路径及名称，此例为"**山东猪存栏总数_分市统计.dbf**"，求和字段为"**存栏量**"（图13-3-2）。统计完成后，结果会自动添加到内容列表中，打开"**山东猪存栏总数_分市统计**"的属性表，交集制表结果见图13-3-3。全省有猪存栏数据记录的地级市为14个，"**存栏量**"为各市的猪存栏总数，"PNT_COUNT"为各市的养猪场数量。

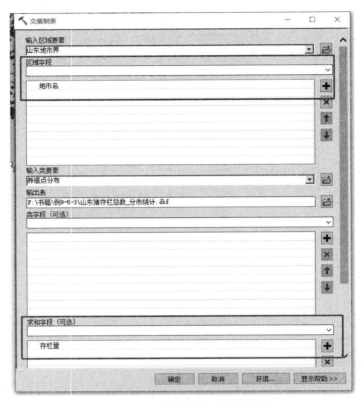

图 13-3-2　交集制表对话框设置

OID	地市名	存栏量	PNT_COUNT	PERCENTAGE
0	滨州市	1160658	215	3.421932
1	东营市	568590	193	3.071781
2	菏泽市	701521	597	9.50183
3	济南市	254313	268	4.265478
4	济宁市	282006	321	5.109024
5	聊城市	560897	364	5.793411
6	临沂市	646876	700	11.141175
7	青岛市	411875	634	10.090721
8	日照市	307860	368	5.857075
9	威海市	436997	553	8.801528
10	潍坊市	880675	1017	16.186535
11	烟台市	1059762	837	13.321662
12	枣庄市	31271	82	1.305109
13	淄博市	85026	128	2.037243

图 13-3-3　交集制表结果

第四节　面积制表

面积制表，是计算两个数据集之间交叉要素的面积并输出表。待统计的数据集既可以是栅格数据，也可以是矢量数据。

实例与操作 13-4-1：面积制表

要求：根据山东省土地利用覆盖数据（栅格）和山东省地市界数据（矢量），统计各地级市不同土地利用类型的面积。

数据：**第十三章\第四节\Extract_tif_SD；第十三章\第四节\山东地市界.shp**。

第一步，加载数据。土地利用覆盖数据来源于国家科技基础条件平台——国家地球系统科学数据中心（http://www.geodata.cn）。根据山东省的区域范围，下载经纬度为"110°E 40°N""120°E 40°N"的两幅土地利用数据，进行镶嵌、裁剪后的文件名称为"**Extract_tif_SD**"，操作方式参考"第十一章叠加分析"。

启动 ArcMap，使用**添加数据** ✛· 功能，将土地利用覆盖栅格数据"**Extract_tif_SD**"和"**山东地市界.shp**"数据加载到地图中，并调整符号系统（图 13-4-1）。符号设置方式参考"第七章地图制图"。

第二步，面积制表。打开 **ArcToolbox→Spatial Analyst 工具→区域分析→面积制表**，对话框设置见图 13-4-2。**输入栅格数据或要素区域数据为"山东地市界"，区域字段为"地市名"，输入栅格数据或要素类数据为"Extract_tif_SD"，类字段为"Value"，自定义输出表路径及名称**，此例为"**山东土地利用_按地市统计**"。面积统计结果见图 13-4-3，字段 VALUE-1、VALUE-2······VALUE-9，分别代表编码为 1、2······9 的土地利用类型的面积。

图 13-4-1　加载数据示意图

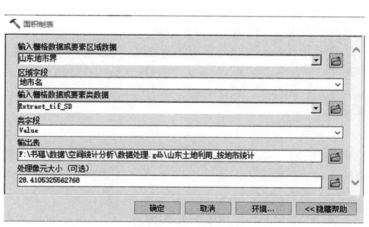

图 13-4-2　面积统计对话框设置

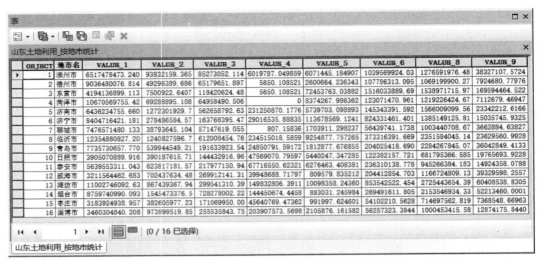

图 13-4-3　面积统计结果

第五节　以表格显示分区统计

以表格显示分区统计（zonal statistics as table），是利用含有分区单元信息的矢量或栅格，去统计另一个栅格数据的栅格数值，统计量包括均值、最大值、最小值、标准差等，统计结果以表的形式呈现。

实例与操作 13-5-1：以表格显示分区统计

要求：根据山东省某月地表温度栅格数据和山东省地市级行政区划矢量数据，统计山东省各地级市该月的平均地表温度，并输出 Excel 表格。

数据：**第十三章 \ 第五节 \ 山东省地市界.shp**；第十三章 \ 第五节 \ MODLT1M. 20140501. CN. LTD. AVG. V2. TIF 。

第一步，获取数据。地表温度数据"MODLT1M **中国1km地表温度月合成产品**"，来源于中国科学院计算机网络信息中心地理空间数据云平台（http：// www. gscloud. cn），影像的像元值为每月的平均地表温度，空间分辨率为 1km，地理坐标系为 GCS _ WGS _ 1984。

本案例中使用的数据为 2014 年 5 月的白天平均地表温度，原始下载文件名称为"MODLT1M. 20140501. CN. LTD. AVG. V2. TIF"，使用裁剪功能（参考"第十一章叠加分析"），提取山东省范围内的地表温度数据，输出文件名称为"SD _ LST _ 201405 _ LTD _ AVG"。

启动 ArcMap，使用**添加数据** ✛ ▾，将"**山东省地市界**"和地表温度数据"SD _ LST _ 201405 _ LTD _ AVG"添加到地图中（图 13-5-1）。

图 13-5-1　2014 年 5 月白天平均地表温度示意图

第二步，以表格显示分区统计（zonal statistics as table），打开 **ArcToolbox→Spatial Analyst 工具→区域分析→以表格显示分区统计**（图 13-5-2），**输入栅格数据或要素区域数据**为"山东省地市界"；**区域字段**选择"地市名"；**输入赋值栅格**为"SD_LST_201405_LTD_AVG"；设置**输出表名称**为"山东平均地表温度_分市统计"；勾选**在计算中忽略 NoData**；**统计类型**选 ALL。最终统计结果见图 13-5-3。统计类型选 **ALL** 时，输出的表格中包含所有的统计类型，包括山东省各地级市 2014 年 5 月白天平均地表温度的最小（MIN）、最大（MAX）、跨度（RANGE）、平均值（MEAN）等信息。

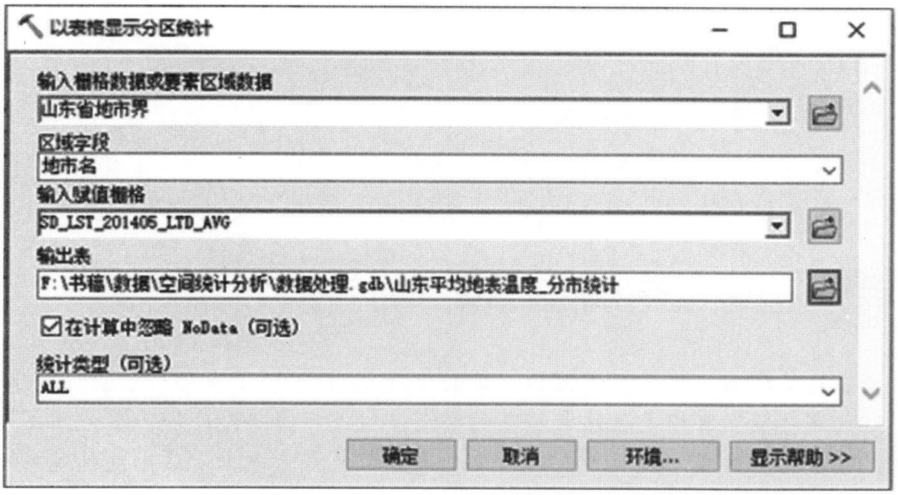

图 13-5-2　以表格显示分区统计对话框设置

第三步，输出 Excel 表格。**ArcToolbox→转换工具→Excel→表转 Excel**，将属性表转换为 Excel 表格（图 13-5-4）。

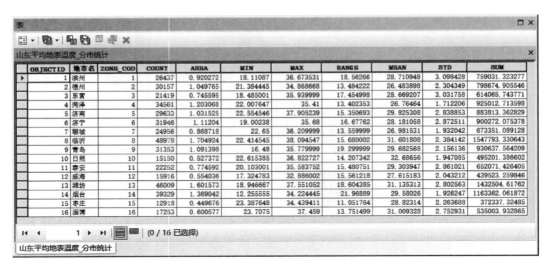

图 13-5-3　以表格显示分区统计结果

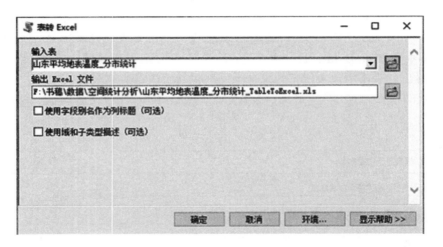

图 13-5-4　表转 EXCEL

注释栏 13-1　空间统计图表分析注意事项

（1）数据处理时，要保证不同数据集的坐标系统一。

（2）区域字段，可以是区域数据集的整型字段或字符串型字段。当使用文本（字符串型）字段作为区域字段时，若字段名称内容较长或有重名，最后统计结果中容易出现文本缺失或要素缺失等错误，因此建议以唯一标识码数字（整型字段）作为区域字段，统计完成后，使用**连接和关联→连接**功能与原区域要素属性表进行连接，详细操作参见第六章第三节。

几种常用空间统计分析的差异

表 13-5-1 中列了几种常用空间统计分析工具的差异，矢量数据集间的空间叠加统计分析，常用的是"交集制表"或"面积制表"工具。统计对象为栅格数据时，可以选择"面积制表"和"以表格显示分区统计"工具。

表 13-5-1　几种常用空间统计分析工具的差异

名称	区域数据类型	待统计数据类型	输出表内容
交集制表	矢量	矢量	面积、长度或数量
面积制表	栅格或矢量	栅格或矢量	面积
以表格显示分区统计	栅格或矢量	栅格	栅格数据值

（邵奇慧　杨宏琳）

第三篇
动物疫病时空分布
特征描述与分析

第十四章

空间自相关

仅基于疫情表象，根据经验判断某疫情分布是散发的或聚集的，是否准确？

空间自相关的概念，源于 Waldo Tobler 教授提出的**地理学第一定律**（Tobler's First Law 或者 Tobler's First Law of Geography）："任何事物都相关，只是相近的事物关联更紧密"。

地理要素在空间上的分布，存在随机（random）、集聚（clustering）、规则（regularity）三种状态（图 14-a）。呈随机分布的地理要素，出现在任何位置的概率都是相等的；呈规则分布的地理要素，出现在某一位置的概率是固定的；集聚在一起的地理要素，则有很大可能存在某些共同特征，使得这些地理要素之间产生潜在的依赖性。这种潜在的相互依赖性，就是空间自相关。

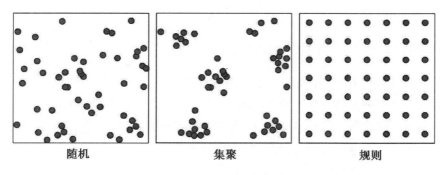

随机　　　　　　　集聚　　　　　　　规则

图 14-a　三种空间分布模式

疫病的发生、扩散过程往往会表现出空间自相关性。从地理学的角度来说，如果某一地理要素与附近或周边地区的要素值更相似，即相似的值会趋向聚集，这是正的空间自相关；如果不相似的值趋向聚集，这是负的空间自相关；如果地理要素呈随机或规则的空间分布格局，则无空间相关性。度量区域地理要素空间相关性的指标为全局莫兰指数（Global Moran's I）和局部莫兰指数（Local Moran's I）。通常先计算一个区域的全局莫兰指数，分析该区域内是否出现了集聚或异常值。如果全局有自相关出现，接着进行局部自相关分析，找出集聚或异常值的具体位置。

第一节　全局空间自相关

全局空间自相关是通过比较邻近空间位置要素值的相似程度来确定该要素是否在空

间上相关，相关程度如何，并判断该要素的空间分布是聚类模式、离散模式还是随机模式。空间自相关分析采用指标全局莫兰指数（Global Moran's I），计算公式如下：

$$I = \frac{n \cdot \sum\limits_{i=1}^{n} \sum\limits_{j=1}^{n} w_{ij}(x_i - \overline{x})(x_j - \overline{x})}{(\sum\limits_{i=1}^{n} \sum\limits_{j=1}^{n} w_{ij}) \cdot \sum\limits_{i=1}^{n} (x_i - \overline{x})^2}, i \neq j \# \tag{14.1}$$

式中，I 的取值范围为 $-1 \sim 1$；Moran's $I>0$ 表示空间正相关，其值越大，空间相关性越明显；1 表示高度正相关；Moran's $I<0$ 表示空间负相关；-1 表示高度负相关；Moran's I 指标数趋于 0，表示没有相关，呈随机分布；n 表示研究区域内地理要素总数。地理要素可以是点、线、面等矢量要素，如城市、道路或省级行政区等。

i、j——地理要素编号；

w_{ij}——第 i、j 地理要素的空间权重，反应第 i、j 地理要素在空间上的关系；

x_i——第 i 个地理要素的某一属性的观测值；

$\overline{x}$——研究区域内所有地理要素某一属性观测值的平均数。

Moran's I 的显著性用 z 得分进行统计检验，计算公式如下：

$$z_1 = \frac{I - E[I]}{\sqrt{(E[I^2] - E[I]^2)}} \# \tag{14.2}$$

其中，

$$E[I] = -\frac{1}{n-1} \# \tag{14.3}$$

实例与操作 14-1-1：全局空间自相关

使用 ArcGIS 的空间自相关工具分析越南非洲猪瘟疫点的分布模式。

数据：**第十四章 \ 越南非洲猪瘟. gdb \ 越南非洲猪瘟疫点和越南**。

第一步，加载数据。启动 ArcMap，使用工具条中**添加数据** ✚▾功能，加载"**越南非洲猪瘟疫情点**"和越南边界矢量图"**越南**"（图 14-1-1）。

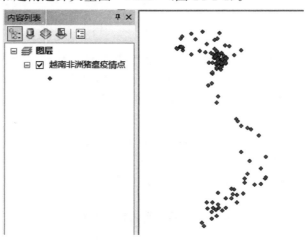

图 14-1-1　加载越南非洲猪瘟疫情点数据

第二步，计算Moran's I 指数。打开 ArcToolbox→**空间统计工具→分析模式→空间自相关（Moran I）**工具，在**空间自相关（Moran I）**窗口（图 14-1-2）中，设置**输入要素类**为"**越南非洲猪瘟疫情点**"，**输入字段**为"**sumAtRisk**"，勾选**生成报表**，**空间关系的概念化**默认为"**INVERSE _ DISTANCE**"，即公式（14.1）中的 w_{ij}，由反距离方法自动生成空间权重文件。点击**确定**。

图 14-1-2　空间自相关参数设置

第三步，查看计算结果。在 ArcMap 主菜单上单击**地理处理→结果**，查看全局莫兰指数计算结果（图 14-1-3）。Moran's I＝0.213 77，z 得分和 P 值表示计算出的指数值的统计显著性。也可以通过右键单击**报表文件→复制位置**，在电脑中查找该文件存放路径，并用浏览器打开空间自相关报表文件（图 14-1-4）。

图 14-1-3　越南非洲猪瘟疫点 Moran's I 指数计算结果

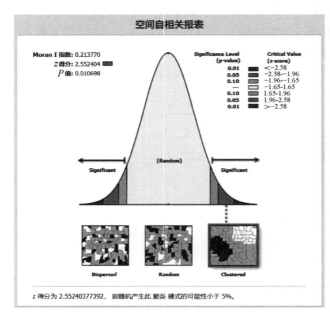

图 14-1-4 越南非洲猪瘟疫点空间自相关报表文件

第四步，结果解释。z 得分和 P 值是统计显著性的量度，用来判断是否拒绝零假设，此处的零假设表示要素在研究区域中是随机分布的。z 得分（z-scores）表示标准差的倍数；P 值（P-value）表示所观测到的空间模式是由某一随机过程创建而成的概率。

当 z 得分或 P 值指示统计显著性时，如果 Moran's I 指数值为正，则提示聚类趋势；如果 Moran's I 指数值为负，则提示离散趋势。常用的置信度为 90％、95％ 或 99％，其与 z 得分及 P 值的对应关系见表 14-1-1。

表 14-1-1 置信度与 P 值和 z 得分的对应关系

z 得分（标准差）	P 值（概率）	置信度
＜−1.65 或＞+1.65	＜0.10	90％
＜−1.96 或＞+1.96	＜0.05	95％
＜−2.58 或＞+2.58	＜0.01	99％

此案例空间自相关分析结果，可以看出全局莫兰指数为正（0.21），z 得分为 2.552 404，P 值为 0.010 698，满足 $z > 1.96$、$P < 0.05$ 的要求，表示在 95％ 的置信区间内，越南非洲猪瘟病例数分布呈聚类模式。

注释栏 14-1 关于莫兰指数计算的几点说明：

（1）点状、线状、面状矢量要素数据均可进行空间自相关分析。

（2）参与计算的地理要素数量应大于 30 个。

第二节　局部空间自相关

在全局相关分析中，如果全局莫兰指数显著，即可认为在该区域上存在空间相关性。但是，具体在哪些地方存在着空间聚集现象还不明确，这个时候就需要局部莫兰指数（Local Moran's I）详细揭示其聚集特征。此外，即使全局莫兰指数为 0，在局部上也不一定就没有空间聚集现象。

局部莫兰指数 I_i 的计算公式为：

$$I_i = \frac{x_i - \overline{x}}{S_i^2} \sum_{j=1, j \neq i}^{n} w_{ij}(x_j - \overline{x}) \#$$　　　　（14.4）

式中，x_i 和 x_j——某现象在地理要素 i 和 j 上的观测值；

　　　　$\overline{x}$——对应属性的平均值；

　　　　w_{ij}——要素 i 和 j 之间的空间权重；

　　　　n——地理要素的总数目；

　　　　S_i^2——除了地理要素 i 之外，其他地理要素 j 的样本方差。

$$S_i^2 = \frac{\sum_{j=1, j \neq i}^{n} (x_j - \overline{x})^2}{n-1} \#$$　　　　（14.5）

统计数据 z_{Ii} 得分的计算方法如下：

$$z_{Ii} = \frac{I_i - E[I_i]}{\sqrt{(E[I_i^2] - E[I_i]^2)}} \#$$　　　　（14.6）

其中，$E[I_i]$ 为地理要素 i 与其他要素 j 之间空间权重的数学期望的负数：

$$E[I_i] = -\frac{\sum_{i=1, j \neq i}^{n} w_{ij}}{n-1} \#$$　　　　（14.7）

正值 I 表示要素具有包含同样高或同样低的属性值的邻近要素，该要素是聚类的一部分。负值 I 表示要素具有包含不同值的邻近要素,该要素是异常值。

ArcGIS 中表征局部空间自相关的分析工具,有聚类和异常值分析（Anselin Local Moran's I)及热点分析（Getis-Ord Gi*）。

1. 聚类和异常值分析　给定一组要素（输入要素类）和一个分析字段（输入字段),ArcGIS 聚类和异常值分析工具（Anselin Local Moran's I)可识别具有高值或低值的要素空间聚类以及空间异常值。该工具计算 Local Moran's I 值、z 得分、P 值和表示具有统计显著性的要素聚类类型。输出字段"聚类/异常值类型"用于记录要素聚类类型编码,包括具有统计学显著性为 0.05 水平的高值聚类（HH）、低值聚类（LL),以及高值主要由低值围绕的异常值（HL),低值主要由高值围绕（LH）的两类异常值。

实例与操作 14-2-1：聚类和异常值分析

以越南非洲猪瘟发病数据为例,使用 ArcGIS **聚类和异常值分析**工具计算聚类和异常值。

数据：**第十四章 ＼ 越南非洲猪瘟. gdb ＼ 越南非洲猪瘟疫点**和**越南**。

第一步,加载数据。同**实例与操作 14-1-1**。

第二步,聚类和异常值分析。打开 ArcToolbox→**空间统计工具→聚类分布制图→聚类与异常值分析**（Anselin Local Moran I),双击打开。在弹出的**聚类与异常值分析**（Anselin Local Moran I）窗口中（图 14-2-1),设置**输入要素类**为"**越南非洲猪瘟疫情点**",**输入字段**为"sumAtRisk",自定义**输出要素类**路径及名称,此例为"**越南非洲猪瘟疫情点**_ClustersOutliers",其他参数选择默认。点击**确定**。

图 14-2-1　越南非洲猪瘟疫点聚类和异常值分析参数设置

第三步,查看分析结果。计算完成后,"**越南非洲猪瘟疫情点**_ClustersOutliers"

会自动添加到当前地图中，并在内容列表中显示分类结果（图 14-2-2）。打开属性表查看"COType"字段，非洲猪瘟病例数高值（HH）聚类模式的疫点有 5 个，主要分布在越南北部，低值（LL）聚类模式的疫点有 17 个；有 9 个疫情点为低-高（LH）异常值模式，无高-低（HL）异常值模式的疫情点；其他大部分要素呈现随机分布模式。

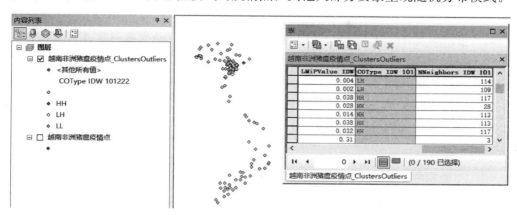

图 14-2-2　越南非洲猪瘟疫点聚类和异常值分析结果

2. 热点分析　热点分析工具计算每一个要素 Getis-Ord Gi* 统计值，通过得到的 z 得分和 P 值，可获取高值或低值要素在空间上发生聚类的位置。此工具的工作方式为：查看邻近要素环境中的每一个要素，高值要素往往容易引起注意，但可能不是具有显著统计学意义的热点。要成为具有显著统计学意义的热点，要素应具有高值，且被其他同样具有高值的要素包围。某个要素及其相邻要素的局部总和，将与所有要素的总和进行比较。当局部总和与所预期的局部总和有很大差异，不是随机产生的结果时，会产生一个具有显著统计学意义的 z 得分。

Getis-Ord 局部统计公式为：

$$G_i^* = - \frac{\sum_{j=1}^{n} w_{ij}\, x_j - \overline{x} \sum_{j=1}^{n} w_{ij}}{\sqrt{\dfrac{\sum_{j=1}^{n} x_j^2}{n} - \overline{x}^2} \sqrt{\dfrac{\left[n \sum_{j=1}^{n} w_{ij}^2 - \left(\sum_{j=1}^{n} w_{ij} \right)^2 \right]}{n-1}}} \qquad\# \tag{14.8}$$

式中，x_j——要素 j 的属性值；

　　　　w_{ij}——要素 i 和 j 之间的空间权重；

　　　　n——要素总数；

　　　　$\overline{x}$——x_j 的平均值。

为数据集中的每个要素返回的 Gi^* 统计就是 z 得分。Gi^* 值接近于 0 时，说明某现象在该要素周围没有聚集情况，呈随机分布；Gi^* 的绝对值越大，说明某现象分布在该要素周围聚集的程度就越高，即形成"热点区域"；当 Gi^* 为正时，该聚集区域为"正热点区域"，是某现象分布较大的要素聚集的区域；当 Gi^* 负时，该聚集区域为"负热点区域"，是某现象分布较小的要素聚集的区域。

实例与操作 14-2-2：热点分析

使用 ArcGIS 热点分析工具计算越南非洲猪瘟疫点冷/热点。

数据：**第十四章 \ 越南非洲猪瘟. gdb \ 越南非洲猪瘟疫点和越南**。

第一步，加载数据。同**实例与操作 14-1-1**。

第二步，热点分析参数设置。打开**ArcToolbox→空间统计工具→聚类分布制图→热点分析（Getis-Ord Gi*）**，在弹出的**热点分析**（Getis-Ord Gi*）对话框中（图 14-2-3），**输入要素类**为"**越南非洲猪瘟疫情点**"，**输入字段**为"**sumAtRisk**"，自定义输出要素类路径及名称，此例为"**越南非洲猪瘟疫情点 _ HotSpots**"，其他参数选择默认。点击**确定**。

图 14-2-3　越南非洲猪瘟疫情点热点分析参数设置

第三步，查看分析结果。计算完成后，"**越南非洲猪瘟疫情点 _** HotSpots"会自动添加到当前地图中，并在内容列表中显示分析结果（图 14-2-4）。分析结果表明，非洲猪瘟病例热点聚集在越南东北部，无冷点分布。

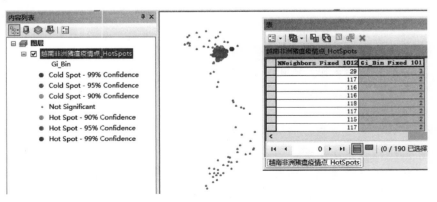

图 14-2-4　越南非洲猪瘟疫情点热点分析结果

（邵奇慧）

Chapter 15 | 第十五章

时空扫描统计

【例 15-1】

非洲猪瘟（ASF）是烈性传染病。2018 年 8 月 3 日，辽宁省沈阳市报告发生 ASF 疫情，随即在我国境内快速传播。截至 2018 年 10 月 30 日，共 13 个省（自治区、直辖市）报告 55 起 ASF 疫情。

【问题 15-1】

如何揭示我国非洲猪瘟疫情的时空聚集特征，并检验其统计显著性？

【分析 15-1】

时空扫描统计量，可用来分析疾病在空间或时空上的聚集分布，并检验其分布是否具有统计学意义，而且还可以探测出聚集的位置与范围。

扫描统计量由哈佛大学公共医学院 Martin Kulldorff 提出，并在 SaTScan 软件中实现。SaTScan 是一个用于对时间序列数据、空间数据或者时空数据进行时间、空间和时空扫描统计的开源软件，可以在 https：//www.satscan.org/网站上免费下载。该网站还同时提供了用户手册和多个案例教程，供初学者入门学习。

扫描统计量的基本思想是：设定一个扫描窗口，该窗口可在时间和（或）空间移动，窗口的大小和位置均处于动态变化之中。扫描统计量，包含时间扫描统计、空间扫描统计和时空扫描统计。时间扫描统计量的扫描窗口为一定的时间长度；空间扫描统计量的扫描窗口为一定的地理区域；时空扫描统计量的扫描窗口为圆柱形，圆柱的底对应地理区域，圆柱的高对应时间间隔（图 15-a）。

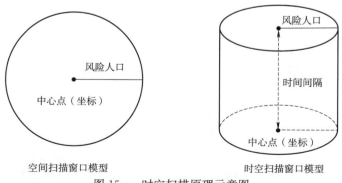

空间扫描窗口模型　　　　时空扫描窗口模型

图 15-a　时空扫描原理示意图

时空扫描过程为：随机选取研究区域内任一地理位置作为扫描窗口的底面中心，以风险人口为半径，在预先规定的范围内，扫描窗口的大小和位置不断变化，对应的时间间隔也不断变化。对每一个扫描窗口，根据实际发病数和人口数可计算出预期（理论）

发病数，然后利用扫描窗口内外的实际发病数和理论发病数，构造检验统计量（log likelihood ratio，LLR）。当实际发病数大于理论发病数时，认为该扫描窗口区域内相对于区域外是病例聚集区。扫描窗口的 LLR 越大，表示该窗口内的病例聚集性越高。采用蒙特卡罗法（Monte Carlo method，也称统计模拟法），对每个窗口的统计学意义进行评价，P 值越小，表示扫描结果为真的概率越高。如 $P<0.05$，认为该扫描结果在 95% 的置信水平上是显著的。

根据扫描统计数据的性质，使用不同的概率模型。伯努利模型（Bernoulli Model）、离散泊松模型（Discrete Poisson Model）或时空排列模型（Space-time Permutation Model）用于计数数据，如哮喘患者的数量；多项式模型（Multinomial Model）用于分类数据，如癌症组织学；有序模型（Ordinal Model）用于有序分类数据，如癌症分期；指数模型（Exponential Model）用于存活期数据；正态模型（Normal Model）用于连续数据，如出生体重或血铅水平。

使用 SaTScan 软件进行空间和时空分析，数据中必须包含编码、空间坐标、案例数量和时间信息，以生成案例文件和坐标文件，两者通过唯一编码进行关联。不同分析方法对数据内容的要求有差异。如对于时间和时空分析，病例数必须按时间分层，如诊断时间；对于伯努利模型，需要指定每个位置（控制文件）上的控件数量；对于离散泊松模型，需要为每个位置（种群文件）指定种群大小。更详细内容可参阅官方的用户手册和案例教程。

SaTScan 标准文件格式如下：

案例文件 ".cas"：包含案例的编码、个数和时间信息；

坐标文件 ".geo"：包含案例的编码和坐标信息；

种群文件 ".pop"：包含案例的编码和对应时间人口数量信息；

控制文件 ".ctr"：包含案例的编码和对应时间控件数量信息。

SaTScan 软件也可以通过导入其他类型的文件，将数据转换成上述 4 种文件类型。SaTScan 软件可以读取的文件类型有 ".csv" ".xlsx" ".xls" ".dbf" ".txt" 和 ".shp" 等。

第一节　空间扫描统计

SaTScan 软件可以进行纯空间上的扫描统计，忽略时间变量。对于不需要分析时间变化的疫病数据，可使用该方法。

 实例与操作 15-1-1：空间扫描统计

使用 SaTScan 官方网站（https://www.satscan.org/）的案例数据，运用空间扫描统计分析美国纽约州乳腺癌发病率的地理分布，以确定乳腺癌发病率是否存在空间聚集区。

数据：**第十五章 \ 第一节** \ NYSC_BREAST_Canser_region.shp。

第一步，数据准备。美国纽约州乳腺癌数据 "NYSC_BREAST_Canser_region.shp" 下载自 SaTScan 官方网站（https://www.satscan.org/），是该软件的第一个教程中的数据，本案例的操作也参考该教程。原始数据中包含内容较多，本案例

中只保留了与分析相关的字段,如地块的编码、区域的地理位置信息、2009年纽约州女性乳腺癌的病例数量、预期病例数等。

将"NYSC_BREAST_Canser_region.shp"添加到ArcMap中,打开属性表,可查看其字段内容(图15-1-1)。属性表中主要字段的说明见表15-1-1。

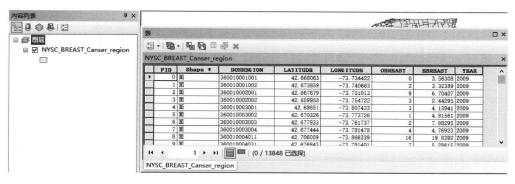

图15-1-1   美国纽约州乳腺癌数据

表15-1-1   美国纽约州乳腺癌数据说明

字段名称	数据说明	数据样例
DOHREGION	地块的位置编码	360010004011
LATITUDE	地块的纬度	42.706059
LONGITUDE	地块的经度	−73.866339
OBREAST	乳腺癌病例数量	16
EBREAST	预期病例数	19.8392
YEAR	病例时间	2009

第二步,打开SaTScan软件并新建会话。初次打开SaTScan软件,会提示用户创建一个新的会话或打开保存过的会话(图15-1-2),选择**Create New Session**。此外,单击主菜单**File→New Session**,或者单击新建会话按钮,都可以新建会话(图15-1-3)。

图15-1-2   初次运行SaTScan软件界面

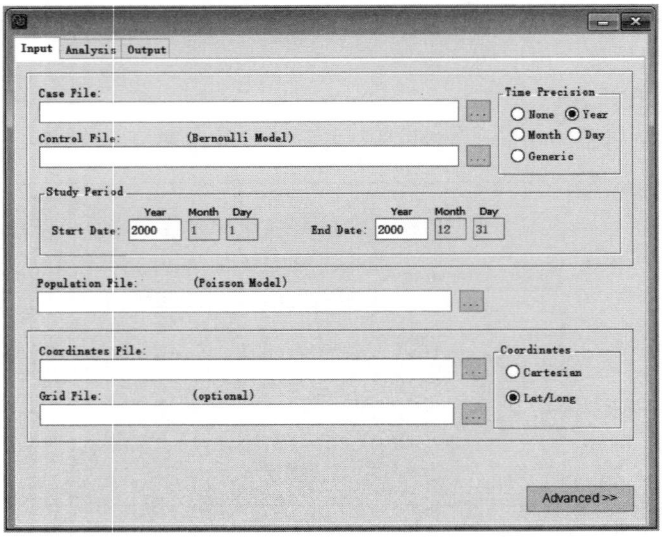

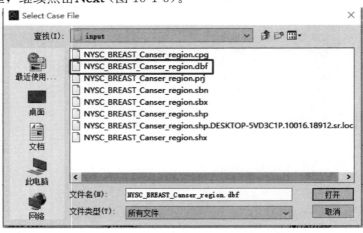

图 15-1-3　新建会话

第三步，导入案例数据。本案例中，使用泊松模型（Poisson）对纽约州乳腺癌发病率进行空间扫描统计。模型需要输入 3 个文件：乳腺癌事件病例（. cas）、背景高危人群（. pop）和地理信息（. geo）。这 3 个文件通过同一个位置 ID 连接。在案例数据中，ID 为不同的统计区域（DOHREGION），每个区域由一组 12 个整数表示。可新建"input"和"output"两个文件夹，用以分开存放输入和输出数据。

注意：SaTScan 软件输入和输出文件的路径和名称必须是纯字母，否则容易报错。

因原数据为 Shapefile 格式，没有 SaTScan 的标准输入格式文件（". cas"". geo"". pop"），因此使用 SaTScan 导入向导，将存储属性信息的". dbf"文件导入，然后生成标准格式文件。点击 **input** 选项卡 **Case File** 右侧按钮 [...]，在弹出的对话框中选择文件"NYSC ＿ BREAST ＿ Canser ＿ region. dbf"，单击**打开**（图 15-1-4），出现 **Import file Wizard** 对话框，继续点击 **Next**（图 15-1-5）。

图 15-1-4　导入案例数据（一）

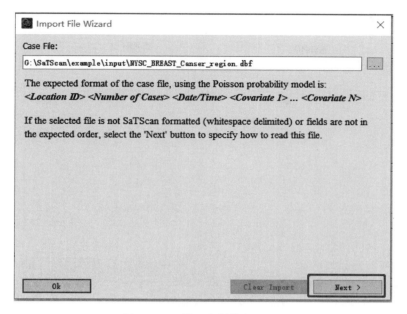

图 15-1-5　导入案例数据（二）

本案例分析选择模型为离散泊松模型 "discrete Poisson model"。点击右侧 **Source File Variable** 列中的 **unassigned**，为每个所需的 SaTScan 变量分配列。**Location ID** 对应的是 "DOHREGION"，**Number of Cases** 对应的是 "OBREAST"，**Date/time** 对应的是 "YEAR"。对于空间扫描统计，日期不是必选项。继续点击 **Next**（图 15-1-6）。保存案例文件为 "NYS_BreastCancer.cas"，点击 **Import**（图 15-1-7）。

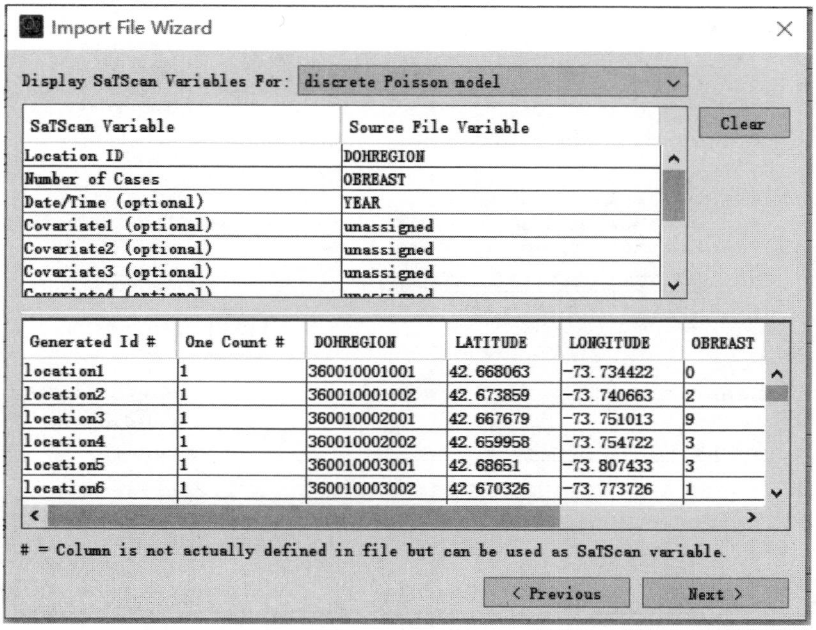

图 15-1-6　导入案例数据（三）

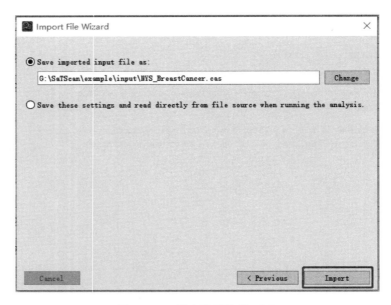

图 15-1-7　导入案例数据（四）

第四步，导入人口数据。离散泊松模型中的人口文件（.pop）用于提供有关的风险背景的人口信息，可以是人口普查的实际人口数，或者是通过统计分析模型得到的预测人口数。在这里选择**EBREAST**变量，它是根据年龄调整后的乳腺癌预期病例数。

点击 Population File 右侧的按钮 [...]（图 15-1-8），在弹出的对话框中选择文件"NYSC _ BREAST _ Canser _ region.dbf"，单击**打开**（图 15-1-9），继续点击**Next**（图 15-1-10）。

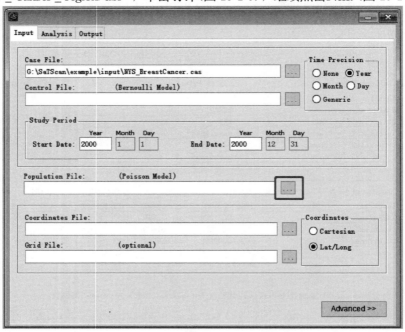

图 15-1-8　导入人口数据（一）

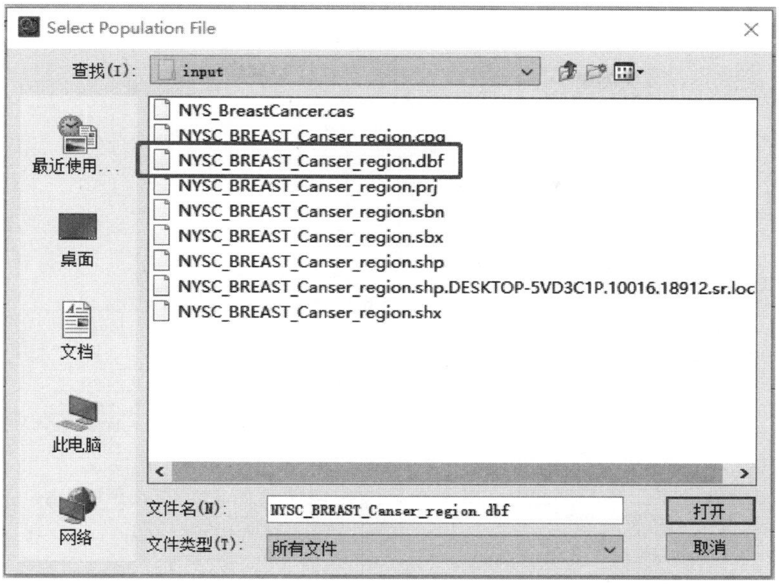

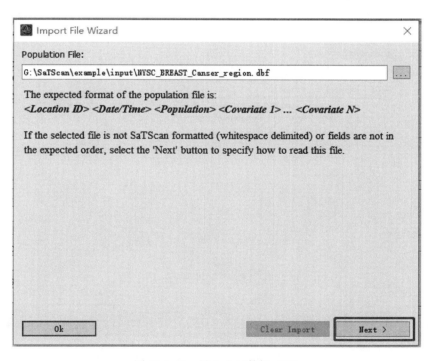

图 15-1-9 导入人口数据（二）

图 15-1-10 导入人口数据（三）

Location ID 对应的是"DOHREGION"，Date/Time 对应的是"YEAR"，Population 对应的是"EBREAST"，继续点击 Next（图 15-1-11）。保存人口文件为"NYS_BreastCancer. pop"，点击 Import（图 15-1-12）。

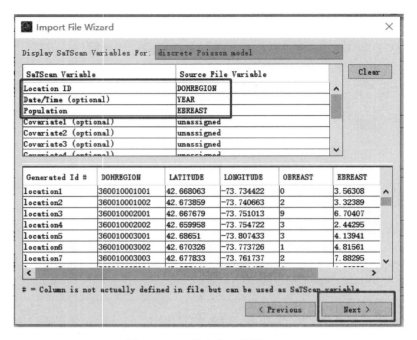

图 15-1-11　导入人口数据（四）

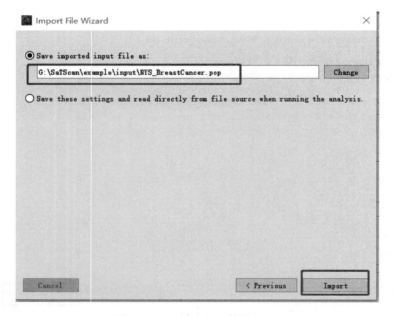

图 15-1-12　导入人口数据（五）

第五步，导入地理坐标数据。空间分析必须要有癌症病例和人口空间位置信息。点击**Coordinates File**右侧的按钮 …（图 15-1-13），在弹出的对话框中选择文件"NYSC_BREAST_Canser_region.dbf"，单击**打开**（图 15-1-14），继续点击 **Next**（图 15-1-15）。

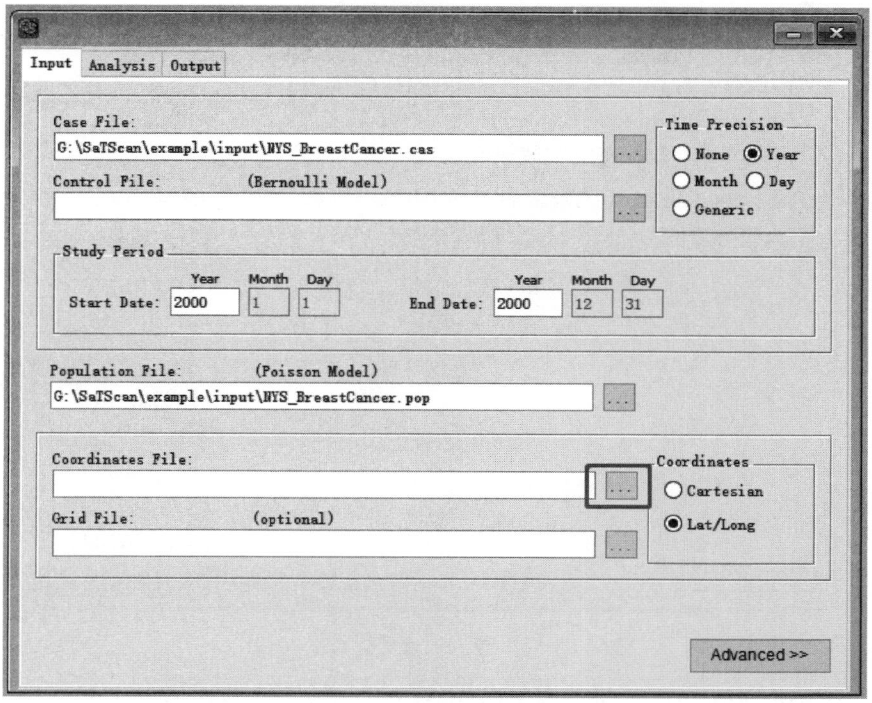

图 15-1-13　导入地理坐标数据（一）

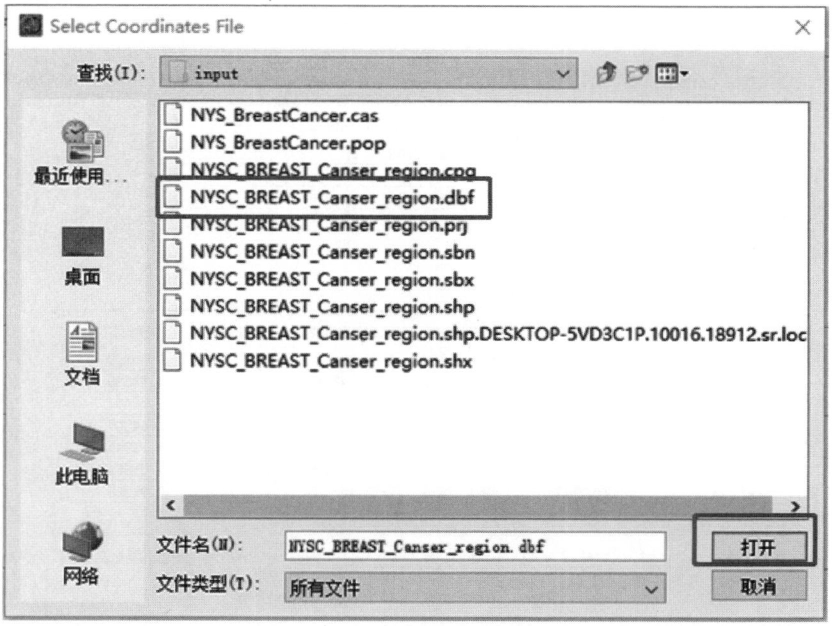

图 15-1-14　导入地理坐标数据（二）

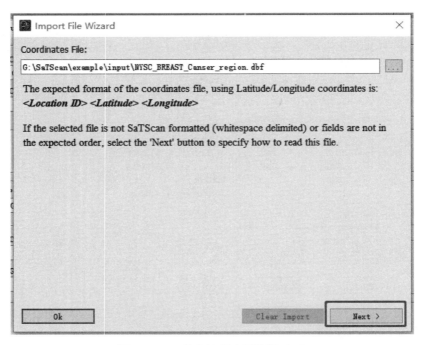

图 15-1-15　导入地理坐标数据（三）

　　Location ID 对应的是"DOHREGION"，Latitude 对应的是"LATITUDE"，Longitude 对应的是"LONGITUDE"，继续点击**Next**（图 15-1-16）。保存地理坐标文件为"NYS_BreastCancer.geo"，点击**Import**（图 15-1-17）。

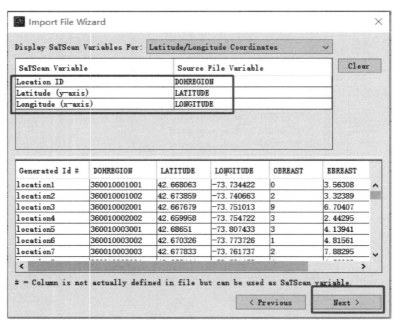

图 15-1-16　导入地理坐标数据（四）

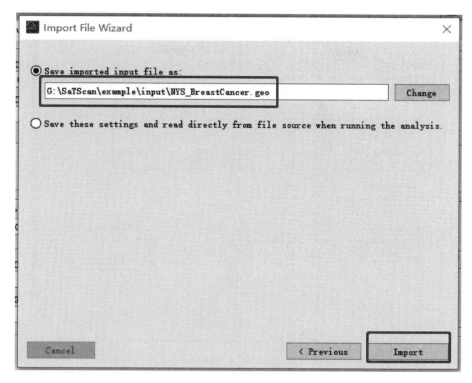

图 15-1-17　导入地理坐标数据（五）

第六步，填写输入数据的其他信息。首先要指定案例文件中的时间精度。如果案例文件中没有时间，则选择**none**。在导入的纽约乳腺癌症数据中，时间是诊断事件的年份，因此选择**Year**（图 15-1-18）。在空间扫描统计中，时间信息不是必选项，但是SaTScan 软件需要知道"时间"是否在案例文件中，以便正确读取该文件。即使在空间扫描统计分析中，为了正确计算集群的预期计数，设置正确的时间信息也很重要。

下一步是定义研究周期。在本案例中，时间周期是收集乳腺癌病例的时间段。因为只有 2009 年的数据，所以选择 2009 年 1 月作为开始，12 月作为结束日期。

在 SaTScan 中，地理位置可以指定为纬度和经度，也可以指定为笛卡尔坐标，即x、y 坐标系。对于纽约乳腺癌症数据，使用的是纬度和经度坐标，因此选择**Lat/Long**。

第七步，分析参数设置。点击**Analysis**选项卡。左侧一栏可以选择使用纯空间、纯时间或时空扫描统计量来进行分析。本案例中，选择纯空间分析**Purely Spatial**（图 15-1-19）。中间一栏可以选择概率模型。本案例中，有乳腺癌计数数据和高危背景人群数据，零假设的条件是所有乳腺癌病例是相互独立的，这样的数据服从泊松分布。右侧一栏可以选择高或低风险区域，高风险区域的病例数量比预期的要多，患病风险高；低风险区域的病例数量比预期少，患病风险低。本案例选择**High Rates**。**Time Aggregation**选项卡只与纯粹的时间或时空分析相关，执行纯空间分析时可忽略。

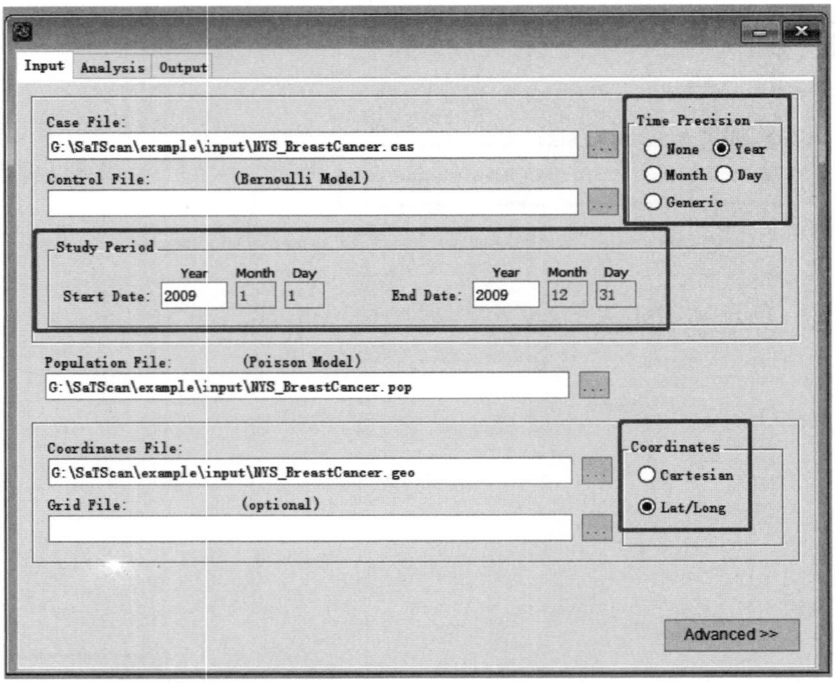

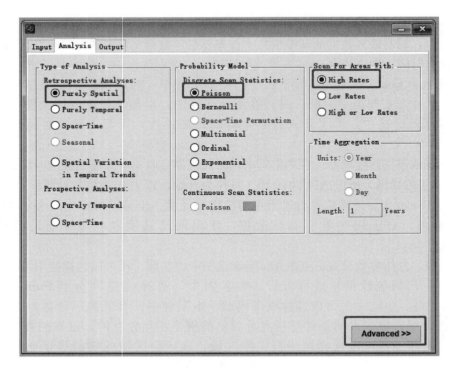

图 15-1-18　定义时间精度、研究周期和坐标系统

图 15-1-19　分析基本设置

点击**Advanced**，进入高级分析设置。在**Spatial Window**选项卡中，软件默认设置是寻找最多覆盖一半风险人群的集群（在本案例中是覆盖预期总数的一半）。在纽约州，这是一个非常大的区域，几乎包括了除纽约市外的整个州。为了避免检测这样大的集群，可以在集群大小上设置一个较小的最大值。本案例中将高危人群的值设置为25%（图15-1-20）。

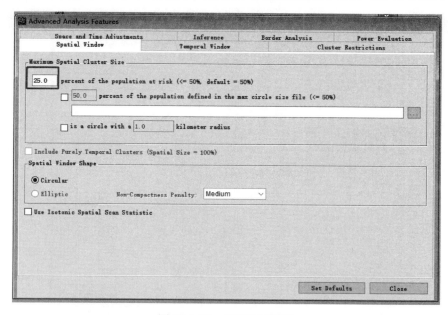

图 15-1-20　空间窗口设置

高级分析中的另一个设置是**Inference**选项卡中的蒙特卡罗（Monte Carlo）复制次数，一般设置为999（图15-1-21）。其他选项可以用默认设置，点击**Close**关闭高级分析设置窗口。

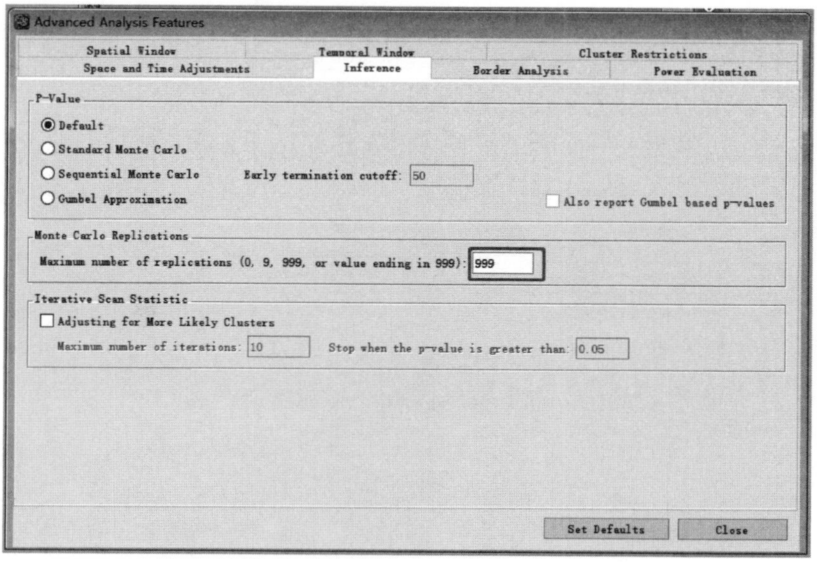

图 15-1-21　蒙特卡罗（Monte Carlo）复制次数设置

第八步，输出设置。点击 Output 选项卡。点击 **Main Results File** 右侧的按钮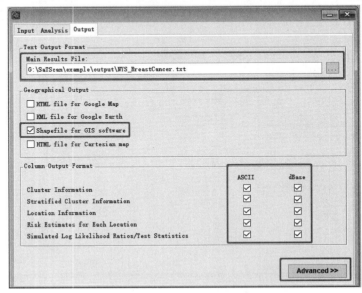
（图 15-1-22），设置输出文件的位置，名称为"NYS_BreastCancer"，软件将文件保存为".txt"文本文件。在第二栏地理输出（**Geographical Output**）中，勾选 **Shapefile for GIS software**，以便在 ArcGIS 中查看分析结果。在第三栏 **Column Output Format** 中，全部勾选。**Output** 选项卡中也有高级设置，本案例中使用其默认设置即可。

图 15-1-22　输出基本设置

点击 **Advanced**，进入高级输出设置。SaTScan 通常会发现多个重叠的集群，其中一些集群几乎完全相同。在 **Spatial Output** 选项卡中，可以根据不同的标准报告重叠集群。本案例选择无地理重叠 **No Geographical Overlap**，取消勾选 **Gini Optimized Cluster Collection**（图 15-1-23）。

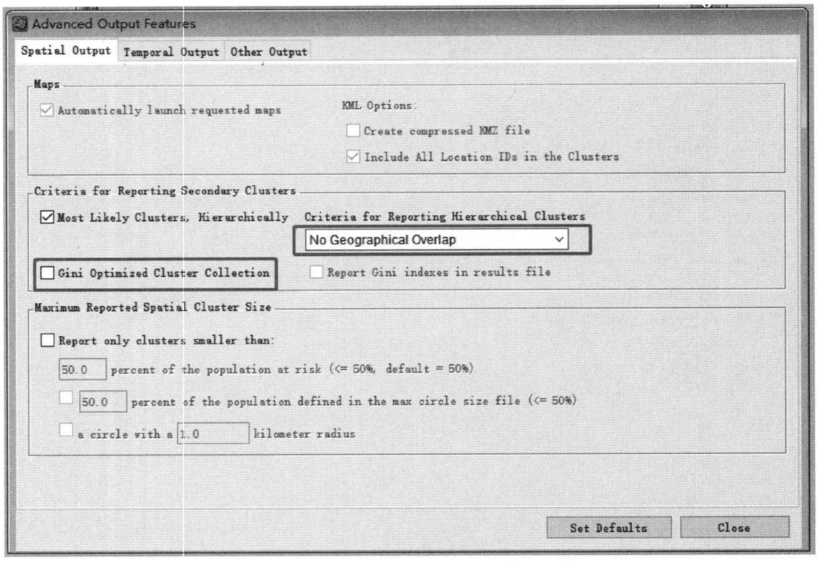

图 15-1-23　输出高级设置（一）

点击Other Output选项卡，勾选Print column headers in ASCII output files。点击
Close关闭高级输出设置（图15-1-24）。

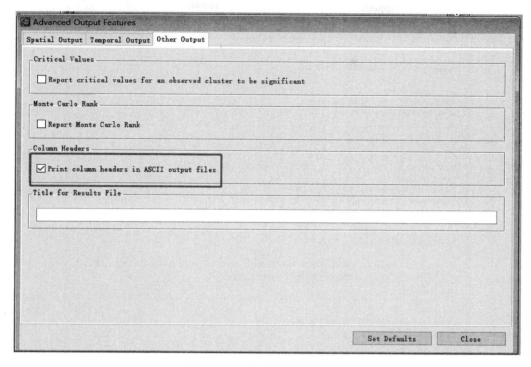

图 15-1-24　输出高级设置（二）

第九步，运行分析。全部设置完成后，点击Session→Execute，或点击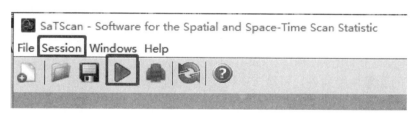，运行
程序（图15-1-25），会弹出一个显示分析进程的Running Session窗口。分析完成后，
该窗口将显示基于文本的结果文件。

图 15-1-25　运行程序

第十步，结果解释。结果文本中（图 15-1-26），显示本次分析为纯空间分析
（purely spatial analysis），寻找高发病率的聚集区（scanning for clusters with high
rates），使用了离散泊松模型（Discrete Poisson Model）。

在SUMMARY OF DATA一栏中，显示了数据基本信息：研究期（study period）
为 2009-1-1 至 2009-12-31；研究单元（number of locations）为 13 848 个；研究期内平
均总人口数（population，averaged over time）为 72 296；总病例数（total number of
cases）为 72 296；年度每 100 000 人口中的病例数（annual cases/100 000）为 100 066.4。

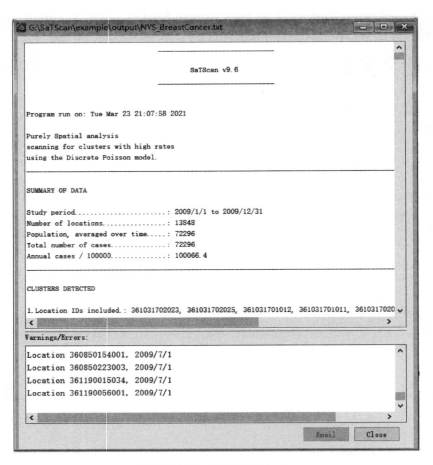

图 15-1-26　运行结果（一）

本案例中，我们想要找出哪些区域是病例的高度聚集区，因此，以总病例数作为总人口。

CLUSTERS DETECTED 一栏中包含了检测到的聚集区数量、每个聚集区中的要素 ID、聚集区的中心坐标和半径以及其他相关信息（图 15-1-27，表 15-1-2）。文件末尾有用于分析的参数设置列表，可用于返回检查特定分析的参数（图 15-1-28）。如果运行出错，将会在下方的 **Warning/Errors** 一栏显示。

```
Coordinates / radius..: (41.126666 N, 72.339216 W) / 125.47 km
Population...........: 13416
Number of cases......: 15019
Expected cases.......: 13415.96
Annual cases / 100000.: 112023.1
Observed / expected...: 1.12
Relative risk........: 1.15
Log likelihood ratio.: 114.192032
P-value...............: < 0.00000000000000001
```

图 15-1-27　运行结果（二）

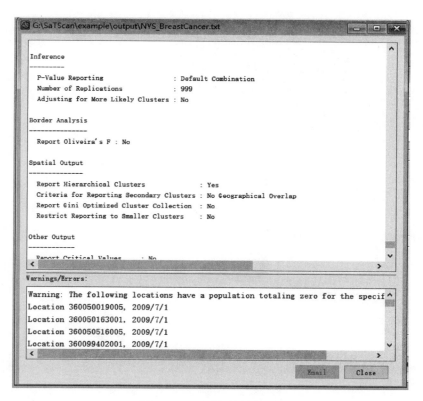

图 15-1-28　运行结果（三）

表 15-1-2　聚集区信息

名称	释义
Coordinates/radius	聚集区中心坐标和半径
Population	聚集区平均总人口
Number of cases	聚集区内的实际病例数
Expected cases	聚集区内的预期病例数
Annual cases/100 000	年度每 100 000 人口中的病例数
Observed/expected	聚集区内观测病例数和预期病例数的比值
Relative risk	相对风险，即聚集区相对于聚集区以外的患病风险
Log likelihood ratio	检验统计量（LLR），LLR 值越大，表示该聚集区的发病风险越高
P-value	判定假设检验结果的参数，P 值越小，表明检验结果越显著

　　在 ArcMap 中，使用**添加数据**工具 ✦·，将两个结果文件"NYS_BreastCancer.col.shp"（聚集的病例）和"NYS_BreastCancer.gis.shp"（聚集的范围）添加到地图中（图 15-1-29），显示结果见图 15-1-30。打开**文件属性表**，可看到扫描到的纽约州乳腺癌高风险聚集区的有 9 个，其中，有 3 个聚集区在 95% 的置信水平上是显著的（P_VALUE < 0.05），其他聚集区因为 P 值大于 0.05，认为其不具有统计学意义。

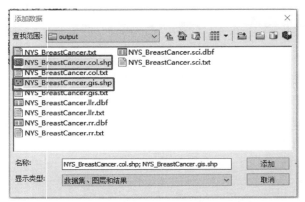

图 15-1-29　将运行结果添加到 ArcMap 地图中（一）

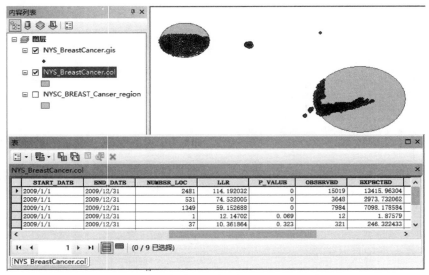

图 15-1-30　将运行结果添加到 ArcMap 地图中（二）

分析结果表明，纽约州乳腺癌发病率存在 3 个有统计意义的高风险地理聚集区（$P<0.05$），根据检验统计量 LLR 由大到小的顺序，命名为第一聚集区、第二聚集区和第三聚集区。

第一聚集区位于纽约州东南部，中心坐标为 41.126 666°N，72.339 216°W，半径为 125.47km，观测病例数为 15 019，预期病例数为 13 415.96，观测病例数和预期病例数比值为 1.12，相对风险值为 1.15，检验统计量 LLR 为 114.192 032；第二聚集区位于纽约州东南部、第一聚集区附近，中心坐标为 40.764 710°N，73.989 910°W，半径为 4.08km，观测病例数为 3 648，预期病例数为 2 973.73，观测病例数和预期病例数比值为 1.23，相对风险值为 1.24，检验统计量 LLR 为 74.532 005；第三聚集区位于纽约州西北部，中心坐标为 43.174 969°N，78.154 940°W，半径为 65.97km，观测病例数为 7 984，预期病例数为 7 098.18，观测病例数和预期病例数比值为 1.12，相对风险值为 1.14，检验统计量 LLR 为 59.152 688。

Warning/Errors 提示，在本次分析中，有 25 个区域的"EBREST"即预期病例数为 0，查看 ArcGIS 属性表得知，这些区域的"OBREST"字段，即病例数也皆为 0，可忽略警告内容。

第二节　时空扫描统计

时空扫描统计，是探测疫病异常增高的时间和空间区域，并进行统计学意义的评价。

💡 **实例与操作 15-2-1：时空扫描统计分析**

2019—2020 年全球非洲猪瘟疫情地理分布，揭示非洲猪瘟在时间和空间上的聚集区。

数据：**第十五章** \ **第二节** \ African _ swine _ fever. dbf 。

第一步，数据准备。2019—2020 年全球非洲猪瘟〔数据来自 FAO 的 Global Animal Disease Information System（EMPRES-i，http：//empres-i. fao. org/eipws3g/ # h＝0〕为点状要素类，内容包括各养殖场的编码、位置坐标、病例数等，属性表中主要字段说明见表 15-2-1。

表 15-2-1　全球非洲猪瘟数据说明

字段名称	数据说明	数据样例
ID	要素的编码	273 937
latitude	要素的经度	45.70
longitude	要素的纬度	25.46
sumCases	病例数量	2 291
YEAR	年份	2020

第二步，导入案例数据和空间坐标数据。打开 SaTScan 软件，单击主菜单**File**→**New Session**，或者单击**新建会话**按钮，新建一个会话（图 15-2-1）。点击**Case File** 右侧的按钮，在弹出的对话框中选择文件"**African _ swine _ fever. dbf**"，单击**打开**（图 15-2-2）。注意导入文件的路径和名称必须是纯字母，否则容易报错。继续点击**Next**（图 15-2-3）。

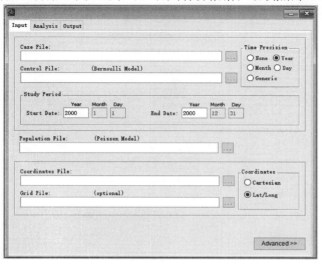

图 15-2-1　新建会话

图 15-2-2　导入案例数据（一）

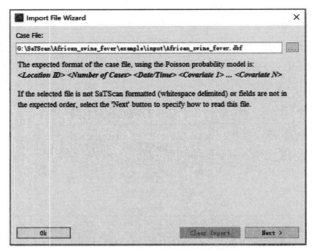

图 15-2-3　导入案例数据（二）

统计模型选择"space-time permutation model"，Location ID 选择"Id"，Number of Cases 选择"sumCases"，Date/Time 选择"YEAR"，点击 Next（图 15-2-4）。

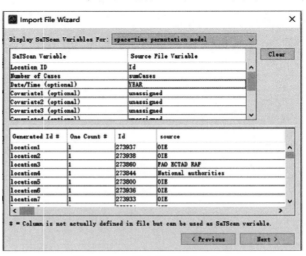

图 15-2-4　导入案例数据（三）

点击**Change**设置案例数据文件保存路径，设置文件名称为"African _ swine _ fever. cas"，点击**Import**，将案例数据导入（图 15-2-5）。

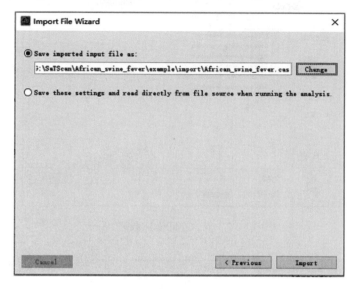

图 15-2-5　导入案例数据（四）

Time Precision 选择"Year"，**Start Date**：2009，**End Date**：2020，**Coordinates** 选择"Lat/long"（图 15-2-6）。点击**Coordinates File** 右侧的按钮，在弹出的对话框中选择文件"African _ swine _ fever. dbf"，单击**打开**（图 15-2-7），继续点击 **Next**（图 15-2-8）。

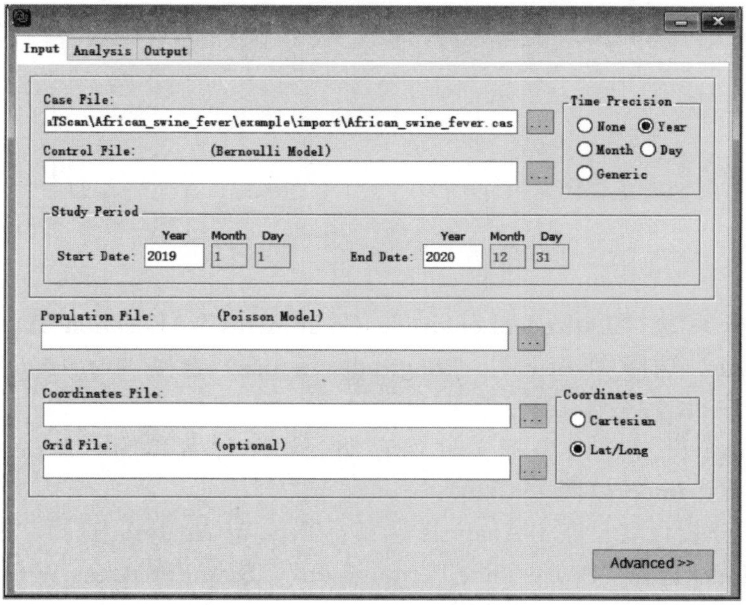

图 15-2-6　导入数据设置

动物疫病时空分布特征描述与分析　**第三篇**

图 15-2-7　导入空间坐标数据（一）

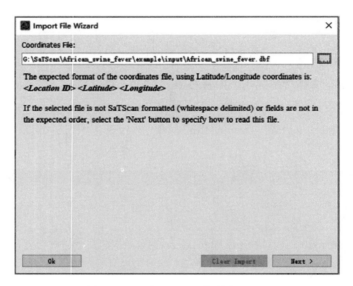

图 15-2-8　导入空间坐标数据（二）

设置坐标系统"Latitude/Longitude Coordinates"，Location ID 选择"Id"，**Latitude（y-axis）**选择"latitude"，**Longitude（x-axis）**选择"longitude"，点击**Next**（图 15-2-9）。

点击**Change**设置空间坐标文件保存路径，文件名称为"African ＿ swine ＿ fever. geo"，点击**Import**（图 15-2-10）。

第三步，分析设置。点击**Analysis**选项，**Type of Analysis**选择"Space-Time"，**Probability Model**选择"Space-Time Permutation"，**Scan For Areas With**选择"High Rates"，**Time Aggregation**的单位 Units 选"Year"，长度 Length 设置为 1（图 15-2-11）。

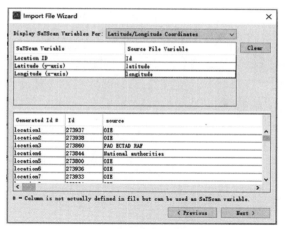

图 15-2-9　导入空间坐标数据（三）

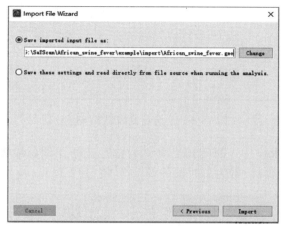

图 15-2-10　导入空间坐标数据（四）

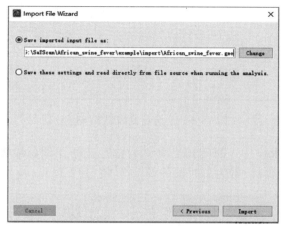

图 15-2-11　分析基本设置

点击 **Advanced**，进入高级设置。在 **Spatial Window** 中，最大空间扫描窗口为养殖场总数的比例，最大值可设为 50%。本案例中设置为养殖场总数的 20%（图 15-2-12）。

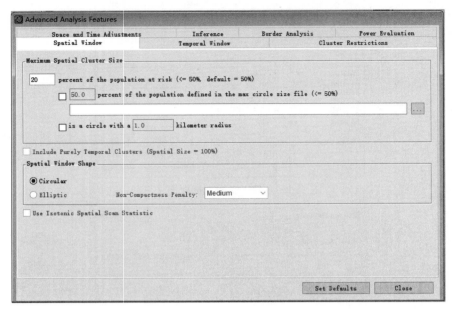

图 15-2-12　分析高级设置（一）

　　在 **Temporal Window** 中，时间扫描窗口为总时长的比例，最大值可设为 50%。本案例中最大时间扫描窗口设置为总时长的 50%（图 15-2-13）。

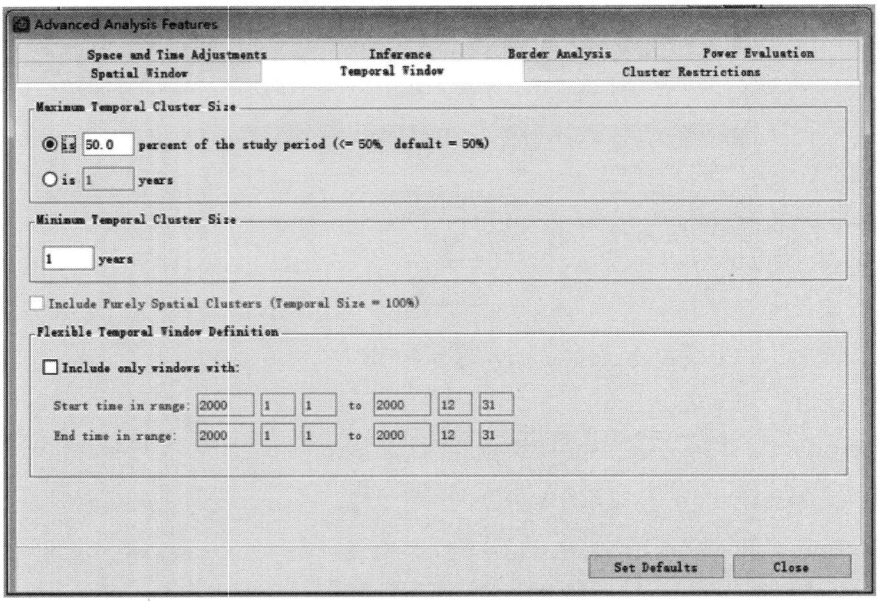

图 15-2-13　分析高级设置（二）

在Cluster Restrictions 中，最小发病数量按用户根据样本中的发病数量分布情况进行设置，用来区分病例高发聚集区和非高发聚集区。本案例中最小发病数量设置为"100"（图 15-2-14）。

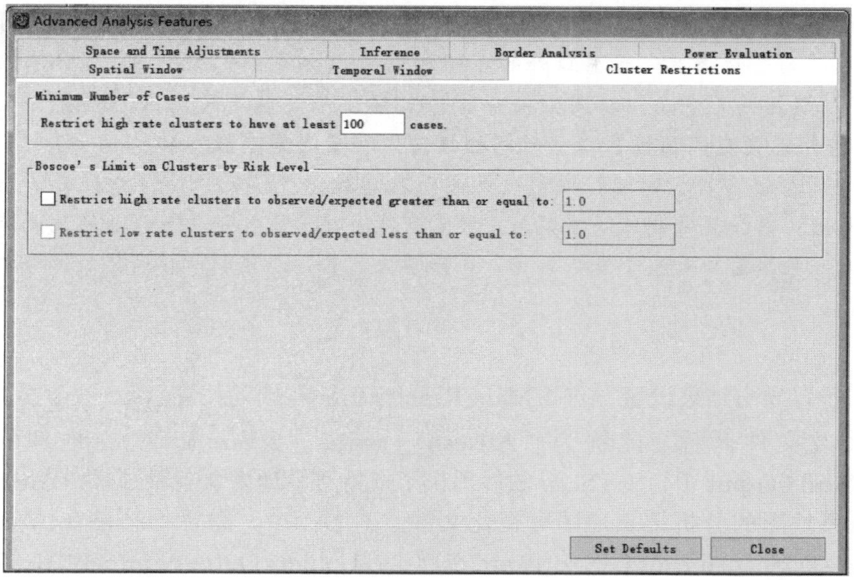

图 15-2-14　分析高级设置（三）

在Inference 中，蒙特卡洛随机模拟次数范围为 0～999，通常设定为最大值"999"次（图 15-2-15）。其他选项采用默认设置，点击Close 。

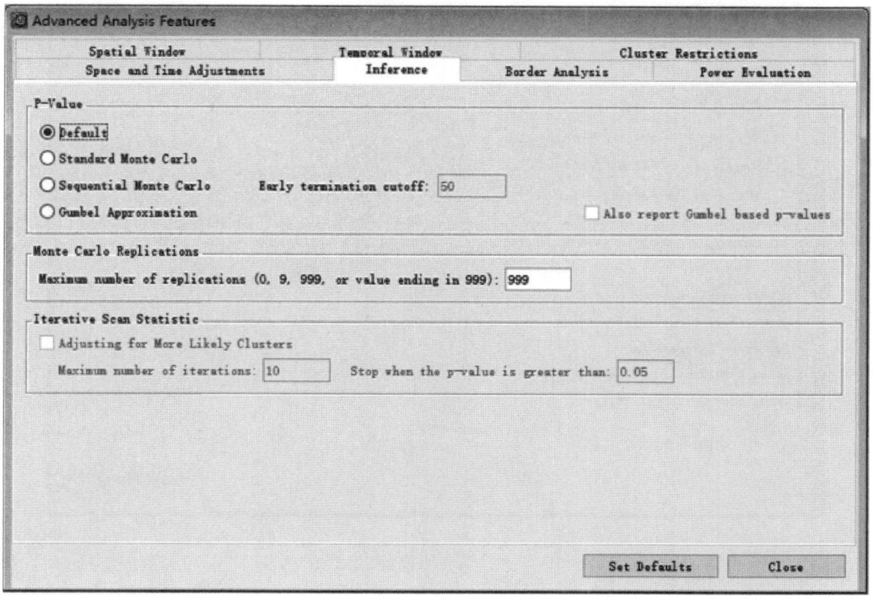

图 15-2-15　分析高级设置（四）

1. 为什么空间扫描窗口和时间扫描窗口最大值为 50%？

假设一个区域内养殖场数量均匀分布，空间扫描窗口大于 50% 时，空间扫描窗口内的养殖场数量必然大于窗口外的养殖场数量，会被判定为"聚集区"，但是这个"聚集区"显然并无意义。时间扫描窗口 50% 的上限，也是同样的道理。

2. 如何设置空间扫描窗口、时间扫描窗口和最小发病数？

若空间扫描窗口、时间扫描窗口和最小发病数设置得较低，可能会分析出较多的高发聚集区；若设置较高，高发聚集区数量可能会非常少。用户可设置不同的空间扫描窗口、时间扫描窗口和最小发病数量，进行多次试验，以获取理想的聚集区分析结果。

第四步，导出结果设置。点击 **Main Results File** 右侧的按钮 ⋯ ，设置分析结果的保存路径及文件名称，此例为 "**African ＿ swine ＿ fever. txt**"；在地理输出选项 **Geographical Output** 中，SaTScan 软件提供了支持谷歌地图、谷歌地球、GIS 软件、笛卡尔坐标系地图的分析结果地图可视化文件。本案例中，需要将结果在 ArcGIS 中显示，因此勾选 **Shapefile for GIS software** 选项；在 **Column Output Format** 中，勾选 **dBase** 相关选项（图 15-2-16）。

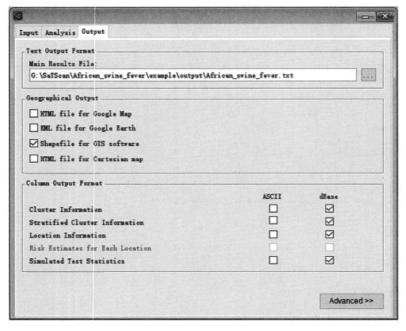

图 15-2-16 导出数据设置

第五步，保存会话并运行。检查相关设置，确保无误。点击主菜单上的**保存**按钮 💾，设置会话文件保存路径及文件名称，此例为 "African ＿ swine ＿ fever. prm"，便于下次直接打开（图 15-2-17）。点击主菜单上的**运行按钮**▶，开始数据处理（图 15-2-18）。

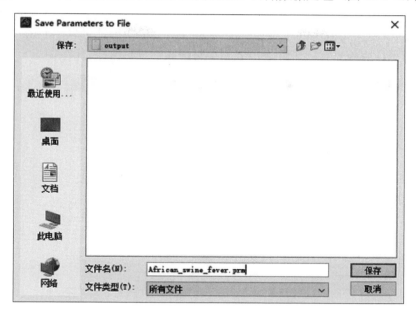

图 15-2-17　保存会话

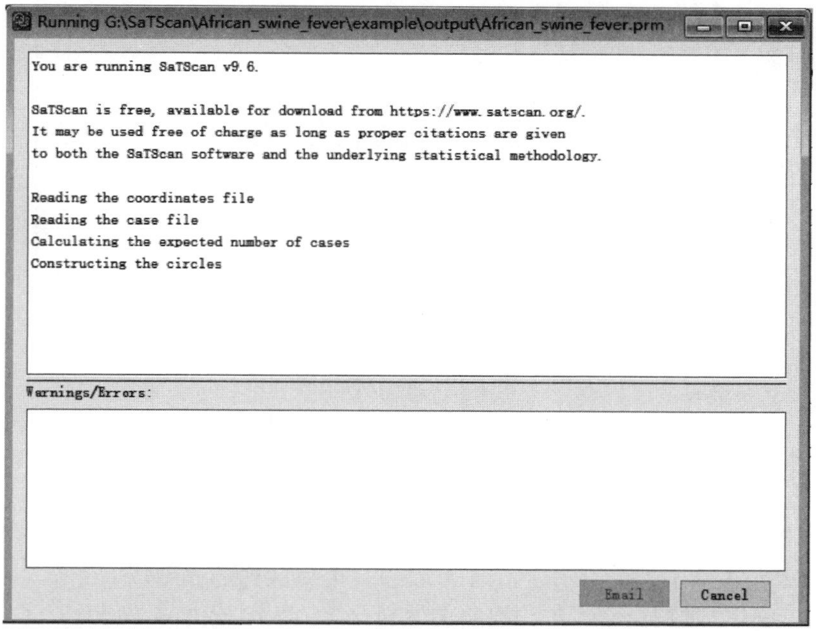

图 15-2-18　数据处理中

　　第六步，分析结果。运行结束后，SaTScan 软件自动打开分析结果文件"African _ swine _ fever. txt"（图 15-2-19）。结果显示，全球非洲猪瘟在时间和空间区域上存在明显高发病风险聚集性，**CLUSTERS DETECTED** 中详细列举了高发聚集地要素编码

（location IDs）、聚集区中心点位置坐标和半径（coordinates/radius）、高发病聚集时间（time frame）、聚集区实际总病例数（number of cases）和预期病例数（expected cases）、观测值和预期值比值（observed/expected）、检验统计量（test statistic）、假设检验的 P 值等，并根据检验统计量由大到小对聚集区进行排序。

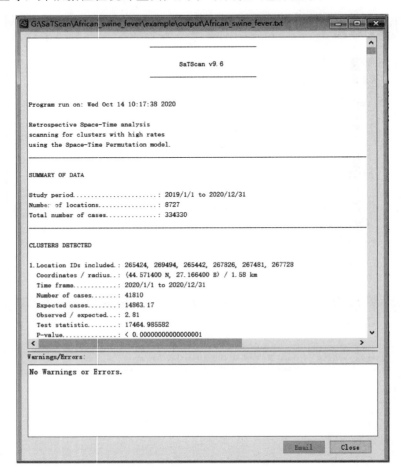

图 15-2-19　分析结果

新建 ArcMap 地图，使用**添加数据**工具 ✛·，将输出结果中的"African _ swine _ fever. col. shp"文件加载到地图中，即可查看聚集区的位置。

分析结果显示，2019—2020 年全球非洲猪瘟有 7 个高发病聚集区。其中，第一聚集区位于罗马尼亚（44.571 4°N、27.166 4°E），聚集区内的养殖场有 6 个，聚集区半径为 1.58km，聚集时间为 2020 年，观测病例数为 41 810，预期病例数为 14 863.17，观测值和预期值比值为 2.81，检验统计量 LLR 为 17 464.99，$P<0.01$；另外，6 个高发聚集区主要集中分布在欧洲东部和亚洲东南部地区。

本案例以养殖场作为研究单元。研究发现，欧洲东部爱沙尼亚（Estonia）、波兰（Poland）等国家出现病例养殖场的数量较多，但由于养殖场平均病例数非常小（<5），而 Cluster Restrictions 中设置的最小发病数量为 100，所以在进行时空扫描统计时，该

区域判断为非高发病聚集区。如果想降低养殖场在空间上的分布密度对研究结果的影响，可以将行政区域划分格网作为研究单元进行时空扫描统计。

本案例使用 SaTScan 软件，应用时空排列模型对 2019—2020 年的全球非洲猪瘟数据进行了高发病聚集区的时空扫描统计分析。读者根据数据内容和实际需求，选择其他统计模型，进行空间、时间或时空扫描统计分析，并在分析设置时选择低风险聚集区或同时分析高、低风险聚集区。

（邵奇慧）

方向分布分析

观察 H7N9 早期人间病例分布（图 16-a），2013 年 2 月 17 日至 7 月 27 日期间，79%（106/134）的病例集中分布在长江三角洲地区（黑色框），暴发中心点（疫点位置的几何中心）以及波及范围是否有变化？直观判断长江三角洲（黑色框）以外的地区疫情的传播似乎有明显的方向性，如何检验这种判断是否准确？

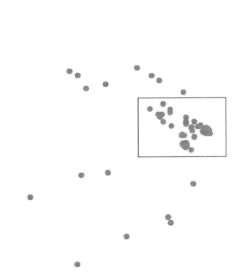

图 16-a　H7N9 早期（2013-2-17 至 2013-7-27）人间病例分布示意图

第一节　方向测试

方向测验（a direction test）用于计算病例传播的平均前进方向，确定研究期间疫病是否发生显著性的定向传播。此方法首先按发生日期进行排序，来构造疫点的空间感染链，然后用有向线段连接第一个疫点和第二个疫点，重复此过程直到所有疫点均已连接。多个疫点同时出现时，感染链可能有分支。时间连接矩阵有相对、相邻和跟随 3 种方式。检验统计量是一个向量，其方向是构成感染链的平均方向，其大小是感染链的角度方差。当感染链均指向同一方向时，其角度方差小；当它们指向许多不同的方向时，角度方差大。

ClusterSeer 能够实现方向分析，该软件可从 BioMedware 官网（https：//www. biomedware. com/software/clusterseer/）下载安装（可免费试用 14 天）。

💡 **实例与操作 16-1-1：方向测验**

数据：第十六章 \ 第一节 \ H7N9 \ directional test \ dong1. shp、dong2. shp 和 dong3. shp，是图 16-a 中 3 个疑似方向分组的 H7N9 流感首例人间病例疫点分布数据。将分析这 3 组是否有确定的传播方向。

第一步，打开 ClusterSeer，出现**Licence Status** 向导对话框，点击**Evaluate**，出现**Quick Start** 向导；点击**Create a new project→OK**，出现**Session Log**（显示分析结果信息）和**Quick Start Menu** 向导对话框（图 16-1-1）；点击**Spatio-Temporal→Direction Method**，出现方向测试设置窗口（图 16-1-2）。

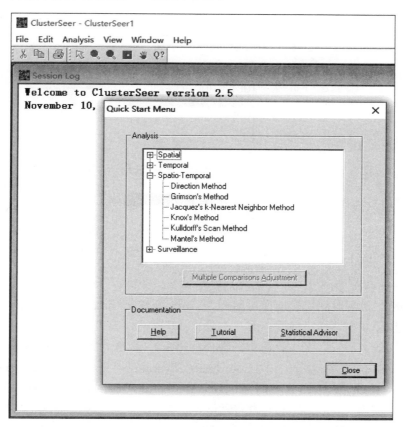

图 16-1-1　ClusterSeer 软件 Session Log 和 Quick Start Menu 向导对话框

第二步，参数设置。点击**Select File** 选择输入文件，即"dong1. shp"，**Select column that holds region ID** 栏点选**id**，即记录疫点的唯一编号；**Select column that holds temporal interval** 栏点选**data**，即记录疫点疫情的暴发时间（图 16-1-3）。

动物疫病时空分布特征描述与分析 第三篇

217

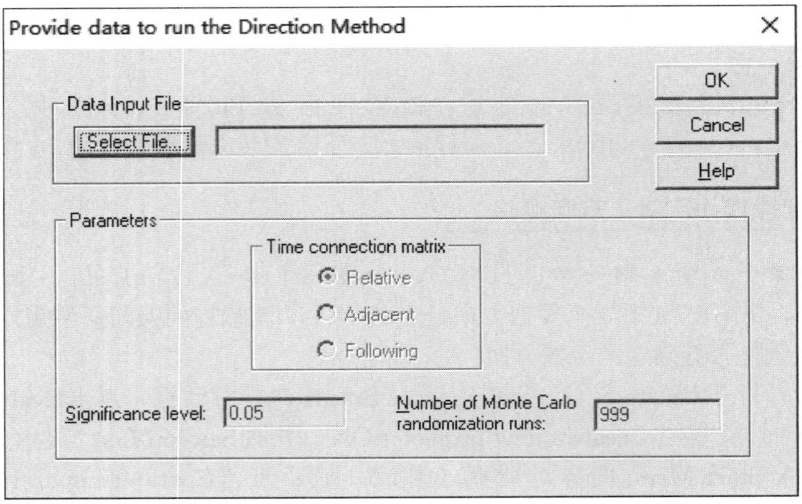

图 16-1-2　方向测试设置窗口

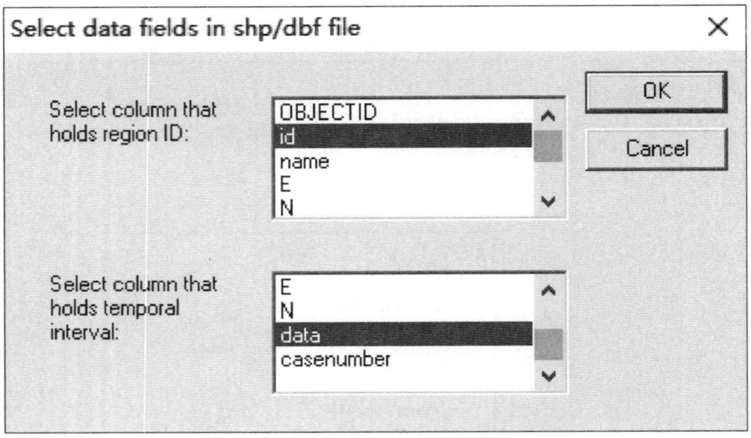

图 16-1-3　方向测试设置

点击**OK**，出现时间尺度选择对话框，**Time scale for data** 点选**User-defined**，点击**OK**；出现坐标系统选择对话框，因"dong1. shp"文件有投影坐标系统〔可右键单击图层列表 dong1. shp，点击**属性**（**properties**）查看，打开**图层属性**（**Layer properties**）-Source **查看**〕，故 Coordinate System 点选 Planar（user-defined or projection），点击**OK**；回到方向测试设置窗口，此时**Select File** 出现"dong1. shp"且不可更改，参数（parameters）设置默认，点击**OK**，运行方向测试。

第三步，结果解释。**Session Log** 窗口出现方向分析结果（图 16-1-4），第一段显示使用的文件以及用于分析的总病例数（cases），本例为 5 个；第二段说明使用的分析方法和该方法执行的时间；第三段说明使用的时间测度（time measure）方法（此例为 relative），平均角度（average angle）为 216.81，角度从水平方向按逆时针旋转，正东方向对应 0，正北方向对应 90，正西方向对应 180，正南方向对应 270；集中数

（concentration）为 0.616 923，病例的扩散方向越一致，集中数越接近 1，扩散方向随机分布，将导致集中数越接近 0；集中数的显著水平（*P*-value for concentration）为 0.002；综上，说明 H7N9 显著地呈西南方向传播。

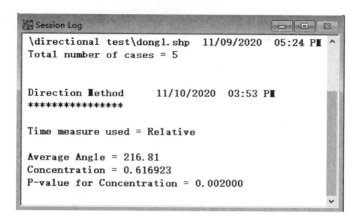

图 16-1-4　方向分析结果-Session Log

第四步，结果保存为 ArcGIS 的矢量数据格式，便于综合制图。实施方向分析后，ClusterSeer 软件菜单栏 **View→Map** 激活，可点击打开 **Map-View Data Map** 窗口，即以图形方式显示方向分析结果（图 16-1-5）。此 Map 只为显示结果，不可编辑或制图，需保存为 ArcGIS 的矢量数据格式后在 ArcMap 中进一步综合制图。操作如下：

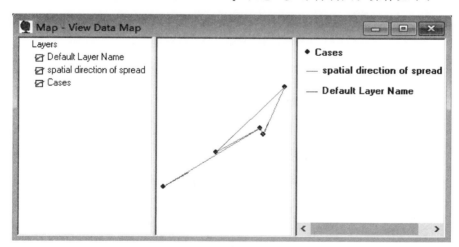

图 16-1-5　方向分析结果-Map

单击菜单栏 **File→Export**，打开 Export 对话框（图 16-1-6），**Type of Analysis Result to Export** 选择 Map，**File type** 选择 shapefile（＊.shp），点击 **Save As** 设置保存路径及文件名，即将上述结果保存为 ArcGIS 矢量数据。

注意：保存的矢量文件虽没有坐标信息，但实际上采用的坐标系统与进行分析的源数据（此例为"dong1.shp"）坐标系统一致，可将该矢量文件加载到即时投影（参考"第五章地图投影与空间参照系统"）为"dong1.shp"坐标系统的 ArcMap 中，可与"dong1.shp"匹配显示，也可进一步定义其坐标系统（参考"第五章地图投影与空间参照系统"）。

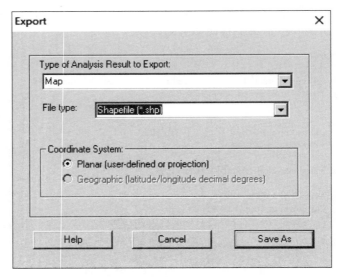

图 16-1-6　保存方向测试矢量结果

第五步，制图。重复以上操作，运用 ClusterSeer 菜单栏的 **Analysis → Spatio-Temporal→Direction Method** 对"**dong2. shp**"和"**dong3. shp**"进行方向测验，并保存矢量结果数据。最后，加载到 ArcMap 中制图（见图 16-1-7，制图参照第七章）。

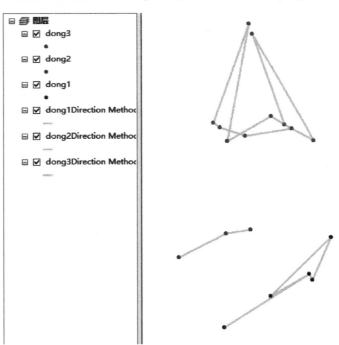

图 16-1-7　H7N9 流感人群间病例（截至 2013-07-30）分布及传播方向示意图

第二节　标准差椭圆

标准差椭圆（standard deviational ellipse）通过分别计算 x 和 y 方向上一组点的标准距离来显示方向趋势，并创建椭圆以提供有关中心趋势，离散度和方向趋势的信息，也属于方向分布分析。椭圆的属性值包括平均中心的 x 和 y 坐标，两个标准距离（椭圆的长轴和短轴）和椭圆方向。通过椭圆能够确定点的分布是否拉长，并且是否具有特定的方向。使用椭圆来衡量方向趋势，并提供在不同时间段内，人间病例散布的方向及范围等信息。标准差椭圆分析可以用于在地图上标示一组犯罪行为分布趋势，可以确定该行为与特定要素（一系列酒吧或餐馆、某条特定街道等）的关系。绘制一段时间内疫病暴发情况的椭圆，可建立疫病传播空间分析模型。

以下操作运用 ArcGIS 工具箱的方向分布（标准差椭圆）进行标准差椭圆分析。

实例与操作 16-2-1：标准差椭圆分析

数据：第十六章 \ 第二节 \ H7N9 \ SDE \ phase1. shp、phase2. shp、phase3. shp 和phase4. shp，分别是将长江三角洲地区 2013 年 2 月 19 日至 4 月 18 日的 H7N9 病例分布按照每间隔约 12d 分 4 组形成的矢量点数据。将分析有先后顺序的 4 组病例分布上是否有方向趋势。

第一步，参数设置。点击**空间统计工具→度量地理分布→方向分布（标准差椭圆）**，打开**方向分布（标准差椭圆）**对话框（图 16-2-1），输入要素类选择"**phase2. shp**"；设置输出椭圆要素类路径及名称，**椭圆大小**选择 1 _ STANDARD _ DEVIATION。在二维坐标系中（x 和 y），一个标准差（1 _ STANDARD _ DEVIATION）椭圆将大约覆盖 63％的要素；两个标准差（2 _ STANDARD _ DEVIATION）将大约覆盖 98％的要素；三个标准差（3 _ STANDARD _ DEVIATION）将大约覆盖 99.9％的要素，可根据实际应用需求自行选择。**权重字段**为可选项，是根据各位置的相对重要性对它们进行加权的数值型字段，此例中各疫点均只有一个病例，权重一致，故此项默认不选；**案例分组字段**为可选项，是对要素进行分组以分别计算方向分布的字段，可以为整型、日期型或字符串型，此例已经将病例分组分别存储为单独的矢量文件，故此项默认不选，也可将"phase1. shp""phase2. shp""phase3. shp""phase4. shp"合并为一个矢量文件（参考"第十一章叠加分析"）并添加一个字段（参考第四章第五节**操作提示 4-5-7**）记录分组信息，则此项选择合并矢量数据的该添加字段，点击**确定**。结果自动加载到 ArcMap 中（图 16-2-2）。

第二步，制图。操作同第一步，分别对"phase1. shp""phase3. shp"和"phase4. shp"执行方向分布（标准差椭圆）分析，最后综合制图（图 16-2-3，制图参考第七章），可清楚地观察各阶段 H7N9 流感人群间病例疫点中心点及其位移、各阶段波及范围及方向趋势。

图 16-2-1　方向分布（标准差椭圆）设置

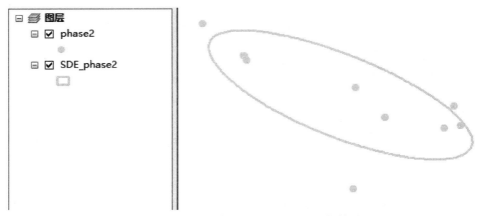

图 16-2-2　方向分布（标准差椭圆）运行结果

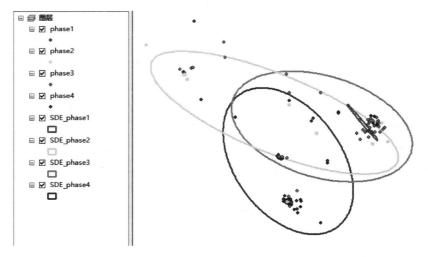

图 16-2-3　长江三角洲 H7N9 流感人群间病例（2013.02.19—2013.04.18）方向分布
（标准差椭圆）

（邱　娟　高晟斌　王海燕）

第四篇
动物疫病时空分布高危因子探测及分布风险预测

动物疫病地理环境因素

第一节　动物疫病自然环境因素

动物疫病，如狂犬病、布鲁氏菌病、棘球蚴病（包虫病）、日本血吸虫病等，经常存在于特定的地区，是由于该地区具有该病的动物传染源、传播媒介及病原体在动物间传播的地理条件。地形、地貌、植被、气候及气象等因素都能对动物传染源有显著的影响。例如，包虫病在我国的流行地区主要集中在高山草甸地区和气候寒冷、干旱少雨的牧区及半农半牧区，以新疆、青海、甘肃、宁夏、西藏、内蒙古和四川等西部地区发病最为严重。

除了自然地理因素，人文环境（包括人口、社会、经济等）、土地利用等因素也对自然疫源性疾病的流行有一定影响。如近年来随着各种宠物进入家庭，狂犬病的发病率有所增加；牧民的包虫病感染率高于农民，这与其游牧生活方式等有关。

本章重点介绍土地利用与土地覆盖、地形、土壤、植被、气象和地表温度以及国内生产总值（GDP）、人口分布、宗教信仰、职业、文化程度和高速公路（与禽畜调运相关）等几类可能与动物疫病分布与传播密切相关的自然和人文环境因子，包括其数据来源及预处理过程，这对于探测两者的关系、掌握动物疫病的分布及其风险预测具有重要意义。

疫病空间分布通常有点状（如暴发点或病例点等）或面状（如各县的发病总数等分布数据），与之相对应，环境数据提取主要有点源提取和面域提取。

一、土地利用与土地覆盖

1. 土地利用与土地覆盖数据概述　在全球环境变化和陆地生态系统诸要素中，土地利用与土地覆盖变化是影响全球气候和人类活动最重要的因素。全球土地利用/覆盖数据是开展全球资源调查、土地覆盖研究和地表监测工作的重要基础数据。遥感影像是土地利用、土地覆盖信息提取的重要数据源。2008 年以前，由于中高分辨率遥感影像数据较难获取，研究成果主要以较低空间分辨率的全球和区域土地覆盖分类为主，如马里兰大学的 IGBP DIScover 和 UMD 土地覆盖数据集，欧洲的GLC2000、GlobCover、ESA-CCI 土地覆盖数据集，波士顿大学的 MCD12Q1 土地覆盖数据集等。全球目前已形成了多种不同版本的、长时间序列的土地覆盖数据集，数据来源见附录。

2008 年以后，随着遥感平台不断更新和遥感数据免费开放，遥感大数据时代来临。

2008 年，美国地质调查局（USGS）免费开放了所有历史档案和实时获取的 Landsat 数据；中国资源卫星、欧洲航天局 Sentinel-2 卫星的发射和数据共享，进一步补充了中等空间分辨率数据。同时，如 Earth Engine 遥感云计算平台的出现，使遥感大数据计算和存储能力迅速提升。遥感大数据和云计算平台的应用，使得全球土地覆盖产品在空间分辨率上，由 km 级降低到 30m 级，甚至更高。

中国科学院地理科学与资源研究所联合多家单位完成了中国土地利用数据集（CLUD）；中国科学院遥感应用研究所主导完成了中国多期土地覆盖数据集ChinaCover；中国国家基础地理信息中心完成了全球土地覆盖数据 GlobeLand30；清华大学发布了全球土地覆盖数据集 FROM-GLC 及其后续更新产品。这些数据产品的开放推动了我国土地利用/覆盖在各行各业的应用。

2. 土地利用与土地覆被分类系统　　土地利用/土地覆被分类是研究土地覆被变化的重要前提，决定着分类数据的应用领域。学者从不同的研究尺度和研究目的出发，构建了众多的土地利用/土地覆被分类体系，如美国地质调查局（USGS）土地覆被分类系统、国际地圈-生物圈计划（IGBP）全球土地覆被分类系统、联合国粮食与农业组织（FAO）全球土地覆被分类系统、《中国 1∶100 万土地利用图》分类系统及中国土地资源分类系统等。各分类系统标准不统一，一般根据应用目的选取相应的土地利用/覆被数据集。以中国土地资源分类系统为例，地类包括耕地、林地、草地、水域、居民用地和未利用土地等 6 个一级土地利用类型以及 25 个二级类型，详见附表 2。

3. 土地利用与土地覆盖信息提取　　疫病数据往往以行政单元搜集和统计，为了与疫病数据叠加分析，土地利用/覆被数据往往需要以行政区划为单元进行统计。

操作提示 17-1-1：土地利用/覆盖信息面域提取

以全国县级行政区为例，计算 2015 年耕地、林地、草地、水域、居民用地和未利用土地 6 个一级地类的县域面积占比。

数据：**第十七章 \ 第一节 \ 全国县级行政区划矢量.mdb \ xian；第十七章 \ 第一节 \ 2015 年土地利用覆盖数据 \ Lucc2015 \ lucc2015**。

第一步，定义一级类。因原土地利用/覆盖数据属性表中为二级类编码，感兴趣目标是一级地类信息，需定义一级类，根据附表 2 中国土地资源分类系统中地类的编码规则，十位数为一级地类。运用**添加字段→字段计算器**的方式，获取一级地类编码。具体操作如下：

加载数据 "lucc2015"，在内容列表中右击 "lucc2015" 图层，单击**打开属性表**，打开表窗口。在表窗口单击**表选项→添加字段**，打开**添加字段**对话框，在**名称**文本框输入 "**一级地类**"；单击**类型**下拉框，选择 "**长整型**"；单击**确定**，即可向该属性表中添加一个新字段 "**一级地类**"（图 17-1-1）。

在**表窗口**中右击字段 "**一级地类**"，然后单击**字段计算器**，默认将计算所有记录的该字段值，打开**字段计算器**对话框。其中，**解析程序**下可以使用**Python** 和 **VB** 脚本编程的方式计算字段值；**类型**选项框中选择 "**字符串**"；**功能**列表框中选择 "**Left（）**" 函数；在**字段**列表框中双击 "**VALUE**"；完成以上操作，即在下方显示代码 "**Left（［VALUE］，1）**"；单击**确定**，计算结果将填充到新的字段中（图 17-1-2），一

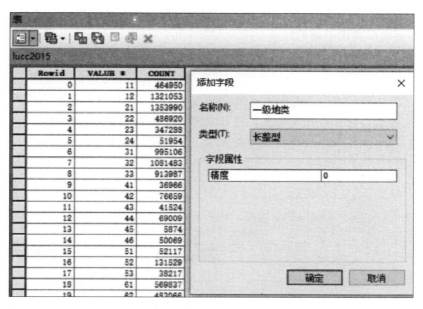

图 17-1-1 添加字段

级地类代码为 1、2、3、4、5 和 6，分别代表耕地、林地、草地、水域、居民用地和未利用土地。

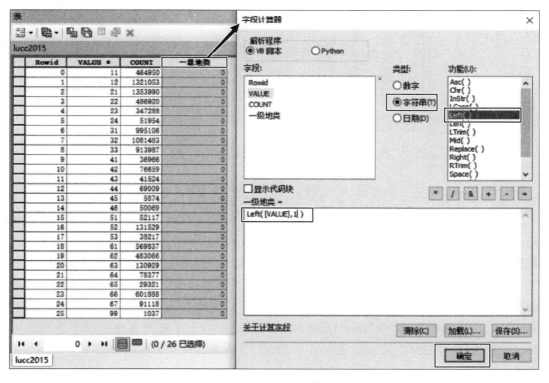

图 17-1-2 字段计算器

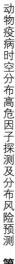

第二步，统计每个县级行政区内的所有地类总的面积以及耕地、林地、草地、水域、居民用地和未利用土地不同地类的面积。

"xian"矢量文件自带"shape_area"字段，即为每个县的面积。

计算每个区县内林地、草地、水域、居民用地和未利用土地的总面积。以计算耕地（地类代码为"1"）为例，先把耕地类型数据选中，操作如下：在内容列表中右键"lucc2015"图层，选择**打开属性表**，打开表窗口。在表窗口单击**表选项**，打开**按属性选择**对话框，单击"**一级地类**"，点击**获取唯一值**按钮，双击"**一级地类**"，单击"="，单击"1"，即可得到下面的"一级地类"=1选择条件（图17-1-3）。

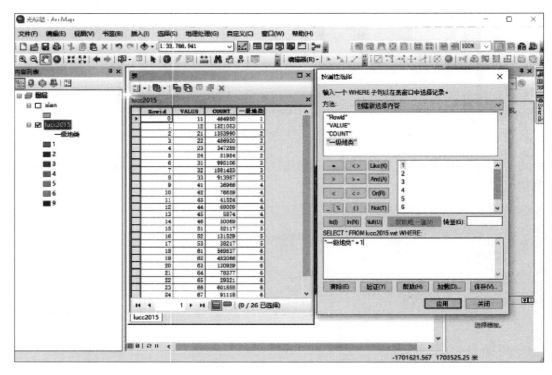

图 17-1-3　通过属性查询选择空间对象

在 ArcToolbox 工具箱中选择**Spatial Analyst Tools→区域分析→以表格显示分区统计**，打开**以表格显示分区统计**的对话框（图17-1-4）。其中，**输入栅格数据或要素区域数据**选择行政区划矢量数据"xian"；**区域字段**是唯一标识县级行政区的字段，选择"ID"（可以通过字段计算器添加"ID"字段，长整型类型，值等于"OBJECTID"）；**输入赋值栅格**选择土地利用分类数据"lucc2015"；**输出表**自定义结果输出路径及文件名；勾选**在计算中忽略 NoData（可选）**；表 17-1-1 列出了**统计类型**的所有选项及解释，此例选择"SUM"或者任意一项，统计表中将含有统计区域内的面积字段；单击**确定**，输出计算的结果表"ZonalSt"。

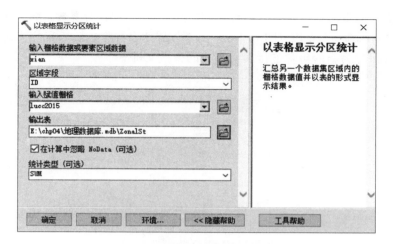

图 17-1-4　以表格显示分区统计

表 17-1-1　以表格显示分区统计-统计类型

统计类型名称	统计类型解释
ALL	将计算所有的统计数据。这是默认设置
MEAN	计算值栅格中与输出像元同属一个区域的所有像元的平均值
MAJORITY	确定值栅格中与输出像元同属一个区域的所有像元中最常出现的值
MAXIMUM	确定值栅格中与输出像元同属一个区域的所有像元的最大值
MEDIAN	确定值栅格中与输出像元同属一个区域的所有像元的中值
MINIMUM	确定值栅格中与输出像元同属一个区域的所有像元的最小值
MINORITY	确定值栅格中与输出像元同属一个区域的所有像元中出现次数最少的值
RANGE	计算值栅格中与输出像元同属一个区域的所有像元的最大值与最小值之差
STD	计算值栅格中与输出像元同属一个区域的所有像元的标准差
SUM	计算值栅格中与输出像元同属一个区域的所有像元的值的总和
VARIETY	计算值栅格中与输出像元同属一个区域的所有像元中唯一值的数目
MIN _ MAX	既计算最小值统计数据，也计算最大值统计数据
MEAN _ STD	既计算平均值统计数据，也计算标准差统计数据
MIN _ MAX _ MEAN	同时计算最小值、最大值和平均值统计数据

第三步，将计算的统计表与行政区划矢量数据属性表连接。

首先，新建字段（可选）。单击"xian"图层添加字段"**耕地面积**"，类型为长整型，用于存储上一步统计的结果。

然后，右键单击"xian"图层→**连接和关联→连接**，打开**连接数据**对话框（图 17-1-5）。①**选择该图层中连接将基于的字段**选择"xian"图层属性表中的"ID"字段（行政区县的唯一标识码）；②**选择要连接到此图层的表，或者从磁盘加载表**选择上一步中输出的"ZonalSt"表；③**选择此表中要作为连接基础的字段**选择"ZonalSt"表中的唯一标识字段"ID"，**连接选项**中勾选**保留所有记录**。单击**确定**，即可将统计结果的"ZonalSt"表连接至矢量数据"xian"的属性表中，此时只是在此地图文档中形式上的连接，需保存。

较快捷的方式是右键单击新建的"**耕地面积**"字段，打开**字段计算器**，将"AREA"字段属性赋值给"**耕地面积**"字段（图 17-1-6），或者图层列表右键单击"xian"图层→**数据**→**导出数据**，将其保存为新的包含连接属性字段的矢量文件。

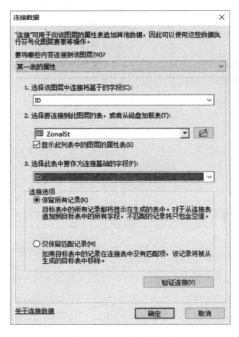

图 17-1-5　连接数据

	Shape_Area	ID	总面积	耕地面积	OBJECTID *	ID *	COUNT_	AREA
▶	10121674312.748293	1	10129000000	103000000	1	1	103	103000000
	4145392145.519754	2	4145000000	176000000	2	2	176	176000000
	8293794925.610707	3	8289000000	9000000	3	3	9	9000000
	5349365854.975978	4	5345000000	114000000	4	4	114	114000000
	5283102269.957067	5	5278000000	146000000	5	5	146	146000000
	4330350110.340178	6	4328000000	75000000	6	6	75	75000000
	6623218626.709668	7	6622000000	94000000	7	7	94	94000000
	3888868464.508541	8	3890000000	156000000	8	8	156	156000000
	6643391894.117012	9	6630000000	61000000	9	9	61	61000000
	10328693364.501999	10	10334000000	58000000	10	10	58	58000000
	8338657674.506872	11	8340000000	136000000	11	11	136	136000000
	5560823213.891794	12	5559000000	159000000	12	12	159	159000000
	4078699510.695385	13	4079000000	89000000	13	13	89	89000000
	14422761725.322201	14	14426000000	1766000000	14	14	1766	1766000000
	13015608613.553753	15	13006000000	1553000000	15	15	1553	1553000000
	15885548690.724716	16	15890000000	1172000000	16	16	1172	1172000000

关联进来的属性

I◄ ◄ 1 ► ►I （0 / *2000 已选择）

xian

图 17-1-6　属性表连接结果

为避免连接表对后续操作的干扰，可在内容列表中右键单击"xian"图层，选择**连接和关联**→**移除连接**→**移除所有连接**（图 17-1-7），即将连接表从"xian"属性表中移除。

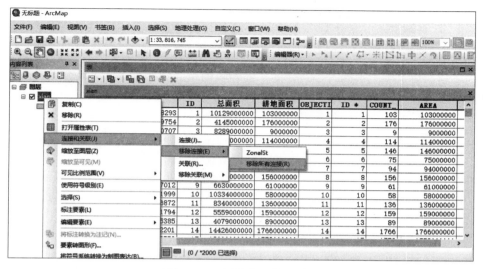

图 17-1-7　属性表连接的移除

第四步，计算每个行政区域内的地类比率。

在内容列表中右键点击"xian"图层，选择**打开属性表**，添加字段"**耕地面积比率**"。利用**字段计算器**工具，分别计算每个字段的值（图 17-1-8）。计算公式为：

$$耕地面积比率＝耕地面积/总面积（单位：\%）$$

依次可提取其他地类县域面积占比。

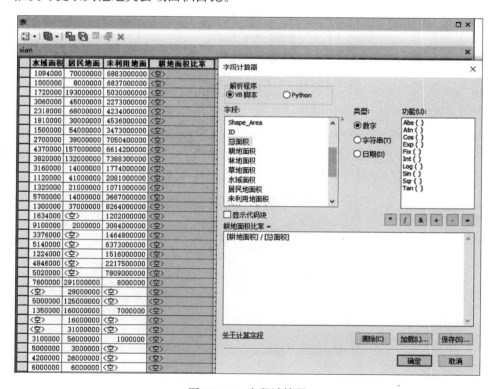

图 17-1-8　字段计算器

二、土壤数据

1. 土壤数据概况 土壤数据主要包括土壤类型和土壤质地等。土壤质地是土壤物理性状之一，指土壤中不同大小直径的矿物颗粒的组合状况。本文主要介绍常用的两种土壤空间分布数据。

（1）中国科学院资源与环境科学数据中心的土壤数据 中国土壤类型空间分布数据（图17-1-9）是根据全国土壤普查办公室1995年编制并出版的《1∶100万中华人民共和国土壤图》数字化生成，采用了传统的"土壤发生分类"系统，基本制图单元为亚类，共分出12土纲、61个土类、227个亚类。土壤属性数据库记录数达2 647条，属性数据项16个，基本覆盖了全国各种类型土壤及其主要属性特征。数据格式为TIFF。

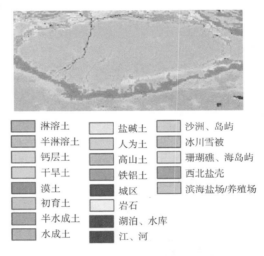

图17-1-9　土壤类型空间分布示意图

中国土壤质地粉沙土空间分布数据（图17-1-10）是根据1∶100万土壤类型图和第二次土壤普查获取到的土壤剖面数据编制而成，是根据砂粒、粉粒、黏粒含量进行土壤质地划分。数据分为sand（砂土）、silt（粉砂土）与clay（黏土）三大类，每一类数据均通过百分比，来反映不同质地颗粒的含量。数据格式为TIFF。

图17-1-10　土壤质地粉砂土空间分布示意图

（2）联合国粮农组织（FAO）和维也纳国际应用系统研究所（IIASA）构建的世界土壤数据库（Harmonized World Soil Database version 1.2）（HWSD）　世界土壤数据库（HWSD）下载自 FAO（http：//www.fao.org/soils-portal/soil-survey/soil-maps-and-databases/harmonized-world-soil-database-v12/en/）。中国境内数据源为第二次全国土地调查、南京土壤所制作的 1∶100 万土壤数据，可从国家青藏高原科学数据中心（http：//data.tpdc.ac.cn/zh-hans/data/611f7d50-b419-4d14-b4dd-4a944b141175/）获取。此数据为 grid 栅格格式，投影为 WGS84，包含土壤分类属性信息。

土壤数据下载解压后，如图 17-1-11 所示，包含 BIL 格式的全球土壤栅格数据（图 17-1-12）、HWSD 的数据库文件（HWSD.mdb）和数据说明文档（HWSD_Documentation）。采用的土壤分类系统主要为 FAO-90，详细分类可参考数据说明文档。HWSD 的栅格图形数据和属性信息分别存储在两个文件中，使用前需将两者连接。

名称	类型
hwsd.hdr	HDR 文件
hwsd.bil	BIL 文件
hwsd.blw	BLW 文件
HWSD_Documentation.pdf	Adobe Acrobat 文档
HWSD.mdb	MDB 文件
HWSD.zip	ZIP 压缩文件
HWSD_RASTER.zip	ZIP 压缩文件

图 17-1-11　数据说明

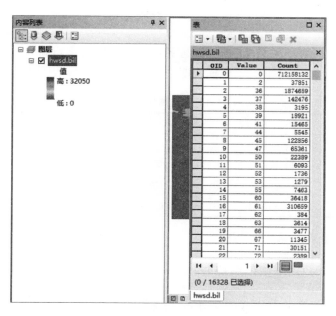

图 17-1-12　土壤栅格数据

2. HWSD 数据预处理

💡 操作提示 17-1-2：HWSD 数据预处理

数据：**第十七章＼第一节＼世界土壤数据库**HWSD 文件夹下的数据。

Arcmap 中加载"HWSD.mdb"下的"hwsd.bil"，图层列表右键单击"hwsd.bil"图层→**连接和关联→连接**，打开连接数据对话框（图 17-1-13）。其中，①**选择该图层中连接将基于的字段**为"hwsd.bil"栅格数据的"Value"字段；②**选择要连接到此图层的表，或者从磁盘加载表**选择"HWSD.mdb"中"HWSD_DATA"；③**选择此表中要作为连接基础的字段**选择"HWSD_DATA"属性表的字段"**ID**"。点击**确定**。

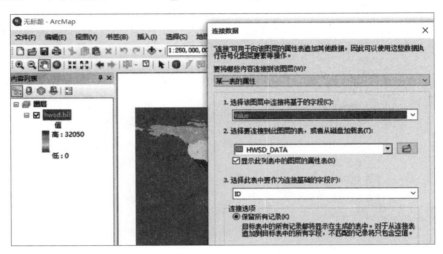

图 17-1-13　属性表连接

数据属性表"HWSD_DATA"中的字段代表不同的土壤特性，如"T_SAND"表示顶层砂土含量（表 17-1-2），根据说明文档可查找感兴趣的土壤特性。

表 17-1-2　土壤属性表部分字段

名称	土壤属性表字段	解释	单位
土壤质地	T_SAND	顶层砂土含量	%
	T_SILT	顶层粉砂土含量	%
	T_CLAY	顶层黏土含量	%
土壤类型	SU_SYM90	FAO90 土壤分类系统中土壤名称	—

3. 土壤信息提取

💡 操作提示 17-1-3：土壤信息提取

疫病数据通常由点状分布或面状分布，提取与之相对应的土壤信息。

数据：**第十七章＼第一节＼中国土壤质地空间分布数据＼**soil-zhidi＼sand（其中，sand 为土壤质地分布数据中的砂土含量）；**第十七章＼第一节＼点疫病数据＼点疫病数**

据. shp 为模拟的疫点数据。

（1）点源土壤信息提取　以提取模拟疫点对应土壤质地分布中的砂土含量为例，演示点源环境数据提取（图 17-1-14）。

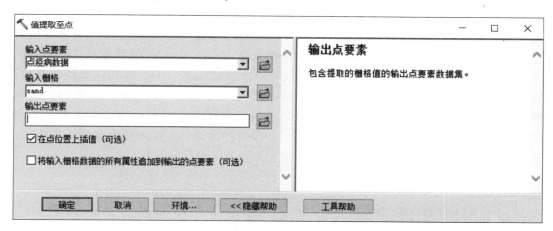

图 17-1-14　点源土壤信息提取

在 ArcToolbox 工具箱中选择 **Spatial Analyst Tools→提取分析→值提取至点**，打开**值提取至点**对话框。其中，**输入点要素**选择点疫病数据矢量数据"**点疫病数据**"；**输入栅格**选择"sand"；**输出点要素**为自定义结果输出路径及文件名（图 17-1-14）。字段"RASTERVALU"即为疫点对应位置的砂土含量（图 17-1-15）。

表
点疫病数据-结果

OBJECTID_1	OBJECTID	NAME	PAC	Shape_Leng	ORIG_FID	RASTERVALU
1	31	措勤县	542527	9.877269	30	66
2	32	噶尔县	542523	11.188512	31	72
3	33	改则县	542526	23.32324	32	66
4	34	革吉县	542525	17.18214	33	66
5	35	普兰县	542521	7.922885	34	0
6	36	日土县	542524	16.122107	35	72
7	37	札达县	542522	11.339821	36	84
8	171	昌宁县	530524	3.781739	170	46.612
9	172	龙陵县	530523	3.390055	171	33
10	173	隆阳区	530502	4.09881	172	33
11	174	施甸县	530521	2.561661	173	39
12	175	腾冲县	530522	4.546793	174	33
13	246	八宿县	542127	7.260658	245	44
14	247	边坝县	542133	6.90556	246	44.9036
15	248	察雅县	542126	5.025526	247	44
16	249	昌都县	542121	8.110921	248	38
17	250	丁青县	542125	8.245927	249	46.9756
18	251	贡觉县	542123	4.606232	250	44

|◀ ◀ 　1　▶ ▶|　(0 / 2892 已选择)

点疫病数据-结果

图 17-1-15　点源土壤信息提取结果

（2）面域土壤信息提取　疫病面状数据通常以行政单元为统计对象，以提取县域砂土含量均值为例，演示面域环境数据提取。具体步骤同**操作提示 17-1-1**，主要利用**以表格显示分区统计**工具。

第一步，计算每个行政区砂土含量均值。

在 ArcToolbox 工具箱中选择**Spatial Analyst Tools→区域分析→以表格显示分区统计**，打开**以表格显示分区统计**对话框（图 17-1-16）。其中，**输入栅格数据或要素区域数据**选择行政区划矢量数据（**全国县级行政区划矢量**.mdb \ xian）；**区域字段**是唯一标识县级行政区的字段，选择"ID"（可以通过字段计算器添加"ID"字段，长整型类型，值等于"OBJECTID"）；**输入赋值栅格**选择土壤质地数据（**中国土壤质地空间分布数据** \ soil-zhidi \ sand）；**输出表**为自定义结果输出路径及文件名；勾选**在计算中忽略 NoData（可选）**；**统计类型**选择"MEAN"，即为计算每个行政区砂土含量的平均值；单击**确定**，输出计算结果表"ZonalSt"。

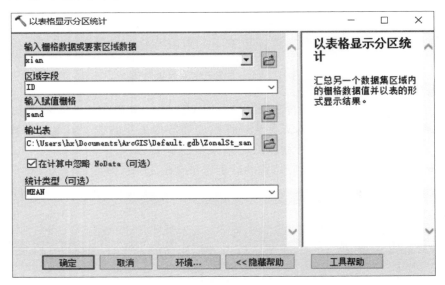

图 17-1-16　面域土壤信息提取

第二步，将计算的统计表与行政区划矢量数据的属性表连接。

首先，新建字段（可选）。单击"xian"图层添加字段"Sand"，类型为浮点型，用于存储上一步统计的结果。

然后，右键单击"xian"图层，选择**连接和关联→连接**，打开**连接数据**对话框，①**选择该图层中连接将基于的字段**选择框选择"xian"图层属性表中的"ID"字段（行政区县的唯一标识码）；②**选择要连接到此图层的表，或者从磁盘加载表**选择上一步中输出的"ZonalSt"表；③**选择此表中要作为连接基础的字段**，选择"ZonalSt"表中的唯一标识字段"ID"；**连接选项**中勾选"**保留所有记录**"；单击**确定**，即将统计结果的"ZonalSt"表连接至矢量数据"xian"的属性中，此时只是在此地图文档中形式上的连接，需保存。较快捷的方式是右键单击新建的"Sand"字段，打开**字段计算器**，将"MEAN_"字段属性赋值给"Sand"字段，或者图层列表右键单击"xian"图层→**数据→导出数据**，将其保存为新的包含连接属性数据的矢量文件。

三、地形地貌

1. 地形地貌数据概况 地形地貌数据主要包括高程、坡度和坡向。

ASTER GDEM 数据是常用的高程分布数据，由日本 METI 和美国 NASA 联合研制并免费向公众开放。ASTER GDEM 数据产品以"先进星载热发射和反辐射计（ASTER）"数据为基础计算生成，是覆盖全球陆地表面的高程影像数据（图 17-1-17 为样例）。可在地理空间数据云平台（http://www.gscloud.cn）免费下载使用。数据集空间分辨率为 30m，数据格式为 TIFF。

图 17-1-17 一景 DEM 数据（位于甘肃省）

2. 坡度坡向计算

💡 操作提示 17-1-4：计算坡度、坡向

坡度和坡向数据，可由高程数据计算。

数据：**第十七章 \ 第一节 \ 地形地貌 \ ASTGTM2 _ N35E143 \ ASTGTM2 _ N35E103 _ dem.tif**。

（1）计算坡度 在 ArcToolbox 工具箱中，选择 **Spatial Analyst Tools→表面分析→坡度**，打开**坡度**对话框（图 17-1-18）。其中，**输入栅格**选择高程数据（**地形地貌 \ ASTGTM2 _ N35E103 \ ASTGTM2 _ N35E103 _ dem.tif**）；**输出栅格**为自定义结果输出路径及文件名。点击**确定**，计算出的坡度数据见图 17-1-19。

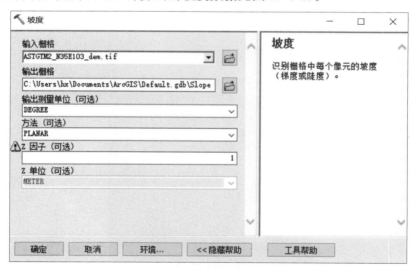

图 17-1-18 计算坡度

图 17-1-19　坡度数据

（2）计算坡向　在 ArcToolbox 工具箱中选择**Spatial Analyst Tools→表面分析→坡向**，打开**坡向**对话框（图 17-1-20）。其中，**输入栅格**选择高程数据（地形地貌 \ ASTGTM2 _ N35E103 \ ASTGTM2 _ N35E103 _ dem. tif）；**输出栅格**为自定义结果输出路径及文件名。点击**确定**，计算出来的坡向数据见图 17-1-21。

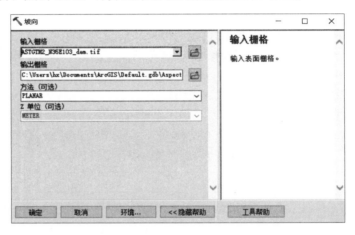

图 17-1-20　计算坡向

图 17-1-21　坡向数据

四、气象数据

1. 气象数据概况 常用的气象要素主要包括温度/气温、相对湿度、降水量、风速等，可通过中国气象数据网（http：//data. cma. cn）获取。中国气象数据网是气象科学数据共享网，包括全球和中国的地面天气资料、地面气候资料、近地面边界层观测资料等多个数据和产品。另外，有中国气象背景数据集，来源于中国科学院资源环境科学数据中心（http：//www. resdc. cn/），它是基于全国 1 915 个站点的气象数据（包括各站点多年的月降水、月均温等气象要素）计算的年平均气温 Ta、年平均降水量 Pa、≥0℃积温 T（＞0）、≥10℃积温 T（＞10），并利用反向距离加权平均的方法内插出全国空间分辨率为 500m 的年平均气温（Ta）、年平均降水量（Pa）、≥0℃积温、≥10℃积温和湿润指数（IM，Thornthwaite 方法）的空间分布数据集（图 17-1-22）。中国气象背景数据集数据格式为 ArcGIS Grid 格式，以整数形式存储（表 17-1-3）。

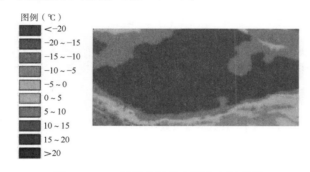

图 17-1-22 年平均气温空间分布示意图

表 17-1-3 气象数据

数据名称	内容	扩大倍数	备注
TaDEM	年平均气温（经 DEM 校正）	10	
Pa	年平均降水量	10	
AAT0DEM	≥0℃积温（经 DEM 校正）	10	
AAT10DEM	≥10℃积温（经 DEM 校正）	10	
Aridity	干燥度	1 000	－9 表示不可计算
IM	湿润指数	100	

2. 气象数据信息提取 利用 ArcGIS 的 Spatial Analyst 中的区域分析工具，对年平均气温、年平均降水量、干燥度和湿润指数数据以县级行政区划为单位进行提取分析，计算每个县级行政区划内的年平均气温（图 17-1-23）、年平均降水量、干燥度和湿润指数等。

详细操作步骤同**操作提示 17-1-1**。

图 17-1-23 县域年平均气温空间分布示意图

五、植被数据

1. 植被数据介绍　归一化植被指数（NDVI）是目前最常用的表征植被状况的指数。NDVI 数据产品有很多，如 SPOT/VEGETATION NDVI、AVHRR NDVI 和 MODIS NDVI 等。常用的 NDVI 数据由 MODIS 陆地标准产品合成的。中国 500M NDVI 月合成产品可于地理空间数据云（http：//www. gscloud. cn/）获取。

2. 植被数据信息提取　利用 ArcGIS10. 7 中的 Spatial Analyst 的区域分析工具，以县级行政区划为单位，对 NDVI 数据进行提取分析，获取行政区划内的 NDVI 平均值（图 17-1-24）。

详细操作步骤同**操作提示 17-1-1**。

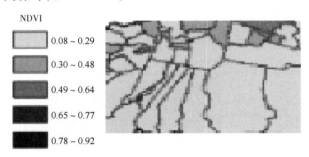

图 17-1-24　县域植被指数（NDVI）空间分布示意图

六、地表温度

1. 地表温度数据介绍　地表温度（LST）就是指地面温度。中国 1 千米（km）地表温度每日产品（TERRA 星）单位为开尔文，可通过计算公式：$0.02^* value-273.15$ 转换为摄氏温度，其中，value 为栅格数据像元值。月平均产品是根据每日产品求平均值计算得到。数据来源于地理空间数据云（http：//www. gscloud. cn/）。

2. 地表温度数据信息提取　利用 ArcGIS10. 7 的 Spatial Analyst 的区域分析工具，以县级行政区划为单位，对 LST 数据进行提取分析，以行政区划内的 LST 平均值代表整个区域的 LST 值（图 17-1-25）。

详细操作步骤同**操作提示 17-1-1**。

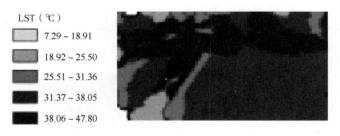

图 17-1-25　县域地表温度（LST）空间分布示意图

第二节　动物疫病人文环境因素

一、国内生产总值（GDP）

1. 国内生产总值数据概述　国内生产总值（GDP）是影响动物疫病分布的重要指标之一。GDP 空间化以空间统计单元代替传统的行政统计单元，为多领域之间数据共享和空间统计分析带来便利。

中国 GDP 空间分布公里网格数据集（来源于中国科学院资源与环境科学数据中心，http：//www. resdc. cn/）是在全国分县 GDP 统计数据的基础上，综合考虑了与人类经济活动密切相关的土地利用类型、夜间灯光亮度、居民点密度等多因素，利用多因子权重分配法将以行政区为基本统计单元的 GDP 数据展布到（1km×1km）栅格单元上，从而实现 GDP 的空间化。

该数据集反映了 GDP 数据在全国范围内的详细空间分布状况（图 17-2-1）。每个栅格代表该网格范围（1km²）内的 GDP 总产值，单位为万元/km²，数据格式为 grid，数据以 Krassovsky 椭球为基准，投影方式为 Albers 投影。

图 17-2-1　2015 年 GDP 空间分布示意图

2. GDP 数据信息提取　疫病空间通常有点状（如暴发点或病例点等）和面状（如各县的发病总数等）数据，与之相对应，环境数据提取主要有点源提取和面域提取。

操作提示 17-2-1：GDP 数据信息提取

以全国县级行政区为例，利用 ArcToolbox **以表格显示分区统计**工具计算每个区县内的 GDP。

数据：**第十七章＼第二节＼GDP 数据＼gdp2015；第十七章＼第二节＼全国县级行政区划矢量.mdb＼xian**。

第一步，加载数据。ArcMap 中加载 GDP 空间分布公里网格数据（GDP **数据＼**gdp2015）和行政区划矢量数据（**全国县级行政区划矢量**.mdb＼xian）。

添加新字段以备第三步使用（可选）。在内容列表中右击"xian"，单击**打开属性表**，打开表窗口。在表窗口单击**表选项→添加字段**，打开添加字段对话框，在**名称**文本框输入"GDP"；单击**类型**下拉框，选择"浮点型"。单击**确定**，即可向该属性表中添加一个新字段"GDP"。

第二步，执行分区统计。

在 ArcToolbox 中选择**Spatial Analyst Tools→区域分析→以表格显示分区统计**，打开以表格显示分区统计对话框（图 17-2-2）。其中，**输入栅格数据或要素区域数据**选择行政区划矢量数据（**全国县级行政区划矢量**.mdb＼xian）；**区域字段**是唯一标识县级行政区的字段，选择"ID"；**输入赋值栅格**选择 GDP 空间分布公里网格数据"gdp2015"；**输出表**为自定义结果输出路径及文件名；勾选**在计算中忽略 NoData（可选）**；**统计类型**选择"MEAN"即为计算的县域 GDP 均值，选择"ALL"则为计算县域 GDP 的所有统计量，包括最小值、最大值、均值等；单击**确定**，输出计算的结果表"ZonalSt＿GDP"（图 17-2-3）。

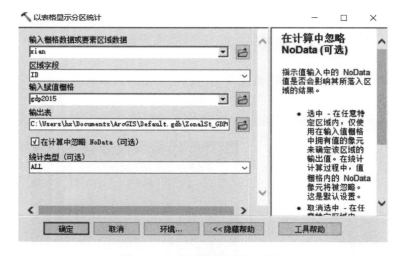

图 17-2-2　以表格显示分区统计

OBJECTID *	ID	COUNT	AREA	MIN	MAX	RANGE	MEAN	STD	SUM
1	1	10119	10119000000	1	93	92	9.098923	3.004197	92072
2	2	4144	4144000000	14	126	112	51.375724	14.548149	212901
3	3	8296	8296000000	6	82	76	13.193226	5.079328	109451
4	4	5346	5346000000	11	99	88	20.569772	4.801493	109966
5	5	5278	5278000000	17	198	181	43.840091	10.225693	231388
6	6	4330	4330000000	21	189	168	52.326097	14.313833	226572
7	7	6629	6629000000	6	183	177	32.713381	8.039102	216857
8	8	3884	3884000000	19	2372	2353	116.332904	257.727663	451837
9	9	6634	6634000000	3	37	34	10.731384	2.990371	71192
10	10	10337	10337000000	3	107	104	14.160491	5.405155	146377
11	11	8349	8349000000	8	133	125	21.686549	8.509995	181061
12	12	5562	5562000000	12	145	133	23.669184	9.819948	131648
13	13	4078	4078000000	30	1984	1954	155.133154	184.755945	632633
14	14	14414	14414000000	0	1553	1553	103.398224	129.329744	1490382
15	15	13020	13020000000	4	1006	1002	42.842396	69.795672	557808
16	16	15898	15898000000	12	360	348	35.15329	21.116585	558867
17	17	8913	8913000000	4	383	379	12.498934	24.061396	111403
18	18	14479	14479000000	6	1144	1138	107.998757	74.59592	1563714

图 17-2-3　以表格显示分区统计结果

第三步，将统计表与行政区划矢量数据属性表连接。

右键单击"xian"图层→**连接和关联**→**连接**。打开**连接数据**对话框（图17-2-4）。其中：①**选择该图层中连接将基于的字段**选择"xian"图层属性表中的"ID"字段（行政区县的唯一标识码）；②**选择要连接到此图层的表，或者从磁盘加载表**选择上一步中输出的"ZonalSt_GDP"表；③**选择此表中要作为连接基础的字段**选择"ZonalSt_GDP"表中的唯一标识字段"ID"。**连接选项**中勾选"保留所有记录"，单击**确定**，即将"ZonalSt_GDP"表连接至"xian"矢量数据图层的属性表中，此时只是在此地图文档内形式上的连接，需保存。较快捷的方式是右键单击第一步的新建字段"GDP"，打开**字段计算器**，将"MEAN_"字段属性赋值给"GDP"字段，或者图层列表右键单击"xian"图层→**数据**→**导出数据**，将其保存为新的包含连接属性字段的矢量文件，保存结果见图17-2-5。

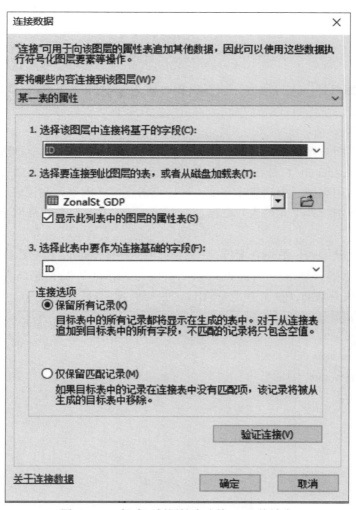

图17-2-4　行政区划属性表连接GDP统计表

Shape_Area	ID	OBJECTID	ID *	COUNT	AREA	MIN	MAX	RANGE	MEAN	STD	S
10121674312.748293	1	1	1	10119	10119000000	1	93	92	9.098923	3.004197	
4145392145.519754	2	2	2	4144	4144000000	14	126	112	51.375724	14.548149	
8293794925.610707	3	3	3	8296	8296000000	6	82	76	13.193226	5.079328	
5349365854.975978	4	4	4	5346	5346000000	11	99	88	20.569772	4.801493	
5283102269.957067	5	5	5	5278	5278000000	17	198	181	43.840091	10.225693	
4330350110.340178	6	6	6	4330	4330000000	21	189	168	52.326097	14.313833	
6623218626.709668	7	7	7	6629	6629000000	6	183	177	32.713381	8.039102	
3888868464.508541	8	8	8	3884	3884000000	19	2372	2353	116.332904	257.727663	
6643391894.117012	9	9	9	6634	6634000000	3	37	34	10.731384	2.990371	
10328693364.501999	10	10	10	10337	10337000000	3	107	104	14.160491	5.405155	
8338657674.506672	11	11	11	8349	8349000000	8	133	125	21.686549	8.509995	
5560823213.891794	12	12	12	5562	5562000000	12	145	133	23.669184	9.819948	
4078699510.695385	13	13	13	4078	4078000000	30	1984	1954	155.133134	184.755945	
14422761725.322201	14	14	14	14414	14414000000	0	1553	1553	103.398224	129.329744	1
13015608613.553753	15	15	15	13020	13020000000	4	1006	1002	42.842396	69.795672	
15885548690.724716	16	16	16	15898	15898000000	12	360	348	35.15329	21.116585	
8912349789.712679	17	17	17	8913	8913000000	4	383	379	12.498934	24.061396	
14505007453.685219	18	18	18	14479	14479000000	6	1144	1138	107.998757	74.59592	
31848742730.599934	19	19	19	31854	31854000000	0	1228	1228	18.168864	38.64601	

图 17-2-5　行政区划属性表保存信息提取结果

二、人口

1. 人口数据概述　人口数据，通常以行政区为基本统计单元。人口空间化是以空间统计单元代替传统的行政统计单元。人口空间化数据为多领域之间数据共享、空间统计分析带来便利。

中国人口空间分布公里网格数据集（来源于中国科学院资源与环境科学数据中心，http：//www.resdc.cn/）是在全国分县人口统计数据的基础上，综合考虑了与人口密切相关的土地利用类型、夜间灯光亮度、居民点密度等多因素，利用多因子权重分配法将以行政区为基本统计单元的人口数据展布到（1km×1km）空间格网上，从而实现人口的空间化。

该数据集反映了人口数据在全国范围内的详细空间分布状况（图 17-2-6）。每个栅格代表该网格范围（1km²）内的人口数，单位为人/km²，数据格式为 gird，数据以 Krassovsky 椭球为基准，投影方式为 Albers 投影。

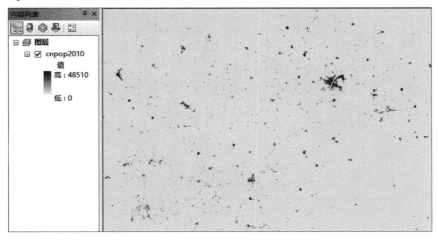

图 17-2-6　2010 年人口空间分布示意图

2. 人口数据信息提取 详细操作过程参考操作提示 17-2-1。

三、宗教信仰、职业、文化程度

1. 宗教信仰、职业、文化程度数据概述 人口统计信息通常来自于人口普查数据。以 2010 年第六次全国人口普查数据为例，该数据包括中国 2010 年人口普查分县资料和中国 2010 年人口普查分民族人口资料，数据来源于国家统计局（http：//www.stats.gov.cn/）。统计数据中包含全国行政区域单位宗教信仰（藏族人口、蒙古族人口等）、文化程度（文盲人口数据）、职业（农林牧渔业人口等）等数据，格式为 Excel（图 17-2-7）。

全国各县分性别的蒙古族、回族、藏族人口

单位：人

地 区	蒙 古 族			回 族			藏 族		
	小计	男	女	小计	男	女	小计	男	女
全 国	5 981 840	2 999 520	2 982 320	10 586 087	5 373 741	5 212 346	6 282 187	3 155 625	3 126 562
北京市	76 736	36 758	39 978	249 223	122 993	126 230	5 575	2 746	2 829
市辖区	74 721	35 841	38 880	244 174	120 392	123 782	5 556	2 738	2 818
东城区	2 476	1 238	1 238	12 306	5 975	6 331	190	98	92
西城区	2 986	1 403	1 583	13 345	6 519	6 826	223	118	105
崇文区	1 146	542	604	6 858	3 230	3 628	49	22	27
宣武区	2 340	1 137	1 203	27 002	13 417	13 585	113	63	50
朝阳区	12 925	6 123	6 802	47 214	23 083	24 131	1 464	713	751
丰台区	7 187	3 440	3 747	25 069	12 384	12 685	336	176	160
石景山区	2 455	1 217	1 238	5 829	2 829	3 000	86	37	49
海淀区	17 353	8 105	9 248	31 803	15 327	16 476	2 028	947	1 081
门头沟区	634	275	359	955	488	467	1	1	
房山区	2 208	1 096	1 112	7 031	3 590	3 441	185	111	74
通州区	4 261	2 018	2 243	22 929	11 448	11 481	113	64	49
顺义区	2 976	1 440	1 536	5 323	2 656	2 667	61	19	42
昌平区	9 260	4 565	4 695	17 439	8 819	8 620	510	244	266
大兴区	4 154	2 132	2 022	20 377	10 251	10 126	163	106	57
怀柔区	1 687	803	884	531	282	249	29	16	13
平谷区	673	307	366	163	94	69	5	3	2
市辖县	2 015	917	1 098	5 049	2 601	2 448	19	8	11
密云县	1 473	689	784	4 551	2 355	2 196	9	3	6
延庆县	542	228	314	498	246	252	10	5	5

图 17-2-7 人口统计数据样例

2. 宗教信仰、职业、文化程度信息导入地理数据库 计算宗教信仰、职业和文化程度的比率，藏族人口比率、文盲人口比率、农林牧渔业职业人口比率的公式如下：

$$藏族人口比率＝藏族人口数/总人口$$
$$文盲率＝文盲人口数/总人口$$
$$农林牧渔职业人口比率＝农林牧渔职业人口数/总人口$$

操作流程一般为：将行政区域名作为唯一标记字段，运用 ArcGIS 中的连接功能将整理好的数据表与行政区划矢量数据表连接，并导入地理数据库中。以下将以县为统计单元的藏族人口信息导入县级行政区划矢量数据中为例，介绍具体的操作流程。

操作提示 17-2-2：藏族人口数据导入地理数据库

将以县为统计单元的藏族人口信息导入县级行政区划矢量数据中。

数据：第十七章 \ 第二节 \ 整理入库藏族人口数据.xls；第十七章 \ 第二节 \ 全国县级行政区划矢量 \ xian.shp。

第一步，将统计年鉴数据整理为可以关联导入地理数据库中的标准格式。

整理 ID（确保行政区县的唯一标识码与"xian"矢量数据中的标识码一一对应）、行政区名称、藏族人口、总人口，计算藏族人口比，形成如图 17-2-8 所示的数据表**（整理入库藏族人口数据.xls）**。

	A	B	C	D	E
1	ID	行政区名称	藏族人口	总人口	藏族人口比
2	2134	新市区	392	730307	0.00
3	2508	曲麻莱县	27378	28243	0.97
4	1705	仁布县	27562	27826	0.99
5	1698	岗巴县	10172	10464	0.97
6	1709	谢通门县	41497	42280	0.98
7	247	边坝县	34479	35767	0.96
8	678	久治县	24892	26081	0.95
9	1697	定日县	50051	50818	0.98
10	1700	江孜县	62311	63503	0.98

图 17-2-8　藏族人口整理后的表格

第二步，添加新字段，以备第三步使用（可选）。

加载行政区划数据（**全国县级行政区划矢量**.mdb \ xian），在内容列表中右击"xian"图层，单击**打开属性表**，打开表窗口。在表窗口单击**表选项→添加字段**，打开**添加字段**对话框，在**名称**文本框输入"**藏族人口比率**"；单击**类型**下拉框，选择"长整型"；单击**确定**，即可向该属性表中添加一个新字段。

第三步，将第一个步骤整理的 excel 数据与行政区划矢量数据属性表连接。

右键单击"xian"图层**→连接和关联→连接**，打开**连接数据**对话框：①**选择该图层中连接将基于的字段**选择"xian"图层属性表中的"ID"字段（行政区县的唯一标识码）；②**选择要连接到此图层的表，或者从磁盘加载表**选择第一个步骤整理的 excel 数据"**整理入库藏族人口数据**"；③**选择此表中要作为连接基础的字段**选择"**整理入库藏族人口数据**"表中的唯一标识字段"ID"。**连接选项**勾选"保留所有记录"；单击**确定**，即将表"**整理入库藏族人口数据**"连接至"xian"矢量数据图层的属性表中，此时只是在此 ArcMap 内形式上的连接，须保存。较快捷的方式是右键单击"**藏族人口比率**"字段，打开**字段计算器**，将"**藏族人口比**"字段属性赋值给"**藏族人口比率**"字段，或者图层列表右键单击"xian"图层**→数据→导出数据**，将其保存为新的包含连接属性字段的矢量文件。

西部 7 个省（自治区）藏族人口地理空间分布见图 17-2-9。

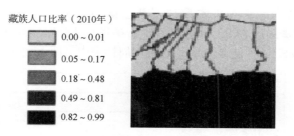

藏族人口比率（2010年）

- 0.00 ~ 0.01
- 0.05 ~ 0.17
- 0.18 ~ 0.48
- 0.49 ~ 0.81
- 0.82 ~ 0.99

图 17-2-9　区县级藏族人口空间分布示意图

四、高速公路数据

1. 高速公路数据概述　畜禽调运与高速公路密切相关，直接影响动物疫病的传播。高速公路数据属于国家基础地理信息数据，可以从国家基础地理信息中心（http：//www. ngcc. cn/ngcc/）获取。

2. 计算点到高速公路最近距离信息　分析高速路网对动物疫病传播的影响时，通常使用疫点到高速路的最短距离这一指标来衡量。

操作提示 17-2-3：提取点到高速公路最近距离

以计算县级行政驻地到高速公路的最短距离为例。

数据：“**第十七章\第二节\高速公路数据\高速_polyline. shp**”为高速路网分布数据；“**第十七章\第二节\高速公路数据\县_point. shp**”为县级行政驻地（点矢量）。

第一步，加载县级行政驻地数据“**县_point. shp**”和高速公路矢量数据“**高速_polyline. shp**”（图 17-2-10）。

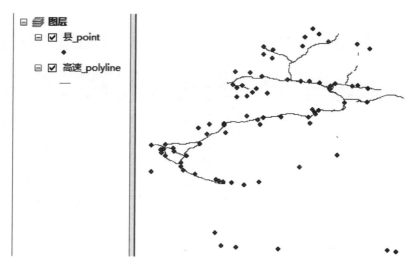

图 17-2-10　高速公路及县级行政驻地空间分布

第二步，近邻分析。

在 ArcToolbox 工具箱中选择**分析工具→邻域分析→近邻分析**，打开**近邻分析**对话框（图 17-2-11）。其中，**输入要素**选择"**县 _ point**"数据；**邻近要素**选择"**高速 _ polyline**"数据；**方法**选择"GEODESIC"；点击**确定**，计算出的县驻点到高速路的最近距离字段（NEAR _ DIST）存储在"**县 _ point**"属性表中（图 17-2-12），单位为 m。

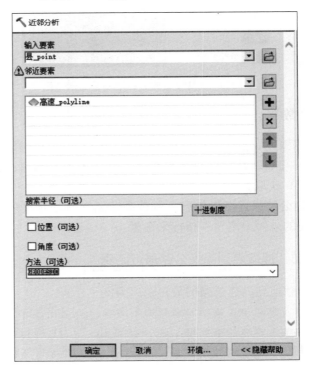

图 17-2-11　近邻分析

ADMINCODE	CENTER	POPULATION	LINKID	SIDE	DUMMY	NEAR_FID	NEAR_DIST
340102		90	47576246101	N	0	763	6528.197641
340103		61	47576238220	N	0	791	9273.301952
340104		102	47576240861	N	0	793	6344.788954
340111		82	47575217699	N	0	764	434.392534
340121		63	48575101360	N	0	6555	6460.100722
340122		86	47576305342	N	0	567	2680.70599
340123		86	47574103147	N	0	878	7955.540647
340124		97	46577200505	N	0	1794	7108.776789
340181		78	47573702360	N	0	1016	3212.090599
340202		47	47580309417	N	0	1565	3378.901084
340203		23	46587201225	N	0	1649	5954.053033
340207		36	47580309454	N	0	1565	470.039338
340208		18	46586100846	N	0	1829	12284.829462
340221		35	46585400202	N	0	2000	3084.781937
340222		28	46584100641	N	0	2087	3725.703359

图 17-2-12　近邻分析结果

（黄　端）

一般线性回归

【例 18-1】

包虫病是严重危害人民身体健康和生命安全、影响社会经济发展的重大传染病之一。报告病例主要分布于新疆、青海、四川、西藏、甘肃、宁夏、内蒙古等 7 个省（自治区）。经调研，可能影响包虫病流行及传播的自然环境因素主要包括土地利用/覆盖、土壤、地形地貌、气象、植被指数和地表温度等；人文环境因素主要包括 GDP、人口密度、宗教信仰和文化教育程度等。

【问题 18-1】

1. 如何确定哪些环境因素影响包虫病传播？

2. 是否可以推算未知地区包虫病疫情的严重程度？

【分析 18-1】

一般线性回归可构建包虫病疫情指标与自然和人文环境因素之间的关系模型，揭示影响因子。基于构建的关系模型和疫情未知地区的环境影响因子可推算其疫情严重程度。

第一节　方法流程

线性回归原理可参考相关统计学文献或书籍，在此不做说明。应用线性回归分析疾病与环境因素之间关系的预处理流程通常为：因纳入分析的环境因素众多，执行线性回归分析前需筛选具有统计学意义的影响因素，常用的方法是单因素分析；随后检验解释变量间的共线性，常用的检验方法是方差膨胀因子（VIFs）；当反映疾病严重程度的应变量不符合正态分布时，需对其进行数据转换，常用的方法是对数变换。

第二节　实例分析

实例与操作 18-2-1：包虫病分布环境影响因素识别及患病率分布推算

搜集新疆、内蒙古、青海、西藏、甘肃、宁夏和四川等西部 7 个省（自治区）县市级人间包虫病患病率数据及环境因子分布数据，构建两者之间的关系模型，揭示影响包虫病分布的环境影响因子，并推算未知区域的人间包虫病患病率。

数据：**第十八章****第二节**\\HPEC.mdb 和**第十八章****第二节**\\HPEC_data.shp。

一、数据

获取 2012—2018 年间中国西部 7 个省（自治区）243 个县的患病率数据，并将数据导入地理数据库中（Huang et al.，2018）。

自然地理环境因素主要包括气候、地形地貌、植被、地表温度和土地利用数据；人文地理环境因素主要包括人口密度、宗教信仰、教育程度、职业和经济等数据。数据来源见表 18-2-1，预处理过程参考第十七章。所有数据存储在一个地理数据库文件中（本例为"HPEC.mdb"）。

表 18-2-1 地理环境因素

数据分类	名称	来源	单位
气候	年均气温	国家气象科学数据中心	℃
	年均降水量		mm
DEM	DEM	美国国家航空航天局	m
NDVI	NDVI（春）	美国地质调查局	—
	NDVI（夏）		—
	NDVI（秋）		—
	NDVI（冬）		—
	NDVI（平均值）		—
LST	LST（春）	中国科学院计算机网络信息中心地理空间数据云平台	℃
	LST（夏）		℃
	LST（秋）		℃
	LST（冬）		℃
	LST（平均值）		℃
土地利用	耕地面积比	中国科学院资源与环境科学数据中心	—
	林地面积比		—
	草地面积比		—
	水域面积比		—
	居民建筑用地比		—
	未利用地比		—
人口	人口密度	国家统计局	人/km^2
宗教信仰	藏族人口比	国家统计局	—
	蒙古族人口比		—
	回族人口比		—
教育程度	文盲率	国家统计局	—
职业	AOPR	国家统计局	—
经济	GDP	国家统计局	10^{12}元

注：DEM＝数字高程模型；NDVI＝归一化植被指数；LST＝地表温度；AOPR（agricultural occupational population rate）＝从事农业人口比率；GDP＝国民生产总值。

二、统计方法及流程

将人间包虫病患病率数据随机分为两部分，其中，80%用于进行单因素分析和多元线性回归建模，余下的20%数据用于模型精度检验。采用多元线性回归分析方法，识别与人间包虫病空间分布显著相关的环境因子。首先利用单变量相关分析来检验环境因子变量对人间包虫病分布的影响，相关性用相关系数和P值来决定，选取具有统计学意义（此例选择置信区间为95%，即$P<0.05$）的环境因子变量。然后，对以上选取的变量通过检验其方差膨胀因子（VIFs）和相关系数，排除较高的共线性变量。使用对数变换对患病率数据进行预处理，使其符合正态分布。最后，采用多元线性回归构建人间包虫病患病率与上述筛选后的环境因素之间的关系模型。利用均方根误差（RMSE）和调整后的R平方评价模型的拟合优度。调整后的R平方值在0~1，值越接近1，说明模型拟合越好。以上操作可在SPSS、R或SAS等统计软件中实现，具体操作流程参考相关书籍或文献。ArcGIS提供了空间关系建模→普通最小二乘法，可实现单因素分析和多元线性回归。

1. 单变量相关分析 ArcGIS 操作步骤　第一步，在 ArcToolbox 工具箱中选择**空间统计工具→空间关系建模→普通最小二乘法**，打开**普通最小二乘法**对话框（图 18-2-1）。

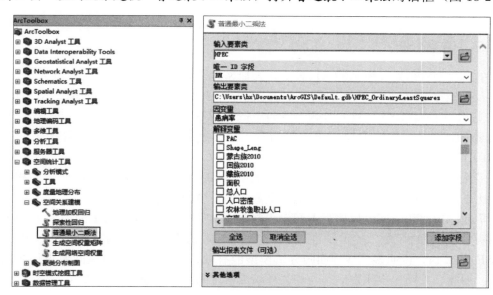

图 18-2-1　单因素分析

第二步，参数设置。**输入要素类**选择人间包虫病患病率矢量数据"HPEC"。**唯一 ID 字段**可以选择 ID 字段或者自定义的唯一编码总段。**输出要素类**为自定义的输出结果路径及文件名。**因变量**选择包虫病"**患病率**"。**解释变量**选择某一个解释变量数据。**输出报表文件（可选）**可以输出统计结果。依次单选其他解释变量重复该步骤。

选择单因素分析结果中具有统计学意义的变量进行相关性分析，并利用方差膨胀因子（VIFs）排除相关性高的变量，其余纳入多元线性回归分析。变量筛选建议使用 SPSS 等专业统计软件。

2. 多元回归分析 ArcGIS 操作步骤　第一步，同单变量相关分析 ArcGIS 操作第一步。点击 **ArcToolbox 工具箱→普通最小二乘法**，打开普通最小二乘法对话框。

第二步，变量设置。同单因素单变量相关分析 ArcGIS 操作第二步，区别在于此时解释变量选择经过筛选后的所有因变量。**输入要素类**选择人间包虫病患病率矢量图层 "HPEC"。**唯一 ID 字段**可以选择 ID 字段或者自定义的唯一编码字段。**输出要素类**为自定义的输出结果路径及文件名。**因变量**选择包虫病 **"患病率"**。**解释变量**选择多个解释变量数据。**输出报表文件（可选）**可以输出统计结果（表 18-2-2）。

表 18-2-2　多因素相关系数和统计检验值

Variable	Coef	StdError	t_Stat	Prpb	Robust_SE	Robust_t	Robust_Pr	StdCoef
截距	−2.204 185	0.321 207	−6.862 183	0	0.326 545	−6.750 016	0	0
草地面积比	1.463 067	0.440 642	3.320 309	0.001 09	0.486 357	3.008 215	0.002 992	0.203 44
藏族人口比	1.565 363	0.235 321	6.652 019	0	0.248 773	6.292 342	0	0.478 618
GDP	−0.010 036	0.003 845	3.913 039	0.000 134	0.001 719	8.752 727	0	0.214 184
LST 春	−0.047 007	0.019 27	−2.439 371	0.015 626	0.019 907	−2.361 348	0.019 215	−0.162 533

注：Variable：变量；Coef：系数；StdError：标准差；t_Stat：统计量；Prpb：概率；Robust_SE：稳健性检验下的标准差；Robust_t：稳健性检验下的 t 统计量；Robust_Pr：稳健性检验下的概率；StdCoef：稳健性检验下的标准系数。

三、结果分析

单因素分析结果（表 18-2-3）表明，人口密度、藏族人口比率、蒙古族人口比率、回族人口比率、文盲率、AOPR、GDP、年均降水量、年均气温、DEM、NDVI（冬季）、LST（春）、LST（夏）、LST（秋）、LST（冬）、LST（年均值）、耕地面积比、草地面积比和居民建筑用地面积比等指数，是与人间包虫病患病率显著相关的变量（$P<0.05$）。

多元线性回归分析结果（表 18-2-3）表明，GDP、LST（春）、草地面积比和藏族人口比是影响人间包虫病分布具有统计学意义的环境因素。

草地面积比和藏族人口比与人间包虫病呈显著正相关，GDP 与 LST（春）与人间包虫病呈显著负相关。多元线性回归方程校正后的 R 平方值为 0.71（$P<0.01$），RMSE 为 0.14，说明多元线性回归分析模型能有效拟合环境因素与人间包虫病之间的关系。因此，人间包虫病发病率与相关环境因素之间的关系模型可表示为：

$$Y=\exp\left[-2.20-0.01\times GDP-0.05\times LST（春）+1.46\times 草地面积比+1.56\times 藏族人口比率\right] \tag{18.1}$$

表 18-2-3　单因素与多因素相关系数和 P 值

因素	单因素分析		多因素分析	
	相关系数	P 值	相关系数	P 值
人口密度	−0.50**	0.00		
藏族人口比率	0.63**	0.00	1.56	0.00
蒙古族人口比率	−0.44**	0.00		

因素	单因素分析		多因素分析	
	相关系数	P 值	相关系数	P 值
回族人口比率	−0.44**	0.00		
文盲率	0.58**	0.00		
AOPR	0.23**	0.00		
GDP	−0.56**	0.00	−0.01	0.00
年均降水量	0.31**	0.00		
年均气温	−0.54**	0.00		
DEM	0.66	0.00		
NDVI（夏）	−0.08	0.27		
NDVI（秋）	−0.01	0.85		
NDVI（秋）	0.00	0.98		
NDVI（冬）	0.25**	0.00		
NDVI（年均值）	0.03	0.71		
LST（春）	−0.50**	0.00	−0.05	0.01
LST（夏）	−0.51**	0.00		
LST（秋）	−0.51**	0.00		
LST（冬）	−0.44**	0.00		
LST（年均值）	−0.55**	0.00		
耕地面积比	−0.58**	0.00		
林地面积比	−0.10	0.18		
草地面积比	0.50**	0.00	1.46	0.00
水域面积比	0.00	0.95		
居民建筑用地比	−0.50**	0.00		
未利用地比	−0.07	0.36		

注：**在0.01级别（双尾），相关性显著。

四、未知地区患病率推算

第一步，查看上述多元线性回归模型揭示的4个显著影响人间包虫病分布的环境因子全区域分布数据。西部7个省（自治区）各县的GDP、LST（春）、草地面积比和藏族人口比4个因素的指标已在数据预处理（数据来源及提取方法参见第十七章）阶段全部提取并保存为"HPEC_data.shp"（图18-2-2）。

第二步，在"HPEC_data.shp"的属性表中新增表示"**患病率**"字段（此例为"CS"），右键单击该字段，选择**字段计算器**，打开**字段计算器**对话框，配合使用字段栏中字段名（双击）及运算符（单击），在输入框中输入公式18.1（图18-2-3），即得到推算的患病率。

图 18-2-2　预测县的指标因素

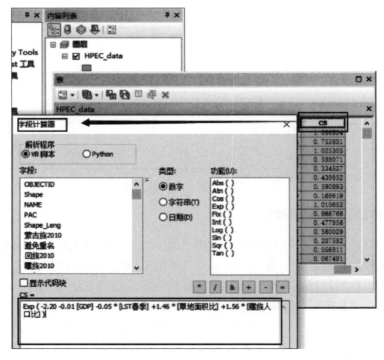

图 18-2-3　患病率的推算

第三步，制图。根据自然断点分类法（natural breaks）将预测患病率分为 5 个等级，以 1.91～5.07 为最高一级（Huang et al.，2014）。高风险区主要分布在青海南部、四川西北部和西藏大部分地区。高危地区有 102 个县，占西部 7 个省县总数的 16.60%。

（黄　端）

地理加权回归

在地学空间分析中，n 组观测数据通常是在不同地理位置上获取的样本数据。一般线性回归（全局空间回归模型）是假定回归参数与样本数据的地理位置无关，或者说在整个空间研究区域内保持稳定一致。那么，在 n 个不同地理位置上获取的样本数据，就等同于在同一地理位置上获取的样本数据。而在实际问题研究中经常发现回归参数在不同地理位置上往往不同，也就是说回归参数随地理位置变化。这时如果仍然采用全局空间回归模型，得到的回归参数估计将是回归参数在整个研究区域内的平均值，不能反映回归参数的真实空间特征。

依据地理学第一定律，从地理空间的角度，动物疫情存在空间相关性以及空间异质性。空间相关性，指一些变量在同一个分布区内的观测数据之间潜在的相互依赖性；空间异质性，指地物在空间分布上的不均匀性及其复杂性。因此，一般线性回归可能使结果存在偏倚或解释上的困难。

地理加权回归模型（Geographically Weighted Regression Model-GWR）是对普通线性回归模型的扩展，将数据的地理位置嵌入回归参数之中，公式如下：

$$y_i = \beta_0(u_i, v_i) + \sum_{k=1}^{p} \beta_k(u_i, v_i)x_{ik} + \varepsilon_i \quad (i = 1, 2, \cdots, n) \#$$ (19.1)

式中，(u_i, v_i) 为第 i 个采样点的坐标（如经纬度）；$\beta_k(u_i, v_i)$ 为第 i 个采样点第 k 个回归参数，是地理位置的函数；x_{ik} 为上述地理基础信息要素；$\varepsilon_i \sim N(0, \sigma^2)$；协方差 $\text{Cov}(\varepsilon_i, \varepsilon_j) = 0$ $(i \neq j)$。

第一节　空间权重矩阵

地理加权回归模型的核心是空间权重矩阵，它是通过选取不同的空间权函数来表达对数据空间关系的不同认识。常用的空间权函数有以下几种。

1. 距离阈值法　距离阈值法是最简单的权函数选取方法，它的关键是选取合适的距离阈值（D），然后将数据点与回归点之间的距离（d_{ij}）与其比较，若大于该阈值，则权重（w_{ij}）为 0，否则为 1，即

$$w_{ij} = \begin{cases} 1 & d_{ij} \leqslant D \\ 0 & d_{ij} > D \end{cases} \#$$ (19.2)

这种权重计算方法的实质就是移动窗口法，计算虽然简单，但却存在函数不连续的

缺点，在具体应用中，随着回归点的改变，参数估计会因一个观测值移入或移出窗口而发生突变，所以在地理加权回归模型参数估计中不宜采用该方法。

2. 距离反比法　地理学第一定律认为，空间相近的地物比相对远的地物具有更强的相关性，因此在估计回归点的参数时，应对回归点的邻域给予更多的关注。根据这种思路，人们自然想到使用距离来衡量这种空间关系：

$$w_{ij} = \frac{1}{d_{ij}^{a}} \#$$

(19.3)

这里 a 为合适的常数，当取值为 1 或 2 时，对应的是距离倒数和距离倒数的平方。这种方法简洁明了，但对于回归点本身也是样本数据点的情况，就会出现回归点观测值权重无穷大的情况，若要从样本数据中剔除，却又会大大降低参数估计精度，所以距离反比法在地理加权回归模型参数估计中也不宜直接采用，需要对其进行修正。

3. Gauss 函数法　该方法的基本思想就是通过选取一个连续单调递减函数来表示 w_{ij} 与 d_{ij} 之间的关系，以此来克服以上两种方法的缺点。满足要求的函数有多个，Gauss 函数因其普适性而得到广泛应用，其函数形式如下：

$$w_{ij} = e^{(-d_{ij}/b)^2} \#$$

(19.4)

式中 b 是描述权重与距离之间函数关系的非负衰减参数，称为带宽。带宽越大，权重随距离增加衰减得越慢；带宽越小，权重随距离增加衰减得越快。当带宽为 0 时，只有回归点 i 上的权值为 1，其他各观测点的权值均趋于 0，由局部加权最小二乘原理可知，这时 $\hat{y_i} = y_i$，即估计过程只是数据的重新表示；当带宽趋于无穷大时，所有观测点的权都趋于 1，即为通常拟合普通线性回归模型的最小二乘法。对于某个给定的带宽，当 $d_{ij} = 0$ 时，$w_{ij} = 1$，权重达到最大，随着数据点离回归点距离的增加，w_{ij} 逐渐减小，当 j 点离 i 点较远时，w_{ij} 接近于 0，即这些点对回归点的参数估计几乎没有影响。

4. 截尾型函数法　在实际应用中，为了提高计算效率，人们往往将那些对回归参数估计几乎没有影响的数据点截掉，不予计算，并且以近高斯函数来代替高斯函数提高计算效率，最常采用的近高斯函数便是 bi-square 函数：

$$w_{ij} = \begin{cases} [1 - (d_{ij}/b)^2]^2, & d_{ij} \leq b \\ 0, & d_{ij} > b \end{cases} \#$$

(19.5)

bi-square 函数法可以看成是距离阈值法和函数法的结合。在回归点的带宽范围内，通过连续单调递减函数计算数据点权重。而在带宽之外数据点权重为 0，并且带宽越大，权重随距离增加衰减得越慢；带宽越小，权重随距离增加衰减得越快。在距离为 b 附近的数据点权重接近 0，因此，个别数据点的移进移出对地理加权回归影响不大，不会出现距离阈值法那样的巨变。

Gauss 函数和截尾型的 bi-square 函数是目前地理加权回归模型最常用的两类权函数方法。

第二节　权函数带宽的优化

实际应用中，地理加权回归分析对 Gauss 权函数和 bi-square 权函数的选择并不是很敏感，但对特定权函数的带宽却很敏感。带宽过大，回归参数估计的偏差过大；带宽过小，又会导致回归参数估计的方差过大。那么，如何选择一个合适的带宽？最小二乘平方和是最常采用的优化原则之一，但对于地理加权回归分析中的带宽选择却失去了作用。常用以下方法对权函数带宽进行优化：

1. 交叉验证方法（CV法） 交叉验证法和广义交叉验证法用来克服"最小二乘平方和"遇到的极限问题。详细参考覃文忠的论文"地理加权回归基本理论与应用研究"。

2. AIC准则 AIC准则应用比较广泛，既可以用来做回归方程自变量的选择，也可以用于时间序列分析中自回归系数模型的定阶。AIC准则用于地理加权回归分析中权函数带宽的选择时，对于同样的样本数据，使AIC值最小的地理加权回归权函数所对应的带宽就是最优的带宽。

ArcGIS工具箱（ArcGIS Toolbox）中提供了地理加权回归的工具。详细原理可参考 ArcGIS 在线帮助文档：https：//desktop. arcgis. com/zh-cn/arcmap/latest/tools/spatial-statistics-toolbox/geographically-weighted-regression. htm。

第三节　实例与操作

实例与操作 19-3-1：地理加权回归

利用地理加权回归分析钉螺密度影响因素的空间异质性，来演示 ArcGIS 里地理加权回归模型的操作步骤及其注意事项。

数据："第十九章 \ 第二节 \ GWR \ DLdensity. shp"，为潜江市钉螺密度（densityHL，图 19-3-1）及影响钉螺密度空间异质性的相关因子，包括遥感提取的植被指数（NDVI）、通过土地利用计算的景观指标 MPAR、旱地占比和是否灭螺（MOL）等。

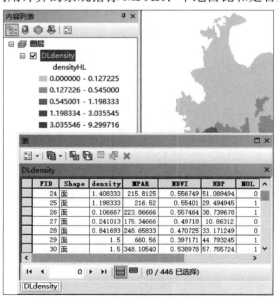

图 19-3-1　螺情数据及其属性表字段示意图

1. 地理加权回归实现步骤 一般，执行地理加权回归前，先执行普通最小二乘法（OLS）回归分析，获得一组具有统计学意义的解释变量，然后使用这组解释变量运行GWR。关于普通最小二乘法，本书不做详细介绍，可参考其他教材或统计软件。为了方便，ArcGIS工具箱也提供了普通最小二乘法工具（**ArcGIS Toolbox→空间统计工具→普通最小二乘法**），读者可尝试操作（步骤参见第十六章，结果查看"**第十九章 \ 第三节 \ GWR \ OLS结果.pdf**"）。以下是地理加权回归分析操作过程。

第一步，打开地理加权回归工具。选择**ArcGIS Toolbox→空间统计工具→地理加权回归**，双击打开地理加权回归窗口（图19-3-2）。

图 19-3-2　地理加权回归参数设置

第二步，参数设置。

（1）输入要素　选择图层 DLdensity。

注意：

①空间统计分析工具里，空间关系概念一旦涉及"距离"的时候，尽量使用投影坐标系而不是地理坐标系统。当然，如果使用经纬度，对分析的过程不会产生多大影响，但是对分析的结果会有一些影响，特别是对核带宽进行设置的时候。

②ArcGIS的空间统计工具箱，主要针对的是矢量数据，因此，输入要素须是矢量图层，可以是点、线或面。

③避免有空间错误的数据，如属性无空间要素或者属性空值，如果出现这样的数据，执行过程可能会出错。

（2）因变量　因变量选择 densityHL。

注意：地理加权回归不适用于预测二进制〔ArcGIS中称虚拟变量（dummy

variable）或哑元〕结果，即因变量不能是二值变量（如因变量只有 0 和 1）；在 GWR 中，如果用哑元作为某个变量的值，会导致分析中出现严重的多重共线性。

（3）解释变量　解释变量选择 NDVI、MPAR、HLP 和 MOL。

注意：如果在 GWR 模型中包含名目数据或分类数据，则需谨慎操作。在类别出现空间聚类的地方，存在局部多重共线性的风险会更大。GWR 输出中包含的条件数指明了局部共线性何时会导致问题（条件数小于零、大于 30 或设置为"空"）。存在局部多重共线性的结果是不稳定的。

此例中"MOL"为二值变量，考虑到灭螺参数对钉螺密度具有重要意义，实例中将其纳入模型中，其可另外尝试将"MOL"排除在解释变量中操作 GWR。以下结果解释中将比较两种方式的拟合优度。

（4）输出要素类　用户选择输出路径及结果文件命名，分析结果的解读在"本节地理加权回归结果解释"中有详细说明。

（5）核类型　ArcGIS 只提供了高斯核函数，此参数并非是让选择核函数，而是让决定核函数如何构成，即指定是否构建为固定距离，或者指定是否允许核在作为要素密度函数的范围内进行变化。ArcGIS 提供了两种核函数：

FIXED：固定距离法，也就是按照一定的距离来选择带宽，创建核表面。

ADAPTIVE：自适应法，按照要素样本分布的疏密，来创建核表面，如果要素分布紧密，则核表面覆盖的范围小，反之则大。默认会使用固定方式，因其能够生成更加平滑的核表面。这里采取默认选择。

（6）带宽方法　此参数用于设定 GWR 的带宽，本章第二节分析了带宽选择的重要性，GWR 通常由 CV 法和 AIC 法两种方式来选择更好的带宽，此外，也留出了自定义的模式。这里核带宽参数有三个选项：

CV：通过交叉验证法来决定最佳带宽。

AICc：通过最小信息准则来决定最佳带宽。

BANDWIDTH_PARAMETER：指定宽度或者邻近要素数目的方法。

如果选择 BANDWIDTH_PARAMETER，后面附加的两个参数，才变为可用状态。如果选择 CV 或者 AICc 法，带宽是通过计算来决定的，所以此时距离参数不可用。

为什么需要留出这样一个可以自定义带宽的参数？因为 CV 法和 AICc 法，都是系统计算出来的带宽，特别是 AICc 法，可能达到很好的拟合度，但是回归不是拟合度越高越好，特别很多时候选择不同的带宽可以揭示更多的细节。通常，如果不了解用于距离（FIXED 核类型）或相邻要素的数目（ADAPTIVE 核类型）参数的选项，则选择 CV 或 AICc。此例选择 AICc 法。

（7）距离分析（可选）　如果在上述带宽方法参数中选择了自定义带宽方式，这时距离分析参数就变为可用了。

注意：这里设定的带宽距离单位，是要素类的空间参考中的单位，如果输入要素是地理坐标系统，这里设定的是经纬度（如设置为 1，代表 1 度，在中国范围内约为 108km）。所以如果要求更精确，建议把数据投影为投影坐标系。

本例中因为带宽方法选择 AICc 法，此处不可用。

（8）相邻要素的数目（可选）　如果核类型为自适应（ADAPTIVE），以及核带宽为 BANDWIDTH_PARAMETER 的时候，此参数才为可用，默认是 30，表示选择回归点周边的 30 个点作为核局部带宽中作为邻近要素的点。此例该参数不做设置。

（9）权重（可选）　此参数可以对每个要素设置独立的权重。把将要设定的权重写入一个字段，然后此处选择该字段。一旦设置了权重，就说明允许部分要素在模型校准过程中比其他要素更为重要。很多时候，设置权重有很重要的意义，主要用于不同位置采集的样本数目发生变化以及对因变量和自变量求平均值的情况中，并且样本越多，位置越稳定（应该进行更高的加权）。如一个位置平均有 25 个不同的样本，但其他位置平均只有 2 个样本，则可将样本数用作权重字段，以便在模型校准中具有更多样本的位置，比具有少量样本的位置有更大的影响力。此例中不做设置。

（10）系数栅格工作空间（可选）　创建一个工作空间的完整路径名，用于存储截距和解释变量的栅格数据。一旦设定了此工作空间，那么地理加权回归结果的截距和各个系数，都会被生成为一个栅格文件，存储在这个工作空间中。系数的栅格化，体现出的是各自变量在不同区域位置对因变量作用的强弱。一般来说，系数的矢量图层很难直观地感受数据的差异性，但是通过栅格化能够很明显地看出回归系数在不同区域的变化强度，直观感受空间上的异质性。

（11）输出像元大小（可选）　设定生成栅格的粒度，设置得越小，生成的栅格越清楚、平滑，但是所用的计算时间越长、存储空间越大。默认情况下，像元大小为在地理处理环境输出坐标系中指定范围的最短宽度或高度除以 250。

（12）其他参数　预测位置、预测解释变量、输出预测要素类是关于区域预测的。目的是使用以上设置（建模数据）生成的地理加权回归模型预测未知区域的因变量值。如本例中如果需要预测其他区域（如仙桃市）的钉螺密度，要求准备好预测区域一份结构与建模数据完全一样的数据，从空间参考到需要预测（填充）的字段属性都要完全一致，且"预测解释变量"的设置顺序应与输入要素类"解释变量"参数中的列出顺序相同（一对一的对应关系）。本例中不做设置，在第二十一章第二节有详细的案例操作。

以上（10）系数栅格工作空间（可选）、（11）输出像元大小（可选）和（12）其他参数，为地理加权回归对话框的附加参数设置（图 19-3-3）。可自定义选择，如果不做设置，对结果不造成影响。

第三步，输出结果。确定以上参数后，点击**确定**，地理加权回归工具运行完后，会生成一张以"_supp"为后缀的显示模型变量和诊断结果的辅助表，一个包含输出要素类残差等信息的图层（输出要素类），并自动加载到当前 ArcMap 中（图 19-3-4）。

2. 地理加权回归结果解释

（1）显示模型变量和诊断结果的辅助表　右键单击 GWR 运行完成后，自动加载到 ArcMap 内容列表中的带后缀"_supp"的数据表，本例中为"density_supp"，点击**打开**，即打开"density_supp"表信息（图 19-3-4）。辅助表有以下信息：

Bandwidth：指用于各个局部估计的带宽，本章第二节中提到带宽的重要性，所以它是地理加权回归最重要的参数，控制模型中的平滑程度。本例中选择的是"固定距离法"，如果选择"自适应法"，辅助表中该字段名将更换成 Neighbors，代表的是相邻点数目。本例采用 AICc 法估算带宽，且基于投影坐标系统，单位是 m，故"12 476.20"

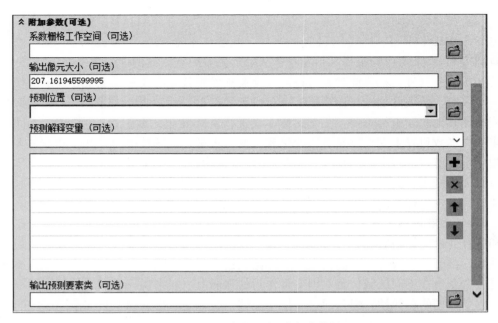

图 19-3-3　地理加权回归-附加参数设置

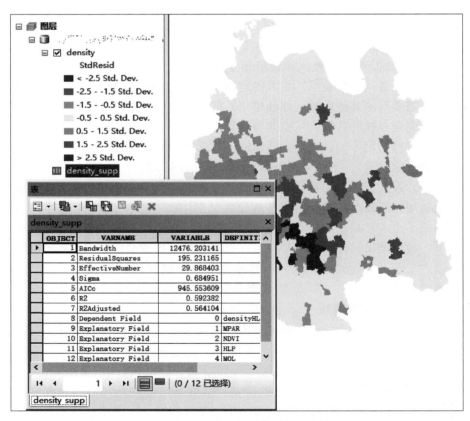

图 19-3-4　地理加权回归结果示意图

表示 12 476.20m，这就意味着约 12km 的带宽。对应本例的研究区，带宽覆盖范围如图 19-3-5 中的圆形框。本例是通过 AICc 方法估算出来的，代表了某种最优的带宽。值得注意的是，带宽估算方法的不同，得出的"最优"带宽也不一样。此外，在设定参数时，如果自定义"距离分析"或"相邻要素的数目"，此处显示的则是自定义的数值。

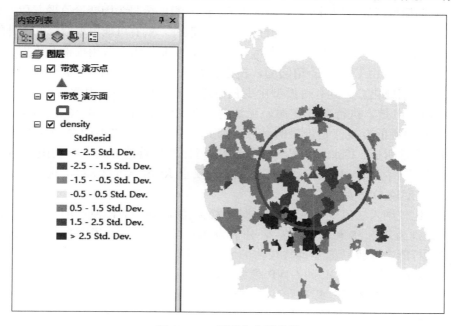

图 19-3-5　带宽大小示意图

　　ResidualSquares：模型中的残差平方和（残差为观测所得 y 值与 GWR 模型所返回的 y 值估计值之间的差值）。此测量值越小，GWR 模型越拟合观测数据。

　　EffectiveNumber：此值反映了拟合值方差与系数估计值偏差之间的折中，与带宽的选择有关。当带宽接近无穷大时，每个观测值的地理权重都将接近 1，即整个分析区域的要素同等重要，系数估计值将与全局 OLS 模型的相应估计值相近，地理加权就没有意义；对于较大的带宽，系数的有效数量将接近实际数量；此时，对于局部来说，和全局差不多，它的估计值就具有相对较小的方差，但是偏差就大了，体现不出异质性。

　　相反，带宽接近零时，除回归点本身外，每个观测值的地理权重都将接近零，这样回归方程的有效系数就变成了回归点本身，那么局部系数估计值将具有较大方差，但偏差较低。此时，所有的观察点都有独立的表现，所有要素都具有独立性，完全体现异质性。

　　以上是两种极端情况，需要找到一个平衡点，EffectiveNumber 就是用于衡量这个平衡点的数值。这个数值主要用于诊断不同的模型中使用。

　　Sigma：Sigma 是残差的估计标准差。此统计值越小越好。Sigma 用于 AICc 计算。

　　AICc：AICc 是模型性能的一种度量，主要用于比较不同的回归模型。考虑到模型复杂性，具有较低 AICc 值的模型，将更好地拟合观测数据。AICc 不是拟合度的绝对度量，但对于比较适用于同一因变量且具有不同解释变量的模型非常有用。如果两个模型的 AICc 值相差大于 3，具有较低 AICc 值的模型将被视为更佳的模型。通常，将

GWR 的 AICc 值与 OLS 的 AICc 值进行比较，是评估全局模型（OLS）与局部回归模型（GWR）优劣的一种方法。例如，本例中 OLS 的 AICc 为 1 138.88，GWR 的 AICc 为 945.55，从这个角度上看，GWR 方法更优。

R^2：R 平方是拟合度的一种度量。其值在 0.0~1.0 范围内变化，值越大越好。此值可解释为回归模型所涵盖的因变量方差的比例。R^2 计算的分母为因变量值平方和。所以增加一个解释变量的时候，分母不变，但是分子发生改变，就有可能出现拟合度上升的情况（但可能是假象），所以这个值仅作为参考，更准确的度量，大多数用校正 R 平方。

R^2 Adjusted：由于上述 R^2 值问题，校正的 R 平方值的计算将按分子和分母的自由度对它们进行正规化。这具有对模型中变量数进行补偿的效果，因此，校正的 R^2 值通常小于 R^2 值。但是，执行此校正时，无法将该值的解释作为所解释方差的比例。在 GWR 中，自由度的有效值是带宽的函数，因此，与像 OLS 之类的全局模型相比，校正程度可能非常明显。因此，AICc 是对模型进行比较的首选方式。本例中，OLS 回归结果校正的 R^2 值为 0.311 975，GWR 得出的校正 R^2 为 0.562 382，从这个角度讲，GWR 拟合优度较 OLS 好。

此外，比较纳入二值变量 MOL 与排除 MOL 的两种 GWR 模型的 AICc 和矫正的 R^2，前者分别为 945.55 和 0.56，后者分别为 979.53 和 0.53，说明虽然 MOL 为"哑元"变量，可能会导致局部多重共线性的风险增大，但是从 AICc 和矫正的 R^2 的角度看，纳入 MOL 比排除 MOL 的 GWR 模型更优。

（2）输出要素类图层　标准化残差（Std. Residual）：除了上述辅助表以外，GWR 还会自动生成一个包含大量属性信息的要素类（图层），该图层自动将标准化残差（Std. Residual）渲染成有冷色带暖色的地图显示在地图视图窗口（图 19-3-4），是 ArcGIS 进行 GWR 分析之后给出的默认可视化结果。偏高预计值（大于 2.5 倍标准差）和/或偏低预计值（小于 −2.5 倍标准差）的聚类表明，至少丢失了一个关键解释变量或者错误纳入了一个无意义解释变量。如图 19-3-6 中研究区深色行政单元为偏高预计值和偏低预计值，表示该区域拟合不大理想。检查 OLS 和 GWR 模型残差的分布格局，可了解是否可从这些分布格局中确定可能丢失的那些变量。

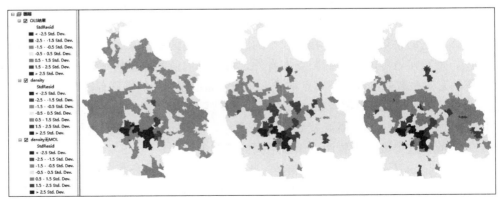

19-3-6　OLS 模型、纳入 MOL 的 GWR 和排除 MOL 的 GWR 标准化残差分布示意图（从左至右）

对回归残差运行空间自相关（Moran's I）工具（参考"第十四章空间自相关"），可检验回归残差在空间上是否随机分布。高残差和/或低残差（模型偏高预计值和偏低

预计值）在统计学上的显著聚类表明，错误地指定了 GWR 模型的解释变量。图 19-3-7
为本例 OLS 模型、纳入 MOL 的 GWR 和排除 MOL 的 GWR 标准化残差的空间自相关
报表，结合标准化残差分布图（图 19-3-6）可看出，这 3 个模型的回归残差在空间上都
是聚集分布，OLS 回归残差的 Moran I 指数和 z 得分最高，纳入 MOL 的 GWR 次之，
排除 MOL 的 GWR 最小，说明排除"哑元"解释变量 MOL 的 GWR 较其他两个模型
减小了回归残差的空间自相关性，但仍存在空间聚集性，可能的原因是还有一些关键的
解释变量没有被考虑进来，如影响钉螺密度的土壤湿度等要素。

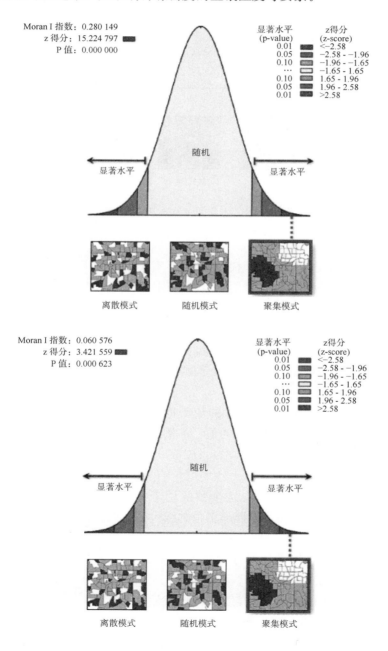

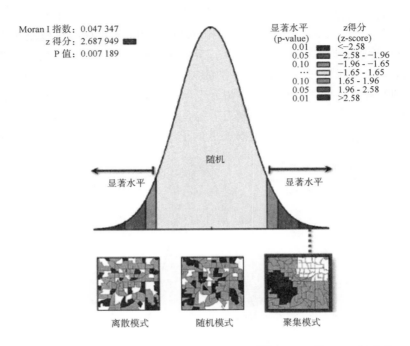

Moran I 指数：0.047 347
z 得分：2.687 949
P 值：0.007 189

显著水平 (p-value)	z 得分 (z-score)
0.01	<−2.58
0.05	−2.58 – −1.96
0.10	−1.96 – −1.65
…	−1.65 - 1.65
0.10	1.65 - 1.96
0.05	1.96 - 2.58
0.01	>2.58

随机

显著水平　　　　　　　　　　　　显著水平

离散模式　　　　随机模式　　　　聚集模式

图 19-3-7　OLS 模型、纳入 MOL 的 GWR 和排除 MOL 的 GWR 标准化
残差的空间自相关报表（从上而下）

除了标准化残差之外，GWR 模型输出要素类（图层）属性表中还包含众多信息，用工具栏"识别"点击输出要素类（本例为 density）视图窗口中任意对象，出现类似图 19-3-8 的信息窗口，其中，OBJECTID、Shape、Shape_Length 和 Shape_Area 为 ArcGIS 要素类的标准模板字段，以下简要说明其他各个字段的意义：

已观测…（Observed…）：因变量的观测值，实际上就是原始数据中的因变量该字段的值。本例"已观测 densityHL"为编号（OBJECTID）177 的行政单元的活螺密度（7.116 075）。

条件数（Condition Number）：这个数值用于诊断评估局部多重共线性。存在较强局部多重共线性的情况下，结果将变得不稳定。所以这里如果出现了大于 30 的条件数相关联的结果，就可能是不可靠的。本例为 21，说明不存在多重共线性。

Local R^2：与全局 R^2 意义相似，Local R^2 值的范围为 0.0～1.0，表示局部回归模型与观测所得 y 值的拟合程度。如果值较低，则表示局部模型性能不佳。

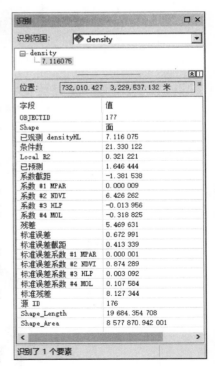

字段	值
OBJECTID	177
Shape	面
已观测 densityHL	7.116 075
条件数	21.330 122
Local R2	0.321 221
已预测	1.646 444
系数截距	-1.381 538
系数 #1 MPAR	0.000 009
系数 #2 NDVI	6.426 262
系数 #3 HLP	-0.013 956
系数 #4 MOL	-0.318 825
残差	5.469 631
标准误差	0.672 991
标准误差截距	0.413 339
标准误差系数 #1 MPAR	0.000 001
标准误差系数 #2 NDVI	0.874 289
标准误差系数 #3 HLP	0.003 092
标准误差系数 #4 MOL	0.107 584
标准残差	8.127 344
源 ID	176
Shape_Length	19 684.354 708
Shape_Area	8 577 870.942 001

识别了 1 个要素

图 19-3-8　GWR 模型结果-
属性表字段信息

对 Local R² 进行地图可视化，可以查看哪些位置 GWR 预测较准确，以及哪些地方不准确，以便为获知可能在回归模型中丢失的重要变量提供相关线索。从图 19-3-9 可以看出，北部和南部 Local R² 值相对较低，中部尤其东部 Local R² 值相对较高。

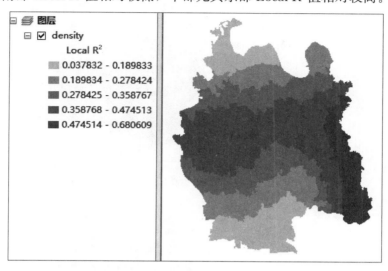

图 19-3-9　GWR 模型结果示意图-Local R²

已预测（Predicted）：对因变量的预测值，这些值是由 GWR 计算所得的估计（或拟合）y 值。这个值一般用来和因变量进行对比，越接近，表示拟合度越高。

系数（Coefficient）：各样本点（本例为行政单元）的各个自变量的系数，这是 GWR 区别于 OLS 最明显的特点，GWR 给出了每个位置每个自变量的系数。以下对本例中的每个自变量的系数进行可视化（图 19-3-10 至图 19-3-13），可看出每个自变量系数在空间分布的异质性，如旱地比例（HLP）对钉螺密度的影响是负相关关系，影响程度（系数绝对值）从中西部向东部逐渐降低。

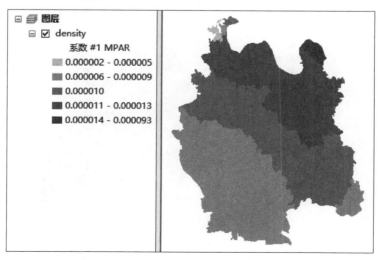

图 19-3-10　GWR 模型结果示意图-自变量 MPAR 系数

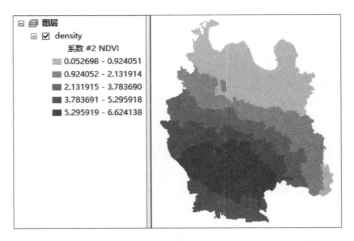

图 19-3-11　GWR 模型结果示意图-自变量 DNVI 系数

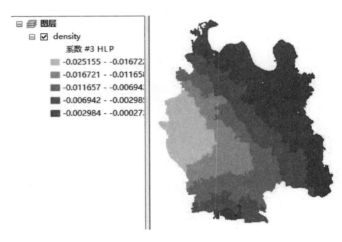

图 19-3-12　GWR 模型结果示意图-自变量 HLP 系数

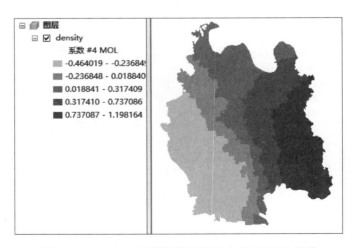

图 19-3-13　GWR 模型结果示意图-自变量 MOL 系数

残差（Residuals）：观测所得 y 值中减去拟合 y 值。标准化残差的平均值为零，标准差为 1。在 ArcMap 中执行 GWR 后，会自动在内容列表中添加包含标准化残差的由冷色到暖色渲染的地图。

标准误差（Coefficient Standard Error）：衡量用样本统计量去推断相应的总体参数（常见如均值、方差等）时的估计精度。

标准误差系数（Standard Error Coefficient）：衡量每个系数估计值的可靠性。标准误差与实际系数值相比较小时，这些估计值的可信度会更高。较大标准误差可能表示局部多重共线性存在问题。

（邱　娟）

Chapter 20 | 第二十章

地理探测器

【例 20-1】

包虫病是严重危害人民身体健康和生命安全、影响社会经济发展的重大传染病之一。报告病例主要分布于新疆、青海、四川、西藏、甘肃、宁夏、内蒙古等 7 个省（自治区）。经调研影响包虫病流行传播的自然环境因素主要包括土地利用/覆盖、土壤数据、地形地貌数据、气象数据、植被指数和地表温度等环境因素；人文环境因素主要包括 GDP、人口密度、宗教信仰和文化教育程度等。

【分析 20-1】

地理探测器可以解决的问题：（1）从空间异质性角度探索影响包虫病空间分布的潜在地理环境因素。（2）探索影响包虫病空间分布的地理环境变量的潜在交互效应。（3）从潜在的解释变量中识别风险区域。

第一节　地理探测器原理

空间分异是地理现象的基本特点之一。地理探测器是探测和揭示空间分异性的工具，图 20-1-1 是地理探测器原理图。地理探测器包括以下 4 个探测器。

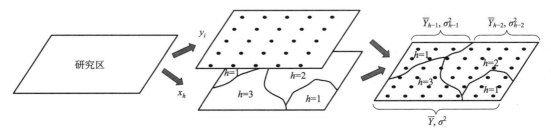

图 20-1-1　地理探测器原理

（王劲峰 等，2017）

1. 分异及因子探测　探测 Y 的空间分异性，以及探测某地理因子 X 多大程度上解释属性 Y 的空间分异。用 q（或 Q）值度量，表达式为：

$$q = 1 - \frac{\sum_{h=1}^{L} N_h \sigma_h^2}{N \sigma^2} = 1 - \frac{SSW}{SST} \# \tag{20.1}$$

$$SSW = \sum_{h=1}^{L} N_h \sigma_h^2 \# \tag{20.2}$$

$$SST = N\sigma^2 \#\tag{20.3}$$

式中，$h = 1$，$\cdots$，L——变量 Y 或者因子 X 的分层（strata），即分类或者分区；

$\quad\quad N_h$ 和 N——层 h 和全区的单元数；

$\quad\quad \sigma_h^2$ 和 σ^2——层 h 和全区的 Y 值的方差；

$\quad\quad SSW$ 和 SST——层内方差之和（within sum of squares）和全区总方差（total sum of squares）。

q 的值域为 $[0, 1]$，值越大，说明 Y 的空间分异越明显；如果分层是由变量 X 生成，则 q 值越大，表示自变量 X 对属性 Y 的解释力越强，反之越弱。极端情况下，q 值为 1，表明因子 X 完全控制了 Y 的空间分布，q 值为 0，则表明因子 X 与 Y 没有任何关系，q 值表示 X 解释了 $100 \times q\%$ 的 Y 的空间变异。

q 值的一个简单变换满足非中心 F 分布，详见 A Measure of Spatial Stratified Heterogeneity（Wang et al.，2016）：

$$F = \frac{N-L}{L-1}\frac{q}{1-q} \sim F(L-1, N-L; \lambda) \#\tag{20.4}$$

$$\lambda = \frac{1}{\sigma^2}\left[\sum_{h=1}^{L}\overline{Y}_h^2 - \frac{1}{N}\left(\sum_{h=1}^{L}\sqrt{N_h}\,\overline{Y}_h\right)^2\right] \#\tag{20.5}$$

式中，λ——非中心参数；

$\quad\quad \overline{Y}_h$——层 h 的均值。

根据公式，可以查表或者使用地理探测器软件，来检验 q 值是否显著。

2. 交互作用探测 识别不同风险因子 X_s 之间的交互作用，即评估因子 X_1 和 X_2 共同作用时，是否会增加或减弱对因变量 Y 的解释力，或这些因子对 Y 的影响是相互独立的。首先，分别计算两种因子 X_1 和 X_2 对 Y 的 q 值，分别为 $q(X_1)$ 和 $q(X_2)$；然后，计算它们交互（叠加变量 X_1 和 X_2 两个图层所形成的新图层）时的 q 值，记为 $q(X_1 \cap X_2)$，并对 $q(X_1)$、$q(X_2)$ 和 $q(X_1 \cap X_2)$ 进行比较。两个因子之间的交互作用按照 $q(X_1)$、$q(X_2)$ 和 $q(X_1 \cap X_2)$ 的关系，可分非线性减弱、单因子非线性减弱、双因子增强、独立和非线性增强，具体参见《地理探测器：原理与展望》（王劲峰，徐成东，2017）（图 20-1-2）。

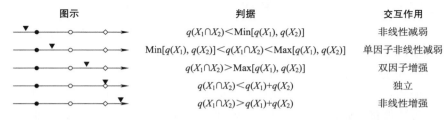

图示	判据	交互作用
	$q(X_1 \cap X_2) < \text{Min}[q(X_1), q(X_2)]$	非线性减弱
	$\text{Min}[q(X_1), q(X_2)] < q(X_1 \cap X_2) < \text{Max}[q(X_1), q(X_2)]$	单因子非线性减弱
	$q(X_1 \cap X_2) > \text{Max}[q(X_1), q(X_2)]$	双因子增强
	$q(X_1 \cap X_2) < q(X_1) + q(X_2)$	独立
	$q(X_1 \cap X_2) > q(X_1) + q(X_2)$	非线性增强

- $\min[q(X_1), q(X_2)]$：在 $q(X_1)$，$q(X_2)$ 两者取最小值 ◇ $q(X_1)+q(X_2)$：$q(X_1)$，$q(X_2)$ 两者求和
- $\max[q(X_1), q(X_2)]$：在 $q(X_1)$，$q(X_2)$ 两者取最大值 ▼ $q(X_1 \cap X_2)$：$q(X_1)$，$q(X_2)$ 两者交互

图 20-1-2 两个自变量对因变量交互作用的类型

（王劲峰 等，2017）

3. 风险区探测 用于判断两个子区域间的属性均值是否有显著的差别，用 t 统计量来检验：

$$t_{\overline{y}_{h=1}-\overline{y}_{h=2}}=\frac{\overline{Y}_{h=1}-\overline{Y}_{h=2}}{\left[\dfrac{\operatorname{Var}(\overline{Y}_{h=1})}{n_{h=1}}+\dfrac{\operatorname{Var}(\overline{Y}_{h=2})}{n_{h=2}}\right]^{\frac{1}{2}}}\#$$ (20.6)

式中，$\overline{Y}_h$——子区域 h 内的属性均值，如发病率或流行率；

$\qquad n_h$——子区域内样本数量；

$\qquad \operatorname{Var}$——方差。

统计量 t 近似地服从 Student's t 分布，其中，自由度的计算方法为：

$$df=\frac{\dfrac{\operatorname{Var}(\overline{Y}_{h=1})}{n_{h=1}}+\dfrac{\operatorname{Var}(\overline{Y}_{h=2})}{n_{h=2}}}{\dfrac{1}{n_{h=1}-1}\left[\dfrac{\operatorname{Var}(\overline{Y}_{h=1})}{n_{h=1}}\right]^2+\dfrac{1}{n_{h=2}-1}\left[\dfrac{\operatorname{Var}(\overline{Y}_{h=2})}{n_{h=2}}\right]^2}\#$$ (20.7)

零假设 H_0：$\overline{Y}_{h=1}=\overline{Y}_{h=2}$，如果在置信水平 α 下拒绝 H_0，则认为两个子区域间的属性均值存在着明显的差异。

4. 生态探测　用于比较两个因子 X_1 和 X_2 对属性 Y 的空间分布的影响是否有显著差异，以 F 统计量来衡量：

$$F=\frac{N_{X_1}(N_{X_2}-1)SSW_{X_1}}{N_{X_1}(N_{X_1}-1)SSW_{X_2}}\#$$ (20.8)

$$SSW_{X_1}=\sum_{h=1}^{L_1}N_h\sigma_h^2, SSW_{X_2}=\sum_{h=1}^{L2}N_h\sigma_h^2\#$$ (20.9)

式中，N_{X_1} 和 N_{X_2}——两个因子 X_1 和 X_2 的样本量；

SSW_{X_1} 和 SSW_{X_2}——由 X_1 和 X_2 形成的分层的层内方差之和；

L_1 和 L_2——变量 X_1 和 X_2 分层数目。

其中，零假设 H_0：$SSW_{X_1}=SSW_{X_2}$。如果在 α 的显著水平上拒绝 H_0，则表明两因子 X_1 和 X_2 对属性 Y 的空间分布的影响存在着明显的差异。

第二节　地理探测器软件

一、Geodetector 地理探测器软件

Geodetector 是基于上述原理，王劲峰等采用 Excel 和 R 语言开发的地理探测器软件，可从以下网址免费下载：http：//www. geodetector. cn/。

Geodetector 地理探测器使用步骤：

（1）数据的收集和整理：数据包括因变量 Y 和自变量 X。自变量应该为类型变量，如果自变量为数值量，则需要进行离散化处理。离散可以基于专家知识，也可以直接等分或者使用分类算法，如 K-means 等。

（2）将样本（Y，X）导入地理探测器软件，然后运行软件，结果主要包括 4 个部分：比较两区域因变量均值是否有显著差异；自变量 X 对因变量的解释力；不同自变量对因变量的影响是否有显著的差异，以及这些自变量对因变量影响的交互作用。

地理探测器探测两变量 Y 和 X 的关系时，对于面数据（多边形数据）和点数据，

有不同的处理方式。对于面数据，变量 Y 和 X 的空间粒度经常是不同的。例如，因变量 Y 为疫病数据，一般以行政单元记录；环境自变量或其代理变量 X 的空间格局往往是遵循自然或经济社会因素形成的，如不同水文流域、地形分区、城乡分区等。因此，为了在空间上匹配因变量和自变量，首先将 Y 均匀空间离散化，再将其与 X 分布叠加，从而提取每个离散点上的因变量和自变量值（Y，X）。格点密度可以根据研究的目标指定，如果格点密度大，计算结果的精度会较高，但是计算量也会较大，因此在实际操作时，需要考虑精度与效率的平衡。对于点数据，如果观测数据是通过随机抽样或系统抽样得到的，且样本量足够大，可以代表总体，则可以直接利用此数据，在地理探测器软件中执行计算。如果样本有偏，不能代表总体，则需要用一些纠偏的方法，对数据做预处理之后再在地理探测器软件中运行。

二、地理探测器 R 语言包"GD"

宋永泽等（2020）基于 R 语言开发了地理探测器 R 语言包 GD1.9。地理探测器 R 语言包"GD"的优势在于可简洁快速地实现空间异质性、空间因素、因素交互影响、空间风险探测、最优空间数据离散化等分析。输出全部中间过程数据，方便根据需求提取感兴趣参数，且提供每个步骤的可视化结果，方便制图及结果解释。免费下载地址为：https：//gd-package. github. io。

1. "GD"包概况

（1）"GD"可解决以下问题：

①从空间异质性角度探索潜在因素或解释变量；

②探索地理变量的潜在交互影响；

③从潜在的解释变量中识别高风险或低风险区域。

（2）GD 包可快速实现以下分析：

①它包含有多种监督和非监督空间数据离散化方法，以及连续变量的最优空间离散化一步到位的解决方案；

②它包含地理探测器的 4 个主要功能，包括因子探测器、风险探测器、交互探测器和生态探测器；

③可用于比较空间单元的尺度影响；

④提供空间分析结果的多种可视化函数；

⑤包含地理探测器每个空间分析步骤中详细的显著性分析结果。

2. 地理探测器的逐步分析

（1）空间数据离散化　在地理探测器中，连续变量需要通过空间数据离散化的方式转化为类别变量。"GD"提供了两种解决方案：①使用已知的离散化方法和数量，用 disc 函数离散化；②使用 optidisc 对一系列备选的离散化方法和数量，通过对比的方式，选择最优的离散化方法和数量的组合。

💡 **操作提示 20-2-1：空间数据离散化**

以"GD"中自带的"ndvi _ 40"数据为例，说明这两种方法如何使用。"ndvi _ 40"数据表见图 20-2-1。

	NDVIchange	Climatezone	Mining	Tempchange	Precipitation	GDP	Popdensity	
1	0.11599	Bwk	low	0.25598	236.54	12.55	1.44957	
2	0.01783	Bwk	low	0.27341	213.55	2.69	0.80124	
3	0.13817	Bsk	low	0.30247	448.88	20.06	11.49432	
4	0.00439	Bwk	low	0.38302	212.76	0	0.0462	
5	0.00316	Bwk	low	0.35729	205.01	0	0.07482	
6	0.00838	Bwk	low	0.3375	200.55	0	0.54941	
7	0.03351	Bwk	low	0.29606	210.48	11.89	1.62702	
8	0.03872	Bwk	low	0.22973	235.52	30.18	4.98509	
9	0.0882	Bsk	low	0.21385	342.06	241	19.98143	
10	0.06903	Bsk	low	0.2451	379.44	42.03	7.49744	
11	0.09134	Bsk	low	0.31828	412.16	0	4.04017	
12	0.1165	Bsk	very low	0.44487	431.93	31.66	12.00065	
13	0.00265	Bwk	low	0.43045	182.66	3.71	0.07225	

图 20-2-1　ndvi _ 40 数据

"GD"包的运行平台是 R 语言。首先安装 R 语言环境（下载地址：http：//www.r-project.org），接着下载 R 语言集成开发环境 R Studio（下载地址：https：//www.rstudio.com/products/rstudio/download/），并安装运行环境。加载"GD"包和数据，程序如下：

```
## 加载"GD"包和数据
install.packages("GD")          ## 安装"GD"包。
library("GD")                   ## 加载"GD"包。
data("ndvi_40")                 ## 加载数据集"ndvi_40"。
head(ndvi_40)[1:3,]             ## 显示数据的 1-2 行,所有列的数据。
```

①使用 disc（）函数离散化：离散化方法有 equal（相等间隔）、natural（自然间断点间隔法）、quantile（分位数）、geometric（几何间隔）、sd（标准差）和 manual（手动）等 6 种，其中，quantile 为默认方法。程序如下：

```
## 使用 disc() 函数离散化
ds1<- disc(ndvi_40$ Tempchange, 4)      ## 参数离散化函数 disc();"ndvi_40"为数据表
                                           名称;"Tempchange"为待离散化的解释变量;
                                           "4"为分组的间隔数。
ds1                                      ## "ds1"表示"Tempchange"离散化后的结果存
                                           储变量。
plot(ds1)                                ## 对"Tempchange"离散化后的结果"ds1"制图
                                           显示。
```

②使用 optidisc 函数进行最优空间离散化：程序如下：

```
## 设置可选的离散化方法和间隔的数目
discmethod<- c("equal","natural","quantile","geometric","sd")    ## 括号内为一系列
                                                                    备选的离散化
                                                                    方法。
discitv<- c( 4:7)                                                ## 间隔的数目为 4-
                                                                    7 个,根据程序
                                                                    自动设定合适
                                                                    的值。
```

```
## 最优空间离散化
odc1<- optidisc(NDVIchange~ Tempchange,data= ndvi_40, discmethod, discitv)
                ## optidisc()为最优空间离散化函数;"NDVIchange"表示因变量,
                "Tempchange"表示待离散化的解释变量,"data= ndvi_40"表示自变
                量和解释变量所在的数据表名称为"ndvi_40"。
odc1            ## "odc1"表示"Tempchange"离散化后的结果变量。
plot(odc1)      ## 对"Tempchange"离散化后的结果制图显示。
```

图 20-2-2 说明最优空间数据离散化过程和方法。左图横坐标是间隔数,纵坐标是 Q(q)值;右图横坐标是温度的变化值,纵坐标是频数。通过不同的离散化方法,计算 Q 值,自动比较选择最好的结果,来确定最优化的离散化方法。

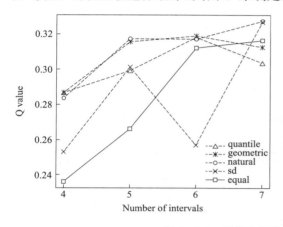
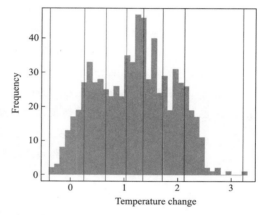

图 20-2-2　最优空间数据离散化过程和方法

(2) 因子探测

操作提示 20-2-2:运用 gd 函数执行因子探测

①单个分类变量因子探测,程序如下:

```
## 单变量因子探测
g1<- gd(NDVIchange~ Climatezone, data= ndvi_40)
                ## gd()为因子探测函数;"NDVIchange"为因变量;"Climatezone"为参与分析的
                分类解释变量;"NDVIchange"和"Climatezone"存放在数据表 ndvi_40 中。
g1              ## 函数 gd 的运行结果变量。
```

②多个分类变量因子探测,程序如下:

```
## 多变量因子探测
g2<- gd(NDVIchange~ ., data= ndvi_40[,1:3])
                ## gd()为因子探测函数;"NDVIchange~ ."中的"NDVIchange"为因变量,~ 后面
                的"."表示 data 数据表中的全部分类解释变量参与运算;"data= ndvi_40[,
                1:3]"表示自变量和解释变量所在的数据表 ndvi_40 中的第 1-3 列的数据赋
                值给 data 变量(即 data 数据表)。
g2              ## 函数 gd 的运行结果变量。
plot(g2)        ## 将数据分析结果制图显示。
```

③含连续变量的多变量因子探测：因地理探测器模型的运行数据为离散化分类变量，有多个自变量且其中包含连续变量时，需先对连续变量进行空间数据离散化处理后，再执行 gd 函数。程序如下：

```
## 含连续变量的多变量因子探测
discmethod<- c("equal","natural","quantile","geometric","sd")
discitv<- c(3:7)
data.ndvi<- ndvi_40      ## 将数据表"ndvi_40"数据赋值给变量名为"data.ndvi"的数据表。
data.continuous<- data.ndvi[, c(1, 4:7)]
                         ## 将"data.ndvi"数据表中第一列和4-7列的数据(为连续列变量)提
                            取出来赋值给变量名为"data.continuous"的数据表。
odc1<- optidisc(NDVIchange~ ., data= data.continuous, discmethod, discitv)
                         ## 对提取出来的连续变量执行最优空间离散化。
data.continuous<- do.call(cbind, lapply(1:4, function(x)
  data.frame(cut(data.continuous[, -1][, x], unique(odc1[[x]]$itv),
include.lowest= TRUE)))) ## 将最优空间离散化的结果进行整理并赋值给"data.continuous"；
                            do.call(cbind,data)数据功能是将多个"data"的数据框或矩阵
                            数据按照列进行合并；lapply 函数可以循环处理列表中的每一个
                            元素，lapply(参数)：lapply(列表,函数,参数)，lapply 返回结果
                            为一个列表数据；data.frame()函数是创建数据框；cut()函数如
                            cut(kk,break= ,right= ,label= c("  "))，表示将 kk 的范围
                            划分为若干个区间，并根据这些区间对 kk 中的值进行编码；
                            "data.continuous[,-1][,x]"表示排除第 1 列的数据后并提取第
                            x 列的数据；"unique(odc1[[x]]$itv)"是将 x 列的解释变量的
                            最优离散化结果中的分组数据间隔值提取并且排除重复值；
                            "include.lowest"为第一个区间包含左端点或最后一个区间包含
                            右端点。
data.ndvi[, 4:7] <- data.continuous
                         ## 在解释变量中添加分层数据，即将"data.continuous"数据重新替
                            换"data.ndvi"数据中的第 4～7 列。
g3<- gd(NDVIchange~ ., data= data.ndvi)
                         ## "NDVIchange"为因变量，对"data.ndvi"中的所有自变量执行因子
                            探测。
g3                       ## 函数 gd 的运行结果变量。
plot(g3)                 ## 将数据分析结果制图显示。
```

图 20-2-3 是因子探测器结果，横坐标表示 Q 值，纵坐标表示不同的变量。结果显示，降水（precipitation）具有最高的 Q 值，说明这些变量中降水是决定 NDVI 变化空间格局的最主要的环境因子。

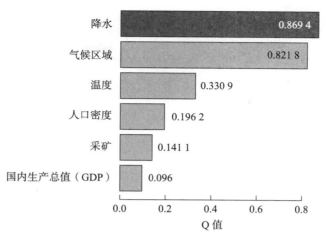

图 20-2-3　因子探测器结果

（3）风险探测

操作提示 20-2-3：运用 riskmean 和 gdrisk 函数执行风险探测

第一步，使用 riskmean 函数计算风险均值，程序如下：

```
## 计算风险均值
rm1<- riskmean(NDVIchange~ Climatezone+ Mining, data= ndvi_40)
            ## 将"ndvi_40"数据表中的两个离散变量"Climatezone"和"Mining"根据分组
            计算均值；若将所有自变量执行风险探测分析，riskmean 函数替换为
            "riskmean(NDVIchange~ .,data= data.ndvi)"，其中"data.ndvi"为操作提
            示 20-2-2 中将连续自变量离散化处理后的数据表。
rm1         ## 在 R 语言软件控制台输出"rm1"数据。
plot(rm1)   ## 对"rm1"数据进行制图显示。
```

第二步，使用 gdrisk 函数构建风险矩阵，程序如下：

```
## 构建风险矩阵
gr1<- gdrisk(NDVIchange~ Climatezone+ Mining, data= ndvi_40)
            ## 将"ndvi_40"数据表中的两个离散变量"Climatezone"和"Mining"根据分组
            计算风险矩阵；若将所有自变量执行风险探测分析，gdrisk 函数替换为
            "gdrisk(NDVIchange~ .,data= data.ndvi)"，其中"data.ndvi"为操作提示
            20-2-2 中将连续自变量离散化处理后的数据表。
gr1         ## 在 R 语言软件控制台输出 gr1 数据。
plot(gr1)   ## 对 gr1 数据进行制图显示。
```

图 20-2-4 是对单个风险因子的风险区探测结果。其中，柱状图为 riskmean 函数运行结果，如"Tempchange"，表示温度变化范围在 $1.04 \sim 1.37\,^{\circ}\mathrm{C}$ 区间对应的因变量（NDVI）的平均值最高。矩阵图为 gdrisk 函数运行结果，如"Tempchange"，表示每个分组区间内的因变量（NDVI）之间是否存在显著差异，采用显著性水平为 0.05 的 t 检验，"Y"表示存在显著性差异，"N"表示不存在显著性差异。

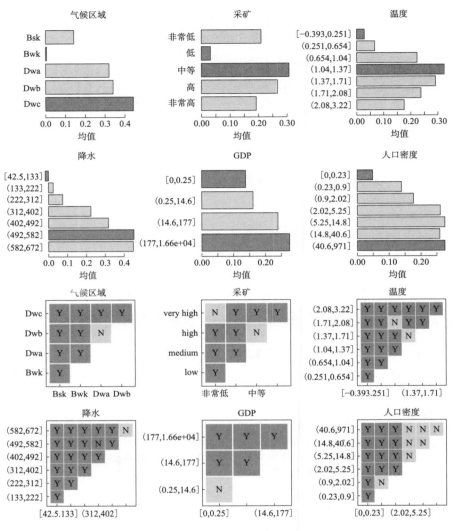

图 20-2-4　风险探测器结果

（4）交互探测

操作提示 20-2-4：运用 gdinteract 函数执行交互探测

至少需要 3 个解释变量才可以制图，程序如下：

```
## 交互探测
gi1<- gdinteract(NDVIchange~ Climatezone+ Mining, data= ndvi_40)
            ## 将最原始的"ndvi_40"数据表中的两个离散变量"Climatezone"和"Mining"
            根据分组计算交互探测.若将数据表中所有自变量执行交互探测,gdinteract
            函数替换为"gdinteract(NDVIchange ~ ., data = data.ndvi)",其中
            "data.ndvi"为操作提示 20-2-2 中将连续自变量离散化处理后的数据表。
gi1         ## 在 R 语言软件控制台输出 gi1 数据。
plot(gi1)   ## 对 gi1 数据进行制图显示。
```

图 20-2-5 显示交互探测器结果。纵横坐标表示的是自变量（因子），评估不同的因子共同作用时，是否会增加或减弱对因变量的解释力，或这些因子对因变量的影响是否相互独立，圆点越大，代表交互作用的 Q 值越大。

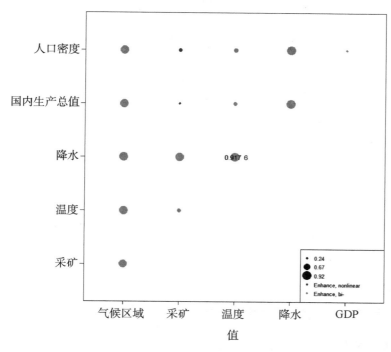

图 20-2-5　交互探测器结果

（5）生态探测

 操作提示 20-2-5：运用 gdeco 函数执行生态探测

运用 gdeco 函数执行生态探测，程序如下：

```
## 生态探测
ge1<- gdeco(NDVIchange~ Climatezone+ Mining, data= ndvi_40)
            ## 将最原始的"ndvi_40"数据表中的两个离散变量"Climatezone"和"Mining"
            根据分组计算生态探测。若将数据表中所有自变量执行生态探测，gdeco 函数
            替换为"gdeco(NDVIchange~ .,data= data.ndvi)"，其中"data.ndvi"为操
            作提示 20-2-2 中将连续自变量离散化处理后的数据表。
ge1         ## 在 R 语言软件控制台输出 ge1 数据。
plot(ge1)   ## 对 gd1 数据进行制图显示。
```

图 20-2-6 为生态探测的结果。纵横坐标表示自变量，"Y"表示两个自变量对因变量（NDVI）的空间分布影响具有显著差异。

（6）空间尺度影响分析　评价不同的空间统计单元大小，对地理探测器模型结果产生的尺度效应。

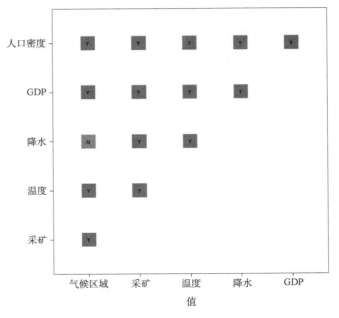

图 20-2-6　生态探测器结果

💡 **操作提示 20-2-6：空间尺度影响分析**

空间尺度影响分析，程序如下：

```
## 空间尺度影响分析
ndvilist<- list(ndvi_20,ndvi_30, ndvi_40, ndvi_50)
                        ## 将不同空间尺度的 ndvi 数据统一赋值给变量"ndvilist"。
su<- c(20, 30, 40, 50)      ## "20,30,40,50"为因变量与解释变量的空间采样尺度。
## "gdm" 函数功能
gdlist<- lapply(ndvilist, function(x){
gdm(NDVIchange~ Climatezone+ Mining+ Tempchange+ GDP,
    continuous_variable= c("Tempchange","GDP"),
    data= x, discmethod= "quantile", discitv= 6)})
                        ## 将 ndvilist 变量(不同空间尺度的 ndvi 数据)作为参数在 gdm
                           函数中运行,其中 lapply 函数用于以上操作的循环处理,gdm 函
                           数为一步到位的地理探测器分析函数。
sesu(gdlist,su)             ## 空间单元的大小效应。
```

图 20-2-7 是空间尺度影响分析结果。横坐标表示变量数据采样的空间尺度（20、30、40 和 50），左侧纵坐标表示解释力 Q 值，右侧纵轴是所有变量每个空间尺度下 Q 值的 90％分位数。结果表明，大部分变量的 Q 值从 20km 空间单元到 50km 空间单元是增加的（此数据为模拟数据）。如果 Q 值的 90％分位数在某空间尺度达到最大值后下降，通常建议以该尺度为可选空间单元进行空间异质性分析。

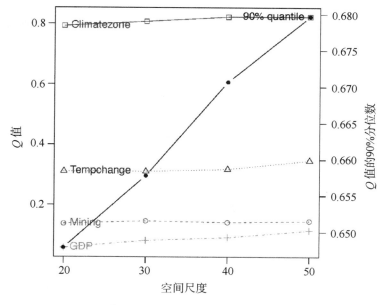

图 20-2-7 空间尺度影响分析结果

3. 一步到位的地理探测器分析函数 gdm "GD"提供了一个一步到位的空间数据离散化和地理探测器分析的函数 gdm。该函数输出所有计算步骤的结果数据和全部可视化结果。

```
## 安装库
install.packages("GD")
library("GD")

## NDVI:ndvi_40,"ndvi_40"为数据表的名称
## 设置最优离散化的可选参数,可选方法:equal,natural,quantile,geometric,sd and manual
discmethod<- c("equal","natural","quantile")
                ## 表示最优离散化的可选择方法,c()函数将括号中的元素(可选择的方
                   法)连接起来。
discitv<- c(4:6)  ## 表示数据离散化的分组的间隔数值为 4~6 个。
                ## 地理探测器分析的 gdm 函数的功能
ndvigdm<- gdm(NDVIchange~ Climatezone+ Mining+ Tempchange+ GDP,
        continuous_variable= c("Tempchange","GDP"),
        data= ndvi_40,
        discmethod= discmethod, discitv= discitv) # ~ 3s
                ## 气候区域(Climatezone)和采矿(Mining)是离散型变量,温度
                   (Tempchange)和 GDP 是连续型变量;"NDVIchange"是因变量,
                   "Climatezone+ Mining+ Tempchange+ GDP"表示数据表中用于分析
                   的 4 个解释变量,continuous_variable= c("Tempchange""GDP")语
                   句表示温度和 GDP 是连续变量,其余的变量是离散型变量。
ndvigdm          ## 函数"gdm"的运行结果变量。
plot(ndvigdm)    ## 将数据分析结果制图显示。
```

第三节 包虫病空间变异的环境因子识别

运用 GeoDetector 对西部 7 个省（自治区）人间包虫病患病率（HPCE）进行了环境因子探测。环境因子（X）包括高程（DEM）、草地覆盖率（GAR）、GDP、藏族人口比率（TPR）、地表温度（LST）、降水量（PRE）和气温（TEMP）（图 20-3-1）。

	HPCE	DEM	GAR	TPR	GDP	LST	PRE	TEMP
1	HPCE	DEM	GAR	TPR	GDP	LST	PRE	TEMP
2	1.17	687.6093	0.014 025	0.000 537	222 62.47	14.771 77	252.529 6	6.724 035
3	0.01	4 580.85	0.542 025	0.969 373	0.820 277	-0.778 84	303.945 8	-5.261 43
4	0.24	4 707.88	0.911 611	0.990 512	42.993 82	10.062 86	308.389 8	1.182 194
5	0.5	4 925.31	0.760 693	0.972 095	2.172 139	8.9443 96	359.028 5	-1.786 52
6	0.37	5 115.99	0.855 452	0.981 481	3.104 987	7.3469 11	320.107 6	-1.432 5
7	0.12	4 791.29	0.353 494	0.963 989	2.018 412	-0.789 2	581.353 1	-1.134 36
8	1.05	4 147.48	0.864 578	0.954 411	1.626 97	0.859 36	716.404 8	-2.175 22
9	0.46	5 005.67	0.698 121	0.984 907	4.201 657	5.768 982	352.409 5	-1.811 45
10	0.46	4 706.14	0.783 156	0.981 229	21.86 755	11.396 24	304.472 4	0.6783 48
11	0.35	4 743.14	0.830 269	0.977 311	5.990 618	9.628 05	340.152 8	0.5765 86
12	0.5	2 431.64	0.583 128	0.040 524	9 485.97	11.574 59	372.104 8	4.5
13	0.11	4 803.31	0.465 708	0.982 496	0.987 266	2.853 011	334.925 8	-0.599 11
14	1.35	5 047.77	0.548 633	0.981 333	1.812 603	-1.759 93	593.1	-4.045 45
15	0.16	3 930.01	0.693 255	0.778 889	10.058 25	3.819 209	403.739 4	-2.800 05

hpce_data （+）

图 20-3-1 包虫病患病率与解释变量

实例与操作 20-3-1：运用 gdm 函数探测人间包虫病患病率空间变异的环境因子

数据：*第二十章* \ *第三节* \ hpce_data.csv。

运用一步到位的地理探测器分析函数 gdm，分析人间包虫病患病率空间变异的环境因子。操作者自行将数据"hpce_data.csv"存放至本地 D 盘根目录下，执行如下代码：

```
install.packages("GD")          ## 首次运行需要安装"GD"库安装包。
library("GD")                   ## 加载"GD"库安装包。
hpce_data<- read.csv("d:/hpce_data.csv")    ## 数据以 hpce_data.csv 文件存放在 D
                                              盘,读取数据到 R 语言软件的内存中,
                                              并命名为 hpce_data 数据表。
discmethod<- c("equal","natural","quantile","geometric","sd")   ## 设置最优离散化的可选参数,
                                              可选方法有 equal、natural、
                                              quantile、geometric 和 sd。
discitv<- c(4:6)                ## 设置数据离散化的分组数为 4~6 个。
continuous_variable<- colnames(hpce_data)[-c(1)]   ## 读取数据表中的连续变量,1
                                              表示需要排除掉的列名称即
                                              因变量(患病率 HPCE)的数
                                              据;如有非连续变量也需要
                                              排除,但是参与运算。
print(continuous_variable)      ## 输出变量值到 R 语言控制台。
```

```
## gdm 函数功能.
HPCEgdm<- gdm(HPCE~ .,
    continuous_variable= continuous_variable,
    data= hpce_data,
    discmethod= discmethod, discitv= discitv)    ## "HPCE~ ."中的"."代表数据表中的
                                                     解释变量全部参与运算。

HPCEgdm          ## 函数"gdm"的运行结果变量。
plot(HPCEgdm)    ## 将数据分析结果制图显示。
```

结果解释：

①最优空间数据离散化：图 20-3-2 和图 20-3-3 结果显示了连续变量的最优离散化过程以及最优离散化结果。

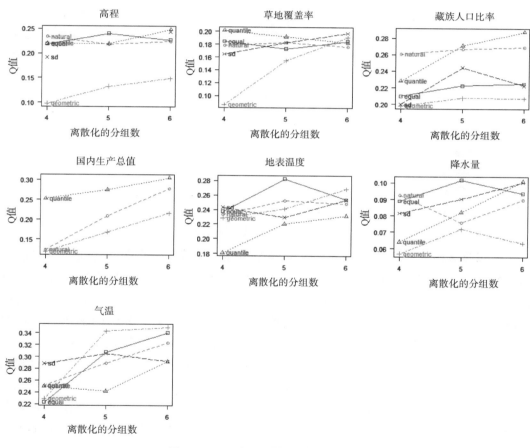

图 20-3-2　最优空间数据离散化过程

②风险因子探测：图 20-3-4（b）展示的是所有风险因子 q 值的计算结果，结果表明，气温（TEMP）具有最高的 q 值，说明这些变量中气温是决定 HPCE 空间格局的最主要的环境因子。图 20-3-5 展示的是所有风险因子 Q 值的计算结果，结果显示气温（TEMP）具有最高的 Q 值，说明这些变量中气温是决定 HPCE 空间格局的最主要的环境因子。

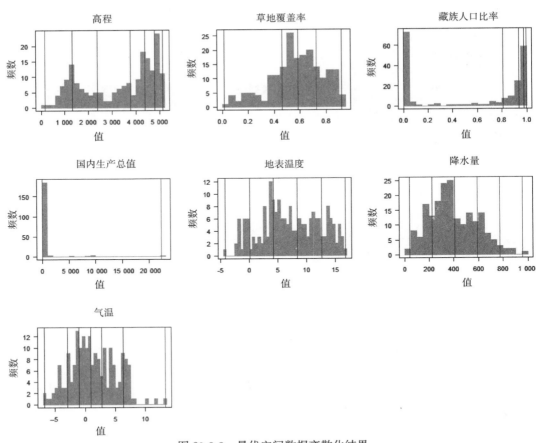

图 20-3-3　最优空间数据离散化结果

③风险区探测：图 20-3-4（a）显示单个风险因子（草地覆盖率等级）的风险区探测结果，其中，图 a 的表格第 4～7 行中的第一列的数字"1""2""3""4"等是此环境因子各分区的编号，为类型量；第三列（meanrisk）是在每个类型区内的 HPCE 的平均值，为数值量。接下来的第 10～13 行是各类型分区的 HPCE 数值之间是否存在显著差异，采用显著性水平为 0.05 的 t 检验，"Y"表示存在显著性差异，"N"表示不存在显著性差异。图 20-3-6 显示了单个风险因子的风险区探测结果。其中，柱状图，如"GAR"，表示在草地比率的每个分组区间内的 HPCE 的平均值；矩阵图，如"GAR"，表示每个分组区间内的 HPCE 之间是否存在显著差异，采用显著性水平为 0.05 的 t 检验，"Y"表示存在显著性差异，"N"表示不存在显著性差异。

④生态探测：图 20-3-4（d）是生态探测的统计结果，图 20-3-7 是可视化结果。结果表明气温（TEMP）与降水（PRE）对 HPCE 空间分布的影响存在显著差异。

⑤交互探测：图 20-3-4（c）是交互探测的统计结果。其中，第 3～9 行是两两变量交互作用后的 q 值；图 20-3-8 是空间可视化结果。结果表明任何两个变量对 HPCE 空间分布的交互作用，都要大于单个变量的单独作用。

a
```
Factor detector:
GAR
          itv  meanrisk
1 [0.014,0.462] 0.5059245
2 (0.462,0.587] 0.6052354
3 (0.587,0.728] 0.9835667
4 (0.728,0.918] 2.3757143
GAR
       interval [0.014,0.462] (0.462,0.587] (0.587,0.728] (0.728,0.918]
1 [0.014,0.462]          <NA>         <NA>         <NA>         <NA>
2 (0.462,0.587]          N            <NA>         <NA>         <NA>
3 (0.587,0.728]          Y            Y            <NA>         <NA>
4 (0.728,0.918]          Y            Y            Y            <NA>
```
(a)风险区探测
(b)风险因子探测
(c)交互探测
(d)生态探测

b
```
Factor detector:
  variable      qv          sig
1     DEM 0.2489753 9.523413e-09
2     GAR 0.2015990 4.668772e-08
3     TPR 0.2878244 3.667877e-10
4     GDP 0.3055225 2.910067e-10
5     LST 0.2826428 8.354110e-10
6     PRE 0.1019286 1.198126e-03
7    TEMP 0.3499166 3.129504e-10
```

c
```
Interaction detector:
  variable    DEM    GAR    TPR    GDP    LST    PRE TEMP
1     DEM      NA     NA     NA     NA     NA     NA   NA
2     GAR 0.3641     NA     NA     NA     NA     NA   NA
3     TPR 0.3064 0.4379     NA     NA     NA     NA   NA
4     GDP 0.4363 0.4066 0.4201     NA     NA     NA   NA
5     LST 0.4165 0.5319 0.4493 0.4672     NA     NA   NA
6     PRE 0.3512 0.4258 0.3586 0.4705 0.407     NA   NA
7    TEMP 0.5041 0.4641 0.5400 0.4694 0.436 0.4899   NA
```

d
```
Ecological detector:
  variable  DEM  GAR  TPR  GDP  LST  PRE TEMP
1     DEM <NA> <NA> <NA> <NA> <NA> <NA> <NA>
2     GAR    N <NA> <NA> <NA> <NA> <NA> <NA>
3     TPR    N    N <NA> <NA> <NA> <NA> <NA>
4     GDP    N    N    N <NA> <NA> <NA> <NA>
5     LST    N    N    N    N <NA> <NA> <NA>
6     PRE    N    N    N    N    N <NA> <NA>
7    TEMP    N    N    N    N    N    Y <NA>
```

图 20-3-4　风险区探测、风险因子探测、生态探测以及交互探测的统计结果

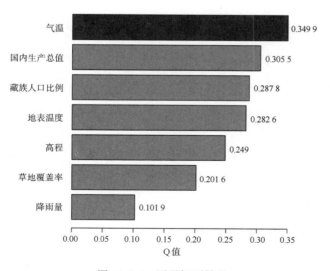

图 20-3-5　因子探测结果

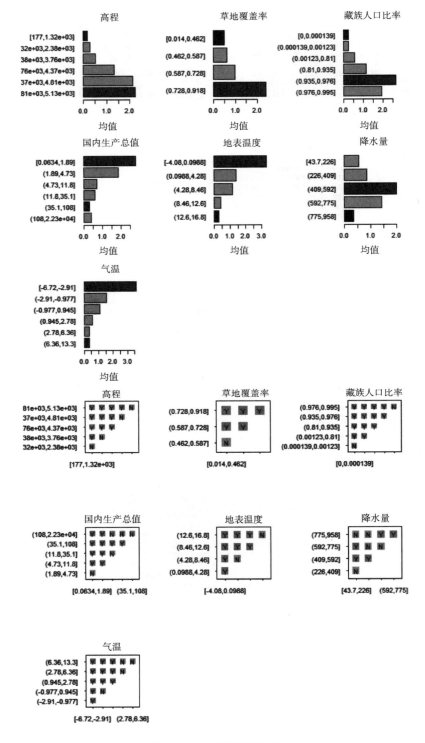

图 20-3-6　风险探测结果

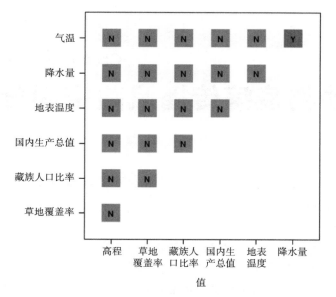

图 20-3-7　生态探测结果

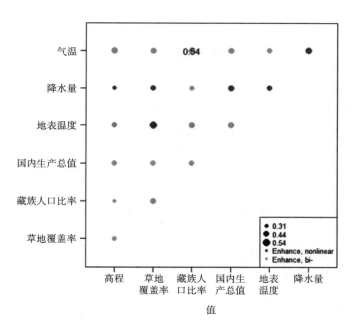

图 20-3-8　交互探测结果

（黄　端）

动物疫病传播风险空间分布预测

【例 21-1】
已知 H7N9 人间病例点分布（图 16-a），如何计算并绘制出全国 H7N9 人间暴发风险（Qiu et al.，2014）？

【分析 21-1】
疫情暴发点分布数据为离散数据，空间分布上不像气温、气压等属于地理分布上的连续变量，因而不能通过有限的观测点数值插值（见第十二章）生成全区域分布数据。但是，疫情暴发受到自然及人文环境要素空间分布的影响，因而为全区域疫情风险评估提供一种思路：构建疫情与环境因子之间的关系模型，通过关系模型和全区域环境因子推演至整个区域，从而绘制全区域疫情风险图。

第一节　疫病传播风险分布分析过程

疫病传播风险分布预测，包括时间预测和空间分布预测。前者指由已知时间序列预测下一时间点的变化趋势，常用的方法如 ARIMA 时间序列预测等；后者指由少数空间点或区域分布数据推演至全区域或者其他地区，常用的方法如一般线性回归、地理加权回归、MAXENT 模型以及贝叶斯疾病制图（Bayesian Disease Mapping）等。

疫病分布风险预测的一般过程：

第一步，准备疫病空间分布数据及相关环境要素数据。疫病分布数据可通过第六章提供的方法构建。通过调研明确哪些可能的环境影响因子，然后通过附录及第十七章介绍的数据共享中心获取相应的环境因子并对其预处理。

第二步，构建疫病空间分布数据与相关环境要素之间的关系模型。基于疫情数据的数学特征（如计数数据、连续变量或二分类变量等）和结构特征（如层次结构、空间自相关性等），选用适宜的统计方法，如一般线性回归、地理加权回归、MAXENT 模型、多水平模型（a multilevel model approach）以及贝叶斯疾病制图（Bayesian Disease Mapping）等构建疫情指标（因变量）与环境指标（自变量）之间的关系模型。使用的软件有 R、SAS、GeoDa、WinBUGS 等。

第三步，模型推演。基于全区域或另一区域的全覆盖环境数据和第二步的关系模型，通过空间关系运算计算全区域或另一区域的因变量值。

第二节 疫病分布风险预测案例操作

实例与操作 21-2-1：人间 H7N9 禽流感分布风险评估 （logistic regression 逻辑回归）

收集人间 H7N9 病例点位数据以及可能与病例分布相关的环境因子，构建人间 H7N9 暴发风险与环境因子的逻辑回归模型，最后基于模型关系式及揭示的危险环境因子的全国覆盖数据，推算全国的人间 H7N9 暴发风险分布并制作风险地图。

经调研，有地面气温、暴发点至水系距离、家禽消费、归一化植被指数（NDVI）、降水量等环境要素与人间 H7N9 暴发相关。

数据：第二十一章\第二节\患者点位.shp 和水系.shp；第二十一章\第二节\NDVI.tif、家禽消费.tif、降水量.tif 和地面气温.tif。

1. 数据来源 病例表格数据制成带坐标信息的矢量文件参考第六章，环境相关数据来源和预处理过程参考附录 1 和第十七章。启动 ArcMap，使用**添加数据** 功能，将第二十一章数据 "**患者点位**" "**水系**" "**地面气温**" "**家禽消费**" "**NDVI**" "**降水量**" 添加到内容列表中。其中，地面气温单位为℃，家禽消费单位为 t/km^2，降水量单位为 0.1mm/年。

2. 数据预处理

（1）栅格数据重采样 所有栅格数据均需进行重采样，使各数据图层的分辨率保持一致。该步骤可通过 ArcGIS 中的 **ArcToolbox→数据管理工具→栅格→栅格处理→重采样**功能实现。以 "地面气温" 数据的重采样为例执行该操作（图 21-2-1）。重采样的**输入栅格**为 "地面气温"；**输出栅格数据集**为重采样后的结果，自定义保存路径和文件名；选择直接匹配某一个已经打开的图层或通过下方 X 和 Y（像素长、宽）参数设置的方式定义**输出像元大小**，此例设置为 1 000（即 1km）；**重采样技术（可选）** 非特殊需求，通常选择 NEAREST 即最邻近像元法。该方法不需要经过复杂的运算，是最快捷的重采样方法。图 21-2-2 为重采样后的结果，可在图层窗口右键单击该**图层→属性→源**，查看重采样后的栅格分辨率。

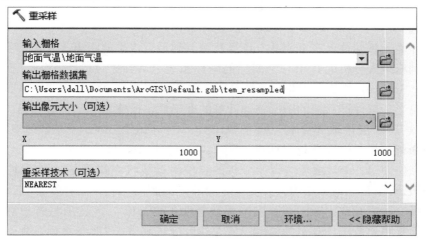

图 21-2-1 重采样

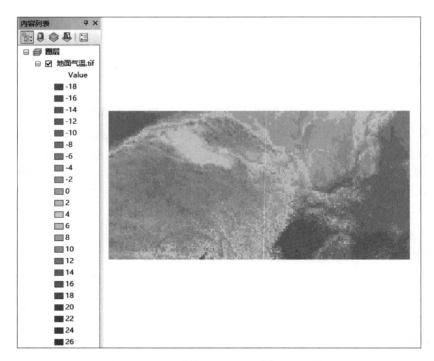

图 21-2-2 重采样后的"地面气温"示意图

（2）随机选取对照点 逻辑回归分析需要对照点（$Y=0$）的分布数据。本案例原数据缺少非暴发点点位数据，需在限定区域（已知非疫情地区）内随机获取一定数量的点作为对照点。

该操作可以通过**ArcToolbox→数据管理工具→采样→创建随机点**来完成（图 21-2-3）。**输出位置**和**输出点要素类**分别设置为输出的点位路径和文件名；**约束要素类**选取限定的用于随机提取点的区域范围图层；**约束范围**的上下左右范围用于在未选择**约束要素类**时，对提取范围设定界限；**点数**和**最小允许距离**分别为需要提取的点的数量和随机提取的任意两点之间的最小距离；**创建多点输出**为允许随机提取包含多点的组合图斑，本案例中不勾选。

（3）计算点位到最近水系距离 计算病例点到最近水系的距离。首先，需统一坐标系统，本例将纳入分析的其中一个图层的坐标系统（WGS_1984_Web_Mercator_Auxiliary_Sphere）作为参考坐标系统，将矢量文件"**患者点位**"和"**水系**"转换为与此相同的投影，以保证后续的图层叠加计算的准确性，操作详见"第五章第二节投影坐标系统"。然后，执行**近邻分析**，点击 ArcGIS 中的**ArcToolbox→分析工具→领域分析→近邻分析**，打开**近邻分析**对话框（图 21-2-4）。其中，**输入要素**为目标点位置，此例即患者点位图层；**邻近要素**为需要分析的点位附近线状物的图层，此例即水系图层；**方法**选择**PLANAR**，该方法为计算要素之间的平面距离，若距离计算在较大尺度上进行，如省级、国家级或国际间等，则推荐选择**GEODESIC**，该选项将考虑测地线的椭球距离，使长距离范围计算更为精确。该工具运行完成后，"**患者点位**"为矢量文件的属性表中将增加一列命名为"NEAR_DIST"的新字段，即为该点到最近水系的距离，

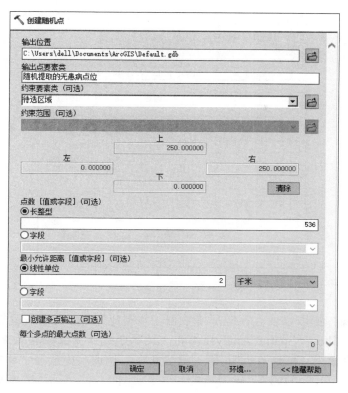

图 21-2-3　创建随机点

其单位为 m（图 21-2-5）。用相同方法计算对照点到水系的最短距离，或将**"患者点位"**
与对照点合并（参考"第十一章叠加分析"）后再执行该操作。

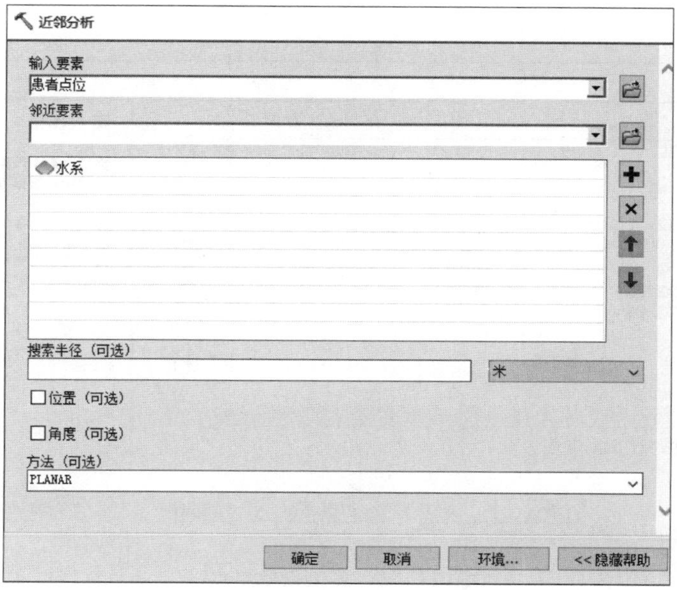

图 21-2-4　近邻分析

图 21-2-5　近邻分析结果

3. 提取数据　提取暴发点相应环境数据，并制成 Excel 表以备逻辑回归分析。该步骤通过 **ArcToolbox→Spatial Analyst 工具→提取分析→多值提取至点**（图 21-2-6）来完成。**输入点要素**为"**患病点位**"；**输入栅格点**在下拉选项中选择"**降雨量**""**地面气温**""**家禽消费**"和"NDVI"，点击**确定**。结果如图 21-2-7 所示，"**患病点位**"属性数据表中将新增多列，每一列为暴发点所在输入栅格图层位置的栅格值。同样对对照点执行该操作获取对照点对应位置环境要素值，或将"患者点位"与对照点合并（参考"第十一章叠加分析"）后再执行该操作。最后，通过 **ArcToolbox→转换工具→Excel→表转 Excel**（图 21-2-8）将该提取后的患者点位数据属性表导出为 Excel（.xls）表格文件（图 21-2-9）。

图 21-2-6　多值提取至点

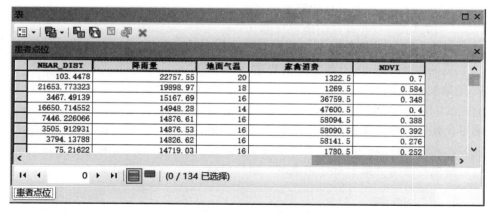

图 21-2-7　提取后的患者点位属性表结果

图 21-2-8　表转为 Excel

	J	K	L	M	N
1	NEAR_DIST	降雨量	地面气温	家禽消费	NDVI
2	103.4477997	22757.55469	20	1322.5	0.699999988
3	21653.77332	19898.97266	18	1269.5	0.583999991
4	3467.49139	15167.69434	16	36759.5	0.34799999
5	16650.71455	14948.28125	14	47600.5	0.400000006
6	7446.226066	14876.60938	16	58094.5	0.388000011
7	3505.912931	14876.52539	16	58090.5	0.39199999
8	3794.13788	14826.62012	16	58141.5	0.275999993
9	75.2162204	14719.02539	16	1780.5	0.252000004
10	2580.409531	14657.06934	16	58083.5	0.488000005
11	513.7516521	14512.66211	16	10262.5	0.727999985

图 21-2-9　"患者点位"属性表转换后的表格结果

4. 逻辑回归分析　将转换完成之后的 Excel 表导入统计分析软件，如 SPSS、R 或 SAS 等，通过其逻辑回归分析功能（本例不做详细说明，可参考相关书籍）可以获得以下模型：

$$p = \frac{1}{1 + e^{-(0.007 \times PreAug - 0.039 \times PreOct + 0.644 \times TAug - 3.278 \times NDVI + 0.145 \times Poucon2000)}}$$ 　(21.1)

式中，$PreAug$——8 月月均降水量（cm）；

$PreOct$——10 月月均降水量（cm）；

$TAug$——8 月月均地表气温（℃）；

$NDVI$——归一化植被指数；

$Poucon2000$——2000 年家禽消费量（t/km^2）。

5. 风险制图　基于公式 21.1，结合已有的数据，可对全国栅格地图中各个像元所对应地区的 H7N9 人间暴发风险进行推算，该计算通过 **ArcToolbox→Spatial Analyst 工具→地图代数→栅格计算器**实现（图 21-2-10）。在表达式空白框中配合使用图层名、运算符及表达式输入计算公式 21.1，在**输出栅格**一栏填写输出的预测图层的路径和文件名，结果输出后参考"第七章地图制图"制作风险地图（Qiu et al.，2014）。

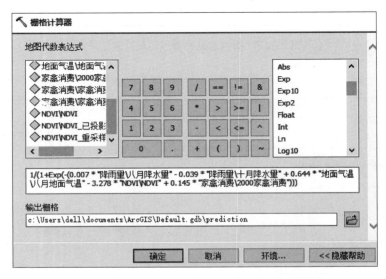

图 21-2-10　栅格计算器计算人间 H7N9 暴发风险

6. 精度检验　用后续病例数据验证风险评估的可靠性。获取后续人间病例分布数据，本例后续病例选取时间为 2013 年 10 月 1 日至 2014 年 1 月 21 日（Qiu et al.，2014）。利用 **ArcToolbox 工具箱→Spatial Analyst Tools→提取分析→值提取至点**（参考第十七章**操作提示 17-1-3**），提取后续病例对应位置的风险值。结果表明 76.4% 的后续病例分布在风险值大于 0.8 的位置。

💡 **实例与操作 21-2-2：钉螺密度预测（地理加权回归模型）**

收集和制作湖北省潜江市和仙桃市的 NDVI、旱地占比数据（HLP）、是否灭螺数据（MOL）、景观指标（MPAR）及土地利用数据等与钉螺密度存在相关性的各类数据，以及潜江市已有的钉螺密度分布数据，并基于以上数据建立钉螺密度分布与相关环境因素的地理加权回归模型，最后将该模型应用在仙桃市的钉螺密度分布预测中，获取预测结果并制作地图。

其中，景观指数（MPAR）是众多景观格局指数中的一个，其代表的是平均周长面积比。景观格局与生物分布的关系已有广泛研究，而景观指数则是重要的影响生物分布的环境因子，本案例将详细操作通过土地利用数据计算景观格局指数的步骤。

数据：**第二十一章\第二节\潜江_钉螺分布及指标**. shp、**仙桃_指标**. shp 和**仙桃_土地利用**. shp。

1. 数据准备 启动 ArcMap，使用**添加数据**  功能，将图层"**潜江_钉螺分布及指标**""**仙桃_指标**""**仙桃_土地利用**"3 个 shapefile 矢量文件添加到内容列表中。其中，"**潜江_钉螺分布及指标**"包含潜江市各行政单元的归一化植被指数（NDVI）、通过土地利用计算的景观指数 MPAR（平均斑块周长面积比）、旱地占比（HLP，数据来源及计算方式参考第十七章）、是否有灭螺（MOL）以及钉螺密度分布情况（densityHL）等各类数据。"**仙桃_指标**"包含仙桃市各行政单元的 NDVI、HLP、MOL 数据。"**仙桃_土地利用**"中为仙桃市的土地利用分布数据，需根据此数据计算景观指数 MPAR，具体操作见下一步。

2. 景观指标（MPAR）计算与归一化 第一步，在 https：//www. ferit. ca/patchanalyst/Setup_PA5. 2_PG_5. 1. exe 网址上下载"Patch Analyst"插件，用于在 ArcGIS 中用土地利用数据计算景观指标。下载安装完成后，需要打开 ArcMap，在工具栏空白处右键下拉菜单中选择**自定义**选项，并将**命令**窗口中的**Patch Analyst**（图 21-2-11）拖动至 ArcMap 工具条空白处（图 21-2-12），方便调取该功能。

图 21-2-11　ArcMap 中添加"Patch Analyst"工具

图 21-2-12　将"Patch Analyst"拖动至工具条空白处结果

第二步，利用**Patch Analyst** 中的**Spatial Statistics** 功能（图 21-2-13）计算景观指标，其中，**Layers** 为执行景观指数计算的图层，此例选择"**仙桃_土地利用**"；Class

一栏设置为每一图斑的唯一代码，此例设置为**编号**；**Analyze by** 选项设置为**Class**，即对"**仙桃 _ 土地利用**"图层的每一个空间对象计算景观指数；**Output Table Name** 设置为结果输出的路径和文件名；其他选项默认。详细的参数设置说明可参考 http：//www. umass. edu/landeco/pubs/mcgarigal. marks. 1995. pdf。计算后结果见图 21-2-14。

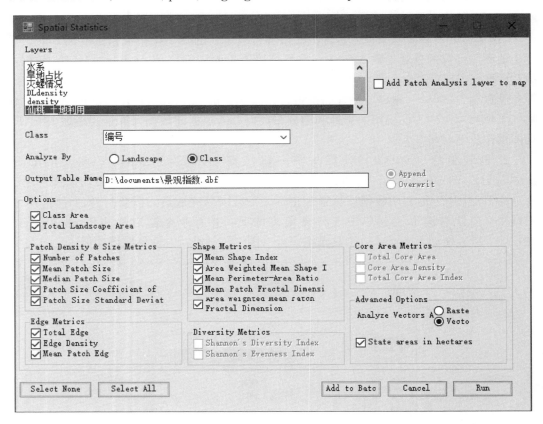

图 21-2-13　在 ArcGIS 上用"Patch Analyst"插件中的"Spatial Statistics"功能计算景观指标

	MSI	MPAR	MPFD	AWMPFD
▶	5. 7441	1254. 7	1. 59216	1. 59216
	2. 98819	3792. 7	1. 70883	1. 70883
	3. 54266	1246. 7	1. 54859	1. 54859
	3. 30366	54. 5	1. 32071	1. 32071
	3. 75222	110. 9	1. 36501	1. 36501
	14. 31463	67. 8	1. 4402	1. 4402
	7. 83149	2463. 4	1. 70346	1. 70346
	1. 39243	372	1. 32663	1. 32663
	1. 51494	136. 3	1. 28127	1. 28127
	3. 46391	1051	1. 52679	1. 52679
	3. 5062	304. 3	1. 41915	1. 41915

图 21-2-14　"Spatial Statistics"计算结果中的景观指标（MPAR）

第三步，将第二步的结果（含有景观指数"**MPAR**"的数据表"**景观指数.dbf**"）与"**仙桃 _ 土地利用**"连接。通过"**景观指数.dbf**"表中的关键字段"**类**"（或"Class"，取决于读者 ArcMap 客户端语言设置）和原始的"**仙桃 _ 土地利用**"属性表中的关键字段"**编号**"进行匹配连接，具体操作参考第六章第三节。

第四步，由于"**仙桃 _ 土地利用**"的空间对象并非按照行政界限划分，在此需要对其用**标识**工具套上以行政区界为空间对象边界的矢量数据（"**仙桃 _ 指标**"）进行切割（图 21-2-15）。点选**ArcToolbox→分析工具→叠加分析→标识**，打开**标识**对话框，其中，**输入要素**为被切割图层"**仙桃 _ 土地利用**"；**标识要素**为"**仙桃 _ 指标**"；**输出要素类**为自定义结果的输出路径及文件名，此例为"**仙桃 _ 土地利用 _ Identity**"；**连接属性**选择为**ALL**，以保证新的数据包含每一列原始数据；其他功能选择默认设置。

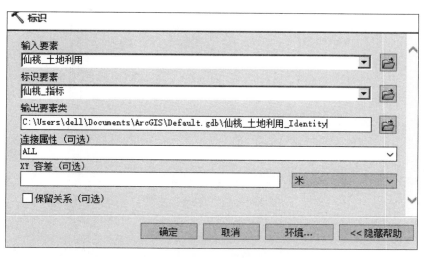

图 21-2-15　"标识"工具

第五步，采用**融合**工具将属于同一行政单元的所有空间对象进行合并（图 21-2-16），从而得到行政单元级别的景观指标。**融合**工具路径为**ArcToolbox→数据管理工具→制图综合→融合**。其中，**输入要素**为上一步的结果文件"**仙桃 _ 土地利用 _ Identity**"；**输出要素类**为自定义的输出路径和文件名，此例为"**仙桃 _ 土地利用 _ Identity _ Dissovle**"；**融合 _ 字段**选择代表行政单元的唯一识别码字段"**FID _ 仙桃 _ 指标**"；**统计字段**选择融合所用的计算方法，本例使用**MEAN**统计各行政单元内的平均 MPAR；勾选"**创建多部件要素**"，该选项将允许在属于同一行政单元相邻的多个空间对象也可融合为一个要素，该选项有助于避免遗漏飞地（属性相同但不邻近的空间对象）的问题。

第六步，再次通过**连接**功能将上一步的结果图层（"**仙桃 _ 土地利用 _ Identity _ Dissovle**"）连接至原始的"**仙桃 _ 指标**"图层，属性表中将包含全部 4 项钉螺密度影响因素（NDVI、HLP、MOL 和 MPAR）（图 21-2-17）。

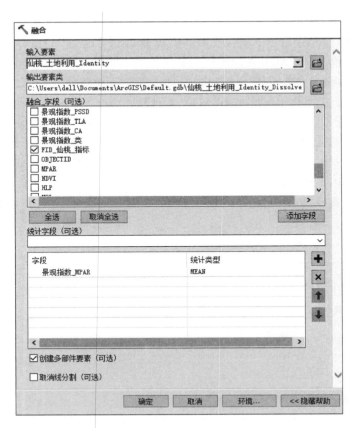

图 21-2-16 "融合"工具

	OBJECTID	MEAN_景观指数_MPAR	NDVI	HLP	MOL
	1	95.5375	0.379669	30.002556	0
	2	134.742857	0.393358	0	1
	3	129.428571	0.43098	44.738678	1
	4	105	0.343854	17.28406	1
	5	87.391667	0.273257	15.025238	0
	6	109.225	0.423353	44.87231	1
	7	128.069231	0.311668	21.699559	0
	8	626.699957	0.318185	39.458426	0

图 21-2-17 "连接"完成后包含全部 4 项钉螺密度影响因素的结果

3. 加权回归及预测制图 利用**地理加权回归**工具，按照第十九章第三节**实例与操作 19-3-1** 的案例设置，基于潜江市的 4 项环境要素和实际钉螺密度构建地理加权回归模型，并在**附加参数**一栏中按照图 21-2-18 所示基于仙桃的环境指标进行钉螺密度的分布预测。其中，参数**系数栅格工作空间**不做自定义，表示此例不需要对各环境因子创建栅格；**输出像元大小**会自动设置，采用默认值；**预测位置**为给定环境因子的行政单元矢量图层，此例为"**仙桃 _ 指标**"；**预测解释变量**采用预测位置图层的环境因子，对应地理加权回归所用的**解释变量**，且各项指标的排列顺序需要与潜江市中模型回归的指标排列保持一致；**输出预测要素类**自定义结果输出的路径和文件名。

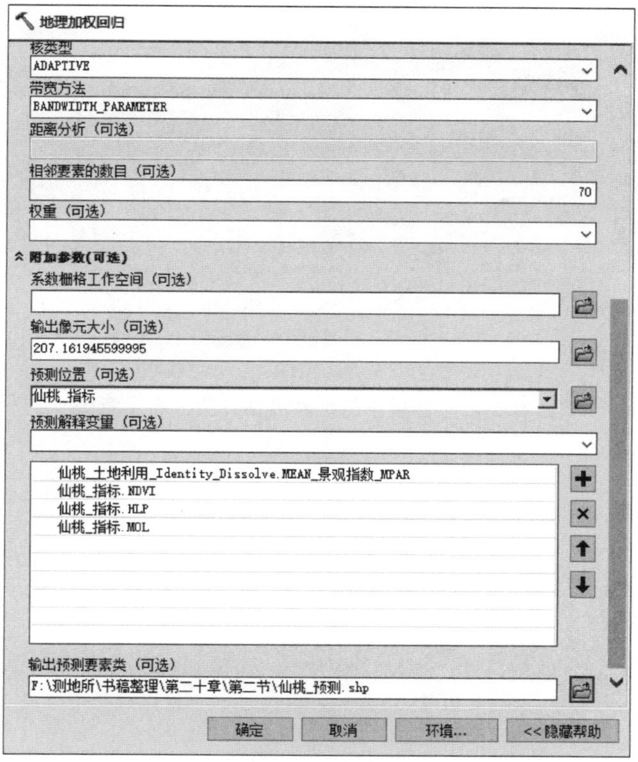

图 21-2-18　地理加权回归中设置预测要素

　　另外，需要注意，本案例中地理加权回归的**核类型**需设置为**ADAPTIVE，带宽方法**需更改为**BANDWIDTH_PARAMETER**，相邻要素数目建议选择为 70，如果该数值过小，距离潜江市较远的部分区域将会无法做出合理的预测。

　　设置完成之后，点击**确认**进行回归模型构建及预测。如果输出的预测要素类 shapefile 文件中"Predicted"字段存在部分图斑值为"$-1.7976931348623158e+308$"（图 21-2-19），则表明模型无法对该空间对象（此例为该条记录对应的行政单元）做出合适的预测，建议进一步扩大相邻要素数目。如果仍无法解决，可能是由于原始数据拟合效果不佳，可检查数据准确性和完整性。最后，制作钉螺密度预测分布图，将预测结果进行可视化（图 21-2-20）。

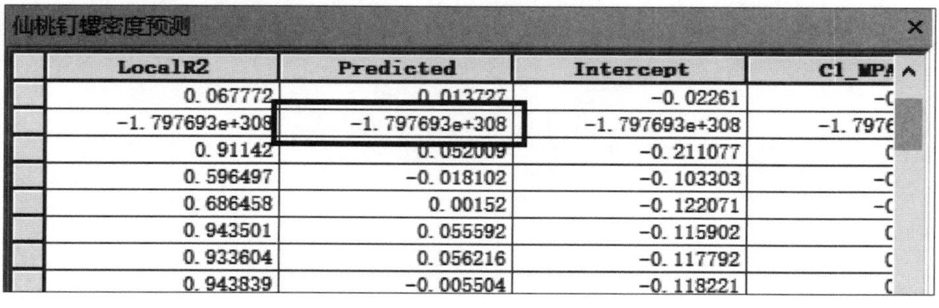

仙桃钉螺密度预测				
	LocalR2	Predicted	Intercept	C1_MPA
	0.067772	0.013727	−0.02261	−0
	−1.797693e+308	−1.797693e+308	−1.797693e+308	−1.7976
	0.91142	0.052009	−0.211077	0
	0.596497	−0.018102	−0.103303	−0
	0.686458	0.00152	−0.122071	−0
	0.943501	0.055592	−0.115902	0
	0.933604	0.056216	−0.117792	0
	0.943839	−0.005504	−0.118221	0

图 21-2-19　预测结果出现错误值示例

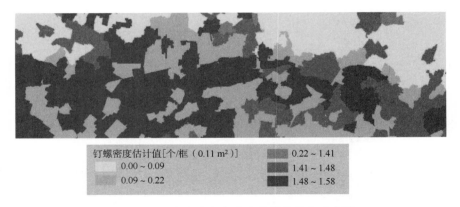

图 21-2-20　仙桃市钉螺密度估计值分布示意图

（韩逸飞）

附录　地理基础数据获取途径

制图过程中缺少必要的底图，如行政区界图、水系图等，从哪里可以方便地获取？

数据是 GIS 空间分析的核心，以下列举常用的地理数据获取网站。

1. 官方数据中心

（1）全国地理信息资源目录服务系统　自然资源部国家基础地理信息中心的数据网址：http：//www. webmap. cn/main. do？method＝index。包含三大数据集：

GlobeLand30 数据集，是全球首套 30m 分辨率全球地表覆盖数据集。该数据集将地表覆盖划分为十大类，分别是耕地、森林、草地、灌木地、湿地、水体、苔原、人造地表、裸地、冰川和永久积雪。包含了丰富详尽的全球地表覆盖空间分布信息，能更好地刻画大多数人类土地利用活动及其所形成的景观格局。

全国 1：100 万基础地理数据覆盖全国陆地范围，包括台湾岛、海南岛、钓鱼岛、南海诸岛在内的主要岛屿及其邻近海域，共 77 幅 1：100 万图幅，该数据整体现时性为 2015 年。数据采用 2000 国家大地坐标系，1985 国家高程基准，经纬度坐标。为满足广大社会群众对地理信息数据资源的需求，经国家测绘地理信息局同意，提供部分 1：100 万免费下载的数据。下载数据均采用 1：100 万标准图幅分发，内容含行政区（面），行政境界点（领海基点），行政境界（线），水系（点、线、面），公路、铁路（点、线），居民地（点、面），居民地地名（注记点），自然地名（注记点）等 12 类要素层。本书数据第四章 \ 2015 年 1：100 万全国基础地理信息数据即是从该网站下载，可供读者使用。

1：25 万全国基础地理数据库和 1：100 万基础地理数据类似，提供部分数据下载服务，并保持数据版本持续更新。目前，提供下载的 1：25 万公开版分 816 幅 1：25 万图幅，基础地理数据共有 4 个数据集、9 个数据层。

特别提醒：由于提供下载的是原始矢量数据，不是最终地图，其与符号化后的地图在可视化表达上存在一定的差异。因此，用户利用下载的地理信息数据编制地图的，应当严格执行《地图管理条例》有关规定；编制的地图如需向社会公开的，还应当依法履行地图审核程序。

（2）国家地球系统科学数据中心—共享服务平台　依托中国科学院地理科学与资源研究所，包括众多科研院校参建的国家地球系统科学数据共享平台网址：http：//www. geodata. cn/index. html。

数据资源丰富，涵盖地球科学各个学科。中心按照"圈层系统-学科分类-典型区域"多层次开展数据资源的自主加工与整合集成，已建成涵盖大气圈、水圈、冰冻圈、岩石圈、陆地表层、海洋以及外层空间的 18 个一级学科的学科面广、多时空尺度、综合性国内规模最大的地球系统科学数据库群，建立了面向全球变化及应对、生态修复与环境保护、重大自然灾害监测与防范、自然资源（水、土、气、生、矿产、能源等）开发利用、地球观测与导航等多学科领域主题数据库115个，数据资源总量超过2.0PB。数据需要注册申请。

（3）地理国情监测云平台　北京数字空间科技有限公司的数据平台，网址：http：//www.dsac.cn/。

提供卫星遥感影像、土地资源类、生态环境类、气象/气候类、社会经济类、灾害监测类、电子地图矢量数据、行政区划矢量等数据产品，内容广泛。部分免费获取，部分数据收费。

（4）标准地图服务　自然资源部地图技术审查中心的标准地图服务，网址：http：//bzdt.ch.mnr.gov.cn/。

提供包括中国地图209幅、世界地图51幅、专题地图9幅的地图免费下载。具体有中国国家尺度（包含中英两版）、各省市尺度、世界尺度（包含中英两版）、各大洲尺度的多种比例尺地图，此外，还有专题地图（长江经济带、京津冀都市圈、G20国家和粤港澳大湾区）。标准地图依据中国和世界各国国界线画法标准编制而成，可用于新闻宣传用图、书刊报纸插图、广告展示背景图、工艺品设计底图等，也可作为编制公开版地图的参考底图。社会公众可以免费浏览、下载标准地图，直接使用标准地图时，需要标注审图号。

此外，提供自助制图在线服务。用户可制作统计地图，或者根据需要选取地图要素，编辑要素的颜色，增加点、线、面标记与文字，制作出个性化地图，输出地图图片。该功能需要用户注册后方可使用。目前，发布的自助底图包括中国地图2幅、世界地图1幅（截至2020-07）。注意：自助制图生成的地图，公开使用前需要送自然资源主管部门审核。

（5）资源环境数据云平台　中国科学院地理科学与资源研究所的资源环境科学数据中心，网址：http：//www.resdc.cn/。

提供大量的宏观与微观资源环境科学数据序列，包括中国地理自然分区、气象、地形地貌、土地利用、陆地生态系统、水系流域、植被类型、土壤、社会经济、城市空气质量、农业和遥感影像等数据集。分免费共享数据、有限共享数据、集中共享数据、非共享数据，需注册申请。

（6）NASA's Socioeconomic Data and Applications Center（SEDAC）　网址：http：//sedac.ciesin.columbia.edu。SEDAC提供全球范围内的社会经济GIS数据，以帮助人们了解人与环境间的相互影响。数据涉及农业、气候、健康、基础设施、土地利用、海洋和沿海、人口、贫困、可持续性、城市和水等15种类型。

（7）UNEP Environmental Data Explorer　联合国环境规划署的环境数据，网址：http：//geodata.grid.unep.ch。UNEP包含全球范围内500多种不同类型的空间和非空间数据，如淡水、人口、森林、污染排放、气候、灾害、卫生和国内生产总值等。

（8）World Database on Protected Areas　可以下载自然保护区数据的网站。网址：https：//www.iucn.org/theme/protected-areas/our-work/world-database-protected-areas。世界保护区数据库，是关于陆地和海洋保护区的最全面的全球数据库。这是联合国环境规划署（环境规划署）和国际自然保护联盟（自然保护联盟）之间的一个联合项目，由环境规划署世界保护监测中心（环境规划署-养护监测中心）管理。

（9）FAO GeoNetwork 联合国粮食与农业组织的地理空间数据中心，网址：http：//www.fao.org/geonetwork/srv/en/main.home。可以下载到农业、渔业、土地资源相关的全球地理信息系统数据集，同时，提供相关卫星图像数据。

（10）NASA Earth Observations（NEO） 美国国家航空航天局的地球观测数据中心，网址：http：//neo.sci.gsfc.nasa.gov。NEO 专注于提供全球范围内的空间数据，包括大气、能源、土地、生活（人口、植被指数等）、海洋等 50 多种不同数据的专题。通过 NEO，可以查看地球气候和环境状况的每天快照。

（11）USGS Earth Explorer 美国地质勘探局（United States Geological Survey，简称 USGS）网址：http：//earthexplorer.usgs.gov。官网上提供最新、最全面的全球卫星影像，包括 Landsat、Modis 等。

2. 民间公益数据中心

（1）全球及我国基础地理信息数据 个人 GIS 爱好者提供的全球及我国基础地理信息数据，网址：http：//gaohr.win/site/blogs/2017/2017-04-18-GIS-basic-data-of-China.html。

此网站主要是提供世界和我国基础地理信息矢量数据，其中，全球 1∶100 万基础地理数据，包括七大洲范围、全球国家边界、全球省级行政边界、全球主要道路、全球铁路、全球面状水系、全球线状水系以及 1 度经纬网等矢量数据；中国国家基础地理信息数据，包括我国有限年份 1∶100 万比例尺的省级、市级、县级、乡镇级行政区划、乡镇级和村级居民点分布数据、南海十段线、河流、铁路、公路等数据。部分免费，部分口令获取。

（2）Natural Earth 由许多志愿者合作建立的，并得到了北美制图信息协会（NACIS）的支持，提供的全球范围内 1∶10 万、1∶50 万和 1∶110 万比例尺矢量和影像数据分享平台，网址：https：//www.naturalearthdata.com/。Natural Earth Data 的最大优势就是数据是开放性的，用户有传播和修改数据的权限。

（3）OpenStreetMap 网址：http：//wiki.openstreetmap.org/wiki/Downloading_data。

OpenStreetMap（简称 OSM）是一个网上地图协作计划，目标是创造一个内容自由且能让所有人编辑的世界地图。用户在 OSM 上可以免费获取不同级别和精度的 GIS 数据，包括各级别道路（公路、铁路、地铁、水路）、景点、建筑物等。

附表 1　全球和中国全类型土地利用/覆盖数据产品

产品/数据名称	发布机构	作者	时间跨度	范围	分辨率	所用数据和方法	下载地址
UMD1km	University of Maryland(UMD)	Hansen 等	1992/1993	全球	1km	AVHRR 数据；监督分类决策树	https://www.geog.umd.edu/landcover/global-cover.html
IGBP DIScover	United States Geological Survey(USGS)	Loveland 等	1992/1993	全球	1km	AVHRR 数据；非监督分类决策树	http://edcwwww.cr.usgs.gov/landdaac/glcc.glcc-na.html
GLC 2000	European Commission's Joint Research Centre(JRC)	Bartholome 和 Belward	2000	全球	1km	SPOT-4；非监督分类	http://www-gvm.jrc.it/glc2000/defaultGLC2000.htm
MCD12Q1	Boston University(BU)	Friedl 等	2001—2008	全球	500m	MODIS 反射率数据；监督分类，基于先验知识的后处理	https://lpdaac.usgs.gov/products/mcd12q1v006/
GlobCover	European Space Agency(ESA)	Arino 等	2005/2006,2009	全球	300m	MERIS 数据；非监督分类	http://due.esrin.esa.int/page_globcover.php
CCI-LC	EuropeanSpace Agency(ESA)	ESA	1991—2015	全球	300m	Envisat MERIS(2003—2012)，AVHRR(1992—1999)，Spot-VGT(1999—2013) and PROBA_V data for 2013,2014 and 2015 基准数据加变化叠加	http://maps.elie.ucl.ac.be
FROM-GLC	清华大学	Gong 等	2010,2015,2017	全球	30m	Landsat TM/ETM+；监督分类的自动提取	http://data.ess.tsinghua.edu.cn/
Globe-Land30	国家基础地理信息中心	Chen 等	2000,2010	全球	30m	Landsat TM/ETM+和 HJ-1；基于像元、面向对象和知识融合的方法	http://www.globallandcover.com/GLC30Download/index.aspx
NLCD-China	中科院地理所等单位	刘纪远等	1990,1995,2000,2005,2010,2015,2020	中国	30/100m/1km	Landsat TM/ETM+/OLI；人工解译	http://www.resdc.cn/
China Cover	中科院遥感所等单位	吴炳方等	2000,2010	中国	30m	Landsat TM/ETM+数据和 HJ-1卫星；面向对象自动分类	http://www.ecosystem.csdb.cn/ecogi/index.jsp

产品/数据名称	发布机构	作者	时间跨度	范围	分辨率	所用数据和方法	下载地址
中国1：10万土地覆被数据产品	中科院地理所等单位	杨雅萍等	2015	中国	30m	Landsat数据	
第一次全国地理国情普查公报	国家测绘地理信息局；国土资源部；国家统计局；国务院第一次全国地理国情普查领导小组		2015	中国		资源三号高分辨率测绘卫星影像为主要数据源；室内分析判读、野外实地调查	
GLC_FCS30	中科院遥感所等单位	刘良云等	2015，2020	中国	30m	Landsat8 OLI；基于时空光谱曲线库的最大似然法分类	http://data.casearth.cn/sdo/detail/5d904b7a0887164a5c7fbfa0 http://data.casearth.cn/sdo/detail/5fbc7904819aec1ea2dd7061
FROM-GLC10	清华大学等	宫鹏等	2017	中国	10m	Sentinel-2	http://data.ess.tsinghua.edu.cn/

附表 2　中国土地资源分类系统

一级类型		二级类型		含　义
编号	名称	编号	名称	
1	耕地	—	—	指种植农作物的土地，包括熟耕地、新开荒地、休闲地、轮歇地、草田轮作物地；以种植农作物为主的农果、农桑、农林用地；耕种 3 年以上的滩地和海涂
—	—	11	水田	指有水源保证和灌溉设施，在一般年景能正常灌溉，用于种植水稻、莲藕等水生农作物的耕地，包括实行水稻和旱地作物轮种的耕地
—	—	12	旱地	指无灌溉水源及设施，靠天然降水生长作物的耕地；有水源和浇灌设施，在一般年景下能正常灌溉的旱作物耕地；以种菜为主的耕地；正常轮作的休闲地和轮歇地
2	林地	—	—	指生长乔木、灌木、竹类、以及沿海红树林地等林业用地
—	—	21	有林地	指郁闭度＞30%的天然林和人工林，包括用材林、经济林、防护林等成片林地
—	—	22	灌木林	指郁闭度＞40%、高度在 2m 以下的矮林地和灌丛林地
—	—	23	疏林地	指林木郁闭度为 10%～30%的林地
—	—	24	其他林地	指未成林造林地、迹地、苗圃及各类园地（果园、桑园、茶园、热作林园等）
3	草地	—	—	指以生长草本植物为主，覆盖度在 5%以上的各类草地，包括以牧为主的灌丛草地和郁闭度在 10%以下的疏林草地
—	—	31	高覆盖度草地	指覆盖＞50%的天然草地、改良草地和割草地。此类草地一般水分条件较好，草被生长茂密
—	—	32	中覆盖度草地	指覆盖度在＞20%～50%的天然草地和改良草地，此类草地一般水分不足，草被较稀疏
—	—	33	低覆盖度草地	指覆盖度在 5%～20%的天然草地。此类草地水分缺乏，草被稀疏，牧业利用条件差
4	水域	—	—	指天然陆地水域和水利设施用地
—	—	41	河渠	指天然形成或人工开挖的河流及主干常年水位以下的土地。人工渠包括堤岸
—	—	42	湖泊	指天然形成的积水区常年水位以下的土地
—	—	43	水库坑塘	指人工修建的蓄水区常年水位以下的土地
—	—	44	永久性冰川雪地	指常年被冰川和积雪所覆盖的土地
—	—	45	滩涂	指沿海大潮高潮位与低潮位之间的潮浸地带
—	—	46	滩地	指河、湖水域平水期水位与洪水期水位之间的土地
5	城乡、工矿、居民用地	—	—	指城乡居民点及其以外的工矿、交通等用地
—	—	51	城镇用地	指大、中、小城市及县镇以上建成区用地
—	—	52	农村居民点	指独立于城镇以外的农村居民点
—	—	53	其他建设用地	指厂矿、大型工业区、油田、盐场、采石场等用地以及交通道路、机场及特殊用地
6	未利用土地	—	—	目前还未利用的土地，包括难利用的土地
—	—	61	沙地	指地表为沙覆盖，植被覆盖度在 5%以下的土地，包括沙漠，不包括水系中的沙漠
—	—	62	戈壁	指地表以碎砾石为主，植被覆盖度在 5%以下的土地
—	—	63	盐碱地	指地表盐碱聚集，植被稀少，只能生长强耐盐碱植物的土地
—	—	64	沼泽地	指地势平坦低洼，排水不畅，长期潮湿，季节性积水或常年积水，表层生长湿生植物的土地
—	—	65	裸土地	指地表土质覆盖，植被覆盖度在 5%以下的土地
—	—	66	裸岩石质地	指地表为岩石或石砾，其覆盖面积＞5%的土地
—	—	67	其他	指其他未利用土地，包括高寒荒漠、苔原等

名　词　术　语

地理信息系统（geographic information system，GIS）：信息集合与分析的重要工具，用于存储、管理和显示地理空间数据的计算机系统。

空间分析（spatial analysis）：对于地理空间现象的定量研究，通过对空间数据的各类操作，使之表达成不同的形式，并获取有用信息。

空间数据（spatial data）：也称地理数据。描述空间要素几何特征的数据。

空间关系（spatial relation）：各实体空间之间的关系，在 GIS 中，空间关系一般指拓扑空间关系。

拓扑（topology）**关系**：满足拓扑几何学原理的各空间数据间的相互关系。即用结点、弧段和多边形所表示的实体之间的邻接、关联、包含和连通关系。

矢量（vector）**数据模型**：一种空间数据模型。采用点及其 x、y 坐标来构建点、线和面空间要素。

栅格（raster）**数据模型**：一种用栅格和像元来表示要素空间变化的空间数据模型。

地理数据库（geodatabase）：一种采用标准关系数据库技术来表现地理信息的数据模型，其存储类型数据包括栅格数据和矢量数据等。

要素（feature）：矢量数据的基本数据类型。

属性（property）：对象的性质或特征。

要素类（feature class）：在 Geodatabase 中，存储具有相同集合类型的要素的数据集。

要素数据集（feature dataset）：在 Geodatabase 中，具有相同坐标系和区域范围的要素类的集合。

图层（layer）：是 ArcMap、ArcGlobe 和 ArcScene 中地理数据集的显示机制。一个图层引用一个数据集，并指定如何利用符号和文本标注绘制该数据集。

coverage：ArcGIS 早期的地理数据格式，是 ArcInfo workstation 的原生数据格式。

shapefile：简称 shp。用文件方式存储 GIS 数据，采用地理关系数据模型，即空间数据与属性数据分别存储在独立的文件中。

geodatabase：ESRI 公司开发的一种基于 RDBMS（空间地理数据管理系统）存储的数据格式，是保存各种数据集的容器，包括要素类、要素数据集、表、关系类等数据。

地图矢量化：把现有地图（如纸质地图、电子地图）数据转换成矢量数据的处理过程，也称为地图数字化。

地理坐标系统：地球表面空间要素的定位参照系统，是由经度和纬度定义的球面坐标系统。

投影坐标系统：基于地图投影的平面坐标系统。

投影（projection）：要素的空间关系由地球表面转换成平面地图的过程。

数字高程模型（DEM）：一种数学模型，等间距高程数据以栅格格式排列。

重采样（resampling）：将原始影像的值或推导值赋予新转换图像每个像元的过程。

参 考 文 献

程雄，王红，2004. GIS 软件应用：ARC/INFO 软件操作与应用 [M]. 武汉：武汉大学出版社.

方立群，李小文，曹务春，等，2005. 地理信息系统应用于中国大陆高致病性禽流感的空间分布及环境因素分析 [J]. 中华流行病学杂志，26（011）：839-842.

Kang-tsung Chang，2003. 地理信息系统导论 [M]. 陈健飞，等译. 北京：科学出版社.

黎夏，刘凯，2006. GIS 与空间分析：原理与方法 [M]. 北京：科学出版社.

卢易，王烁，易敬涵，等，2019. 基于 GIS 的中国非洲猪瘟疫情风险分析 [J]. 中国兽医学报，039（1）：8-13.

李一凡，王卷乐，高孟绪，2015. 自然疫源性疾病地理环境因子探测及风险预测研究综述 [J]. 地理科学进展，34（7）：926-935.

唐家琪，2005. 自然疫源性疾病 [M]. 北京：科学出版社.

覃文忠，2007. 地理加权回归基本理论与应用研究 [D]. 上海：同济大学.

邬伦，2001. 地理信息系统：原理、方法和应用 [M]. 北京：科学出版社.

王劲峰，廖一兰，刘鑫，2010. 空间数据分析教程 [M]. 北京：科学出版社.

王劲峰，徐成东，2017. 地理探测器：原理与展望 [J]. 地理学报，72（1）：116-134.

闫铁成，肖丹，王波，等，2013. 中国大陆 130 例人感染 H7N9 禽流感病例流行病学特征分析 [J]. 中华疾病控制杂志，17（8）：651-654.

赵永，王岩松，2011. 空间分析研究进展 [J]. 地理与地理信息科学，27（5）：1-8.

张景华，封志明，姜鲁光，2011. 土地利用/土地覆被分类系统研究进展 [J]. 资源科学，33（6）：1195-1203.

Fotheringham，A.，Stewart，Chris Brunsdon，Martin Charlton，2002. Geographically Weighted Regression：the Analysis of Spatially Varying Relationships [M]. John Wiley & Sons.

Huang D，Li RD，Qiu J，et al.，2018. Geographical Environment Factors and Risk Mapping of Human Cystic Echinococcosis in Western China. Int. J. Environ. Res. Public Health，15，1729；doi：10. 3390/ijerph15081729.

Jacquez GM，1996. Statistical software for the clustering of health events [J]. Statistics In Medicine. 15（7-9）：951-2.

Qiu J，Li RD，Xu XJ，et al.，2014. Spatiotemporal Pattern and Risk Factors of the Reported Novel Avian-Origin Influenza A（H7N9）Cases in China [J]. Preventive Veterinary Medicine，115（3-4）：229-237.

Mitchell，Andy，2005. TheEsri Guide to GIS Analysis Volume 2：Spatial Measurements & Statistics [M]. Esri Press.

Song Y，Wang J，Ge Y，et al.，2020. An Optimal Parameters-Based Geographical Detector Model Enhances Geographic Characteristics of Explanatory Variables for Spatial Heterogeneity Analysis：Cases with Different Types of Spatial Data [J]. GIScience & Remote Sensing，57（5）.

Thornthwaite C W，1948. An Approach Toward a Rational Classification ofClimate [J]. Geographical Review，38（1）：55-94.

Tobler W，2004. On the first law of geography：A reply [J]. Annals of the Association of American Geographers，94（2）：304-310.

Wang JF, Li XH, Christakos G, et al., 2010. Geographical Detectors-Based Health Risk Assessment and Its Application in the Neural Tube Defects Study of the Heshun Region, China [J]. International Journal of Geographical Information Science, 24 (1): 107-127.

Wang JF, Zhang TL, Fu BJ, 2016. AMeasure of Spatial Stratified Heterogeneity [J]. Ecological Indicators, 67: 250-256.

图书在版编目（CIP）数据

动物疫病空间分析应用 / 孙向东，邱娟，王幼明主编. —北京：中国农业出版社，2022.3
ISBN 978-7-109-29198-0

Ⅰ. ①动… Ⅱ. ①孙… ②邱… ③王… Ⅲ. ①兽疫-防疫 Ⅳ. ①S851.3

中国版本图书馆 CIP 数据核字（2022）第 039570 号

中国农业出版社出版

地址：北京市朝阳区麦子店街 18 号楼
邮编：100125
责任编辑：张艳晶
版式设计：杜　然　责任校对：刘丽香
印刷：北京通州皇家印刷厂
版次：2022 年 3 月第 1 版
印次：2022 年 3 月北京第 1 次印刷
发行：新华书店北京发行所
开本：787mm×1092mm　1/16
印张：20
字数：510 千字
定价：120.00 元
